普通高等学校应用型教材・数学

高等数学

（第三版）

主　编　武京君　傅　爽
副主编　陈素玲　高　云
　　　　孟丽萍　张魁星

Higher
Mathematics

中国人民大学出版社
・北京・

内容提要

本书主要讲解微积分学的基础部分. 微积分由著名科学家牛顿和莱布尼茨发明，它是所有科学技术知识的基础；微积分的方法和思想深刻影响着近现代科学技术的各个方面. 全书共分 8 章，包括函数的极限和连续、导数与微分、导数的应用、不定积分、定积分、微分方程、无穷级数、多元微积分基础等. 在本书编写过程中，我们既注重科学性和系统性，又注重实用性，例题、习题较多，书末附有习题答案.

全书文字简洁，内容精练，由浅入深，可供高等院校各类专业学生的教学或自学使用，也可作为科技工作者的参考用书.

前言

按照党的二十大精神，为了服务于建设中国特色社会主义现代化国家，结合高等数学教学的具体实际情况，秉承在教学实践中科学知识必须与中国实际相结合的思想，对《高等数学》(第二版) 进行系统整理后再次出版，以适应新形势下的教学要求.

高等数学又称微积分，它于近代 17 世纪中叶由大科学家牛顿和莱不尼茨共同发现并完成. 它开创了科学技术的新纪元，深刻地影响着近现代科学技术的各个方面，是学习科学知识的基础.

本书在《高等数学》第一、二版基础上经过大量修改与系统整理而成，汇集了我们几十年的教学经验与总结，参考了许多同行专家的建议，在此感谢他们的帮助.

本书重点突出、系统性强，按照大学学习高等数学知识的不同要求，分层次阐明了微积分的基本理论和方法，注重培养、训练学生的基本运算、分析与解决问题的能力.

本书系统介绍了一元微积分，对二元微积分只介绍了它的定义和计算公式，没有对多元微积分展开系统讨论. 欲详细了解多元微积分，请参阅同济大学《高等数学》(第 7 版) 下册.

完成本书全部内容的教学大约需要 60 学时. 课时在 40 学时左右的教学也可以使用本书，只要适当选取本书前 5 章的主干内容安排教学即可. 在实际教学和编写本书的过程中充分考虑了各类专业的不同使用情况，因此本书具有较强的教学适应性.

本书在第二版的基础上，对部分内容进行了增删、润色、改写和重新编排.

本书可以作为高等学校各专业的学生学习高等数学课程的教材或教学参考书，也可供自学高等数学知识的读者选用.

在使用本书进行学习的过程中，建议学生：在老师讲授完每次课时的内容后及时在 1～3 天内仔细阅读一遍，然后在约一周后再看一遍 (第一遍费时较多，以后耗时很少)，这时便可以做与学习内容相关的习题，并及时与习题解答核对；待某章讲授完成之后尽量在较短时间内把本章内容再通读一遍，以便更好地巩固和熟练掌握本章知识；期末复习时全书再通读一遍，这样就掌握了本书的基本内容. 学习知识没有通用的法则，每个人都有自己的学习习惯和方法，建议大家与老师多交流，学习会有更大进步.

由于编者水平有限，书中难免会有不妥、错误之处，恳请专家、读者批评指教.

武京君

2023 年 3 月于济南

目 录

第一章 函数的极限和连续

高等数学是研究变量及变量之间关系的一门学科. 极限方法是研究高等数学的基础，它表现出高等数学不同于初等数学的本质特点. 本章内容是中学数学知识的推广和加深，将介绍函数及其极限的基本知识，为学习后续内容做好准备. 本章知识要点：复合函数和初等函数，函数的极限及其运算，无穷小和无穷大，函数的连续.

1.1 函　　数

一、函数的定义与性质

1. 常量和变量

我们观察和研究某一变化过程时，常常会遇到两种不同的量：一种量在变化过程中保持同一数值不变，这种量称为**常量**，常用字母 a，b，c 等表示；另一种量则在某变化过程中不断变化，这种量称为**变量**，常用字母 x，y，z，t 等表示.

例如，一架民航客机的机内乘客人数 n 是一个常量，而飞机的高度 h 和速度 v 在飞行过程中都不断发生变化，就是变量.

2. 集合和映射

集合是数学中的一个基本概念. 例如，一个教室里的所有学生就构成一个集合，全体自然数也构成一个集合，等等.

定义 1.1 所谓**集合**，是指具有某种特定性质的对象所组成的总体. 组成这个集合的每一对象称为该集合的**元素**. 若 a 是集合 M 中的元素，则记为 $a \in M$，读作 a 属于 M；若 a 不是集合 M 中的元素，则记为 $a \notin M$，读作 a 不属于 M.

由有限个元素组成的集合称为**有限集**，例如，集合 $A=\{0，1，\cdots，10\}$；由无穷多个元素组成的集合称为**无限集**. 比如，自然数集合 $\mathbf{N}=\{n \mid n$ 是自然数$\}$ 就是一个无限集. 又如集合 $B=\{x \mid x$ 具有特征 $P\}$，任何具有特征 P 的事物 x 都是集合 B 的元素. 反之，不属于集合 B 的元素都不具有这个特征.

讨论变量间的数量关系时，必须明确变量的取值范围，**数集**是表示变量取值范围的一种常用方法. 本书中所讨论的变量总假定是在实数范围内变化.

常用的数集除了自然数集 $\mathbf{N}=\{n\,|\,n$ 是自然数$\}$、整数集 $\mathbf{Z}=\{0,\ \pm n\,|\,n$ 是自然数$\}$、有理数集 $\mathbf{Q}=\left\{\dfrac{n}{m}\,\middle|\,n,\ m\text{ 是整数}\right\}$、实数集 $\mathbf{R}$ 外，还有各种类型的区间：

开区间：$(a,\ b)=\{x\in\mathbf{R}\,|\,a<x<b\}$；

闭区间：$[a,\ b]=\{x\in\mathbf{R}\,|\,a\leqslant x\leqslant b\}$；

半开区间：$[a,\ b)=\{x\in\mathbf{R}\,|\,a\leqslant x<b\}$，$(a,\ b]=\{x\in\mathbf{R}\,|\,a<x\leqslant b\}$；

无穷区间：$(-\infty,\ +\infty)=\mathbf{R}$，$[a,\ +\infty)=\{x\in\mathbf{R}\,|\,a\leqslant x\}$；$(-\infty,\ b]=\{x\in\mathbf{R}\,|\,x\leqslant b\}$.

此外，为了讨论函数在一点附近的性质，需要引入点的邻域 $N(a,\ \delta)=(a-\delta,\ a+\delta)$.

定义 1.2 假设 a，$\delta\in\mathbf{R}$，$\delta>0$，数集 $\{x:\ x\in\mathbf{R}$ 且 $|x-a|<\delta\}$，即数轴上与点 a 的距离小于 δ 的点的全体，称为以点 a 为中心的 δ **邻域**，记作 $N(a,\ \delta)$，如图 1－1 所示.

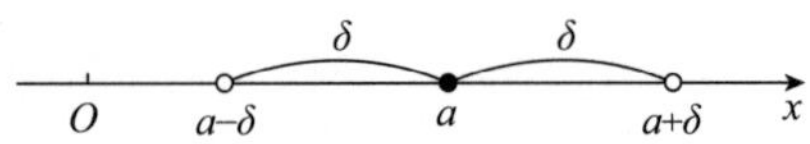

图 1－1

3. 函数

定义 1.3 假设 D，Y 为非空集合，如果存在从集合 D 到 Y 的一个对应关系 f：$\forall x\in D$，在集合 Y 中都有唯一确定的元素 y 与 x 相对应，记为 $y=f(x)$，则 f 称为 D 到 Y 的**函数**（也称为**映射**），记作 f：$D\to Y$ 或 f：$x\to y$. D 称为函数 f 的**定义域**，函数 f 又称为**对应法则**. 显然，集合 $f(D)=\{y\,|\,y=f(x):\ \forall x\in X\}\subseteq Y$，并称 $f(D)$ 为函数 f 的**值域**.

在函数 $y=f(x)$ 中，表示对应关系的记号 f 也可用其他字母表示，例如“φ”“F”，等等. 这时函数就是 $y=\varphi(x)$ 或 $y=F(x)$，….

例 1 设集合 $D=\{x\,|\,x$ 是甲班的同学$\}$，$Y=\mathbf{N}$，则甲班某同学的年龄 f 就是从集合 D 到 Y 的一个函数，对于 $\forall x\in D$，Y 中都有唯一确定的元素 $y\in Y$ 与 x 相对应.

例 2 一个圆柱形容器的底面半径为 a，高为 h，其内所盛溶液的体积 V 随着溶液高度 x 的变化规律为

$$V=\pi a^2x\ (0\leqslant x\leqslant h).$$

例 3 某大型商场某年每一个月的销售利润（单位：万元）与顾客人数（单位：万人）的统计情况如下表所示. 由下表可以看出，第 i（$i=1$，2，…，12）个月的销售利润 L_i 与顾客人数 N_i 之间也存在一种函数关系. 显然，它很难用一个具体的函数式表达.

顾客人数 N_i(万人)	40	30	26	25	35	28	24	23	27	39	31	37
销售利润 L_i(万元)	200	140	120	95	180	130	98	90	110	195	159	190

例 4 某心电图仪记录的某病人的心率 f 和时间 t 之间的关系曲线如图 1－2 所示. 它表示了心率 f 随时间 t 变化的函数关系.

例 5 表达式 $y=|x|=\begin{cases}x, & x\geqslant 0\\ -x, & x<0\end{cases}$ 表明 y 是 x 的函数（分段函数），如图 1－3 所示.

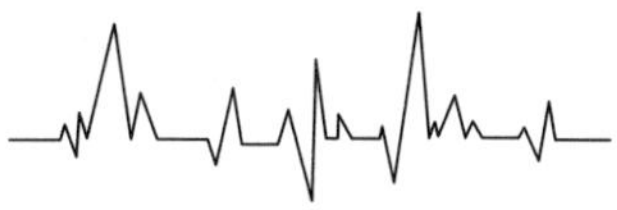

图 1-2

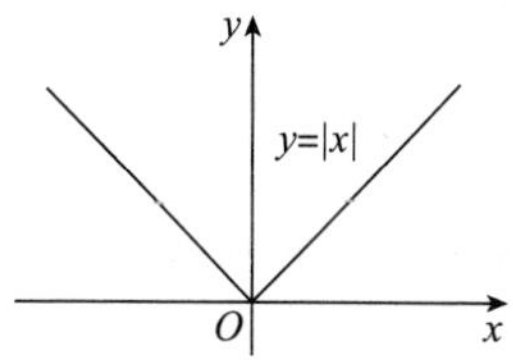

图 1-3

在实际问题中，函数的定义域通常根据问题的实际意义来确定. 例如，例 2 中的定义域为 $D=[0, h]$；例 3 中的定义域为 $D=[0, \mathbf{N}]$ 中的自然数；例 4 中的定义域为 $D=[0, +\infty)$.

数学中有时并不考虑函数的实际意义，而研究抽象的用算式表达的函数. 这时我们约定：函数的定义域就是自变量有意义的可能取值.

例如，函数 $y=\sqrt{1-x^2}$ 的定义域是 $[-1, 1]$，而函数 $y=\dfrac{1}{\sqrt{1-x^2}}$ 的定义域是 $(-1, 1)$.

假设函数 $y=f(x)$ 的定义域为 D，对于 $\forall x\in D$，对应的函数值为 $y=f(x)$. 这样以 x 为横坐标，以 y 为纵坐标，在 xOy 平面上可确定一点 $P(x, y)$. 当 x 取遍 D 上的每个值时，可得点 $P(x, y)$ 的一个集合 $C=\{(x, y)\mid y=f(x), x\in D\}$. 此集合 C 称为 $y=f(x)$ 的图像.

函数的表示方法通常有三种：

(1) 解析法（公式法）：用一个公式（表达式）表示变量之间的函数关系，如例 2.

(2) 列表法：用一张表格表示变量之间的函数关系，如例 3.

(3) 图像法：借助坐标系用图形表示变量之间的函数关系，如例 4.

4. 函数的几个特性

(1) 有界性.

设函数 $y=f(x)$ 的定义域为 D. 如果存在常数 K，使得

$$f(x)\leqslant K\ (\text{或}\ f(x)\geqslant K)$$

对于 $\forall x\in D$ 都成立，则称函数 $f(x)$ 在 D 上有**上界**（或**下界**）.

若函数 $f(x)$ 在 I 上既有上界，又有下界，则称函数 $f(x)$ 是 I 上的**有界函数**.

例如，对于 $\forall x\in \mathbf{R}$，恒有 $|\sin x|\leqslant 1$，$|\cos x|\leqslant 1$，则 $y=\sin x$，$y=\cos x$ 在实数域上是有界函数；显然，常数 1 是 $\sin x$ 和 $\cos x$ 的一个上界，且是最小上界，又称**上确界**.

容易证明：函数 $f(x)$ 在 I 上有界 $\Leftrightarrow \exists M>0$，使 $|f(x)|\leqslant M$.

(2) 奇偶性.

设函数 $f(x)$ 的定义域 D 关于原点对称，即若 $\forall x\in D$，则有 $-x\in D$.

若对于 $\forall x\in D$，$f(-x)=f(x)$ 恒成立，则称 $f(x)$ 为**偶函数**.

若对于 $\forall x\in D$，$f(-x)=-f(x)$ 恒成立，则称 $f(x)$ 为**奇函数**.

例如，$y=x^2$，$y=\cos x$ 都是偶函数；$y=x^3$，$y=\sin x$ 都是奇函数；而 $y=\sin x+\cos x$ 是非奇非偶函数.

注 偶函数的图像关于 y 轴对称，而奇函数的图像关于原点对称.

（3）单调性.

设函数 $f(x)$ 的定义域是区间 D. 若对于 $\forall x_1, x_2 \in D$，当 $x_1 < x_2$ 时，恒有 $f(x_1) < f(x_2)$（或 $f(x_1) > f(x_2)$），则称函数 $f(x)$ 在区间 D 上**单调增加(减少)**. 单调增加或单调减少的函数统称为**单调函数**.

例如，函数 $y=x^2$ 在 $[0, +\infty)$ 上单调增加，在 $(-\infty, 0]$ 上单调减少，但是在 $(-\infty, +\infty)$ 内就不是单调函数.

（4）周期性.

设函数 $f(x)$ 的定义域为 D，若存在一个不为零的数 T，使得对于 $\forall x \in D$ 有 $(x+T) \in D$，且 $f(x+T)=f(x)$ 恒成立，则 $f(x)$ 称为**周期函数**，T 称为 $f(x)$ 的一个**周期**. 通常情况下我们所说的函数周期是指函数的**最小正周期** $T_0=\{T \mid T$ 是函数的周期$\}$.

例如，函数 $\sin x$，$\cos x$ 的周期是 2π，而 $\tan x$ 的周期是 π，$\sin\omega x$ 的周期是$\dfrac{2\pi}{|\omega|}$.

二、初等函数

1. 反函数

在研究两个变量的函数关系时，可根据问题的需要选定其中一个为自变量，另一个就是因变量. 如函数 $y=2x+3$ 中，x 是自变量，y 是因变量. 如果从这个函数式中解出 x，即

$$x=\frac{1}{2}y-\frac{3}{2},$$

则称它为函数 $y=2x+3$ 的反函数. 显然，$y=2x+3$ 也是 $x=\dfrac{1}{2}y-\dfrac{3}{2}$的反函数.

一般地，有如下定义：

定义 1.4 设函数 $y=f(x)$ 的定义域是 D，值域为 $f(D)$，若对于 $\forall y \in f(D)$，通过关系式 $y=f(x)$ 都能唯一确定 D 中的一个 x 值，就可得到定义在 $f(D)$ 上并以 y 为自变量，x 为因变量的函数 φ：$y \to x$，称 φ 是函数 $y=f(x)$ 的**反函数**，记作 $x=\varphi(y)$. $y=f(x)$ 也称为**直接函数**. 事实上 $y=f(x)$ 和 $x=\varphi(y)$ 互为反函数.

在 $x=\varphi(y)$ 中代入 $y=f(x)$，有 $x=\varphi(f(x))=(\varphi \circ f)(x)$，则 $\varphi \circ f=I$，即 $\varphi=f^{-1}$.

一般地，单调函数都有反函数，例如 $y=x^3$ 的反函数为 $x=\sqrt[3]{y}$；$y=x^3$ 和 $x=\sqrt[3]{y}$ 互为反函数. $y=a^x$ 的反函数是 $x=\log_a y$.

可以证明：函数 $f(x)$ 在区间 I 上有反函数$\Leftrightarrow f(x)$ 是单调函数.

而 $y=\sin x$，$y=x^2$ 在其定义域内不是单调函数，故它们就没有反函数. 但是 $y=\sin x$ 在其单调区间$\left[-\dfrac{\pi}{2}, \dfrac{\pi}{2}\right]$上有反函数 $x=\sin^{-1}y=\arcsin y$；$y=x^2$ 在其单调区间 $[-\infty, 0)$ 上有反函数 $x=-\sqrt{y}$，而在 $[0, +\infty)$ 上有反函数 $x=\sqrt{y}$.

2. 复合函数

在实际问题中，经常会遇到两个变量之间不是直接相联系，而是通过一个中间变量相

联系的情况.

例如，有质量为 m 的物体，以初速度 v_0 竖直上抛，由物理学知识可知，动能 E 是速度 v 的函数 $E=m\frac{v^2}{2}$，速度 v 在不计空气阻力的情况下是 $v=v_0-gt$，g 是重力加速度，因此，E 通过 v 成为 t 的函数 $E=\frac{1}{2}m(v_0-gt)^2$，它由函数 $E=\frac{1}{2}mv^2$ 和 $v=v_0-gt$ 复合而成.

定义 1.5 设 y 是 u 的函数 $y=f(u)$，u 又是 x 的函数 $u=\varphi(x)$，如果 x 在 $u=\varphi(x)$ 的定义域（或其一部分）上取值时，对应的 u 使 $y=f(u)$ 有定义，则 y 通过 u 与 x 建立了函数关系，即 $y=f(u)=f(\varphi(x))$，并把它称为由函数 $y=f(u)$ 与 $u=\varphi(x)$ 复合而成的**复合函数**，其中 u 称为中间变量，$y=f(u)$ 称为**外层函数**，$u=\varphi(x)$ 称为**内层函数**.

例如，函数 $y=\arcsin(x^2)$ 可以看作由 $y=\arcsin u$ 和 $u=x^2$ 复合而成的复合函数.

形成复合函数的中间变量可以有两个或更多个. 例如，由 $y=\lg u$，$u=\tan v$，$v=x^2+5$ 经过两次复合所构成的 x 的复合函数为 $y=\lg\tan(x^2+5)$.

利用这一概念，有时可把函数分解为几个独立的函数. 例如，$y=e^{\sqrt{1+x^2}}$ 可以看成由 $y=e^u$，$u=\sqrt{v}$，$v=x^2+1$ 三个函数复合而成.

注 复合函数定义中 $u=\varphi(x)$ 的值域不能超出 $y=f(u)$ 的定义域 U，这是极其重要的.

3. 基本初等函数

在中学数学中已详细研究过的幂函数、指数函数、对数函数、三角函数、反三角函数和常数这六类函数统称为**基本初等函数**. 现在把它们列于表 1-1 中.

表 1-1

类别及解析式		定义域	值域	图形
幂函数 $y=x^a$	$a>0$ a 次抛物线	因 a 而异，但 $[0,+\infty)$ 是公共定义域	因 a 而异，但 $[0,+\infty)$ 是公共值域	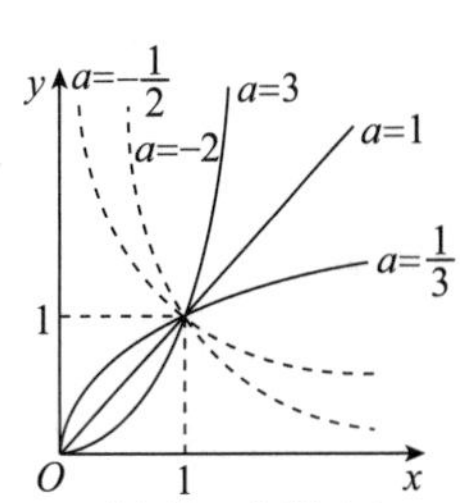 （在第一象限内）
	$a<0$ 令 $a=-m(m>0)$ $y=x^{-m}=\frac{1}{x^m}$ m 次双曲线	公共定义域为 $(0,+\infty)$	公共值域为 $(0,+\infty)$	
指数函数 $y=a^x(a>0,a\neq1)$		$(-\infty,+\infty)$	$(0,+\infty)$	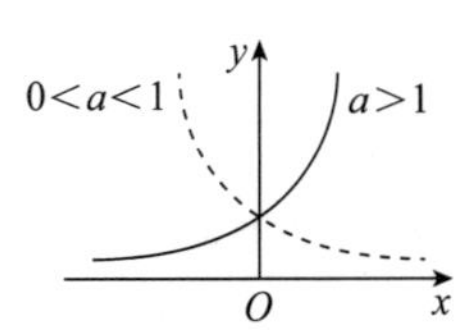

续表

类别及解析式	定义域	值域	图形
对数函数 $y=\log_a x(a>0,\ a\neq 1)$	$(0,\ +\infty)$	$(-\infty,\ +\infty)$	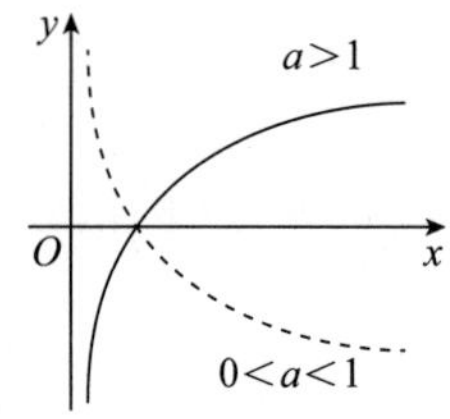
三角函数 正弦函数 $y=\sin x$ 余弦函数 $y=\cos x$ 正切函数 $y=\tan x$ 余切函数 $y=\cot x$	$(-\infty,\ +\infty)$ $(-\infty,\ +\infty)$ $x\neq n\pi+\frac{\pi}{2}$ $x\neq n\pi$ $(n=0,\ \pm 1,\ \cdots)$	$[-1,\ 1]$ $[-1,\ 1]$ $(-\infty,\ +\infty)$ $(-\infty,\ +\infty)$	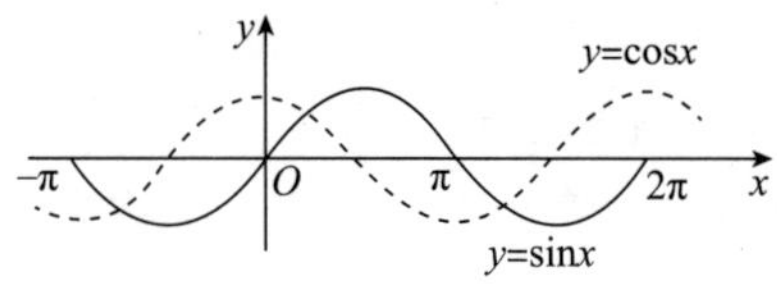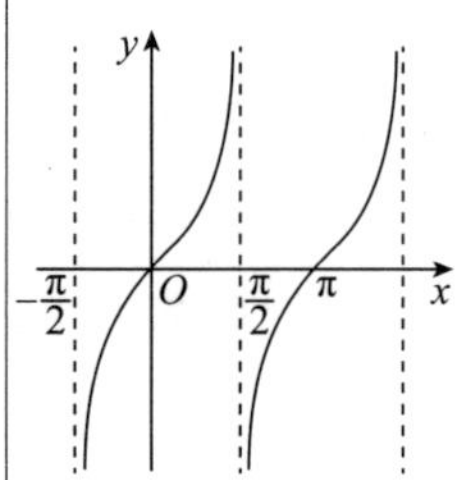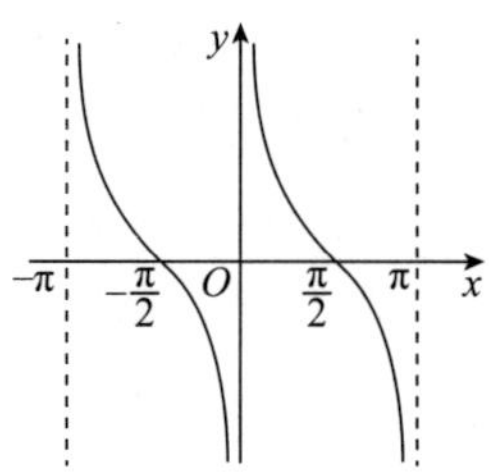
反三角函数 反正弦函数 $y=\arcsin x$ 反余弦函数 $y=\arccos x$ 反正切函数 $y=\arctan x$ 反余切函数 $y=\text{arccot}\, x$	$[-1,\ 1]$ $[-1,\ 1]$ $(-\infty,\ +\infty)$ $(-\infty,\ +\infty)$	$\left[-\frac{\pi}{2},\ \frac{\pi}{2}\right]$ $[0,\ \pi]$ $\left(-\frac{\pi}{2},\ \frac{\pi}{2}\right)$ $(0,\ \pi)$	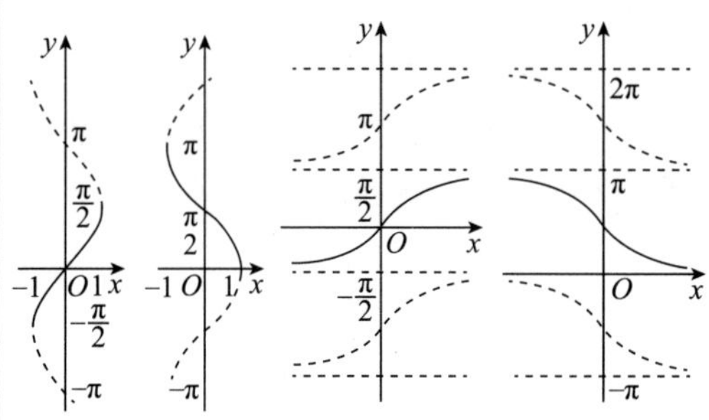

4. 初等函数

通常情况下，把由基本初等函数经过有限次加减乘除运算或有限次函数复合所构成并能用一个解析式表达的函数统称为**初等函数**.

例如，$y=\ln(\sin x+4)$，$y=e^{2x}\sin(3x+1)$，$y=\sqrt[3]{\sin x}$，…，都是初等函数.

虽然初等函数是最常见的重要函数，但是在工程技术中，非初等函数也会经常遇到. 例如，符号函数 $y=\text{sgn}\,x=\frac{|x|}{x}$，取整函数 $y=[x]$ 等分段函数都是非初等函数.

在微积分中常把初等函数分解为基本初等函数，学会分析初等函数的结构十分重要.

1.2 极　　限

高等数学中研究函数的方法是极限，微积分中的概念都离不开极限，因此，极限是高等数学中最基本的概念. 极限方法也是解决许多实际问题的基本方法和工具.

一、数列的极限

极限思想最早产生于求解一些实际问题的精确解. 例如，我国古代（公元3世纪）数学家刘徽利用圆内接正多边形推算圆面积的方法（割圆术）就是极限思想在几何上的典型应用. 计算方法如下（见图1-4).

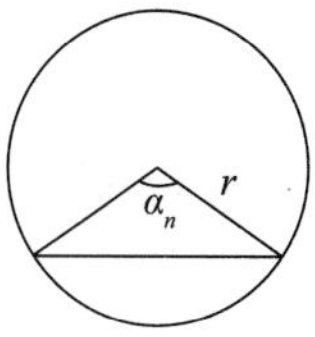

图1-4

设圆内接正 n 边形的某条边所对的圆心角为 $\alpha_n=\frac{2\pi}{n}$，圆的半径为 r，则图中三角形的面积为 $\frac{1}{2}r^2\sin\alpha_n$，底边长是 $2r\sin\frac{\alpha_n}{2}$（正 n 边形的边长). 于是圆内接正 n 边形的面积 A_n 和周长 L_n 分别为

$$A_n=\frac{1}{2}nr^2\sin\alpha_n,\ L_n=2nr\sin\frac{\alpha_n}{2}.$$

当 $n\to\infty$ 时，圆内接正 n 边形的周长 L_n 无限接近于圆的周长 L. 同时圆内接正 n 边形的面积 A_n 也无限地接近于圆的面积 S. 我们就称 S 为**数列** A_1，A_2，…，A_n，…当 $n\to\infty$ 时的极限，正是这个极限值才准确表达了圆的面积. 同理，L 是数列 L_1，L_2，…，L_n，…当 $n\to\infty$ 时的极限.

定义 1.6 简单地说，依自然数的次序排列的一组数就是**数列**.

数列的严格定义如下：按照某一法则 f，对于任一自然数 n，都有一个确定的数 x_n 与 n 对应，这样得到的一列有次序的数

$$x_1,\ x_2,\ \cdots,\ x_n,\ \cdots$$

就称为**数列**，记为 $\{x_n\}$，在不引起混淆的情况下也可以记为 x_n. 数列中的每一个数叫作数列的**项**，第 n 项 x_n 也称为数列的**通项**（或**一般项**). 显然，这里 $x_n=f(n)$.

下面通过几个实际例子说明数列的一般情况.

$$1,\ -\frac{1}{2},\ \frac{1}{3},\ -\frac{1}{4},\ \cdots,\ (-1)^{n+1}\frac{1}{n},\ \cdots,$$

当 $n\to\infty$ 时，上述数列的通项 $x_n=(-1)^{n+1}\frac{1}{n}\to 0$.

$$2,\ \frac{3}{2},\ \frac{4}{3},\ \frac{5}{4},\ \cdots,\ \frac{n+1}{n},\ \cdots,$$

当 $n\to\infty$ 时，上述数列的通项 $x_n=\frac{n+1}{n}\to 1$.

$2, 4, 8, \cdots, 2^n, \cdots,$

当 $n\to\infty$ 时，上述数列的通项 $x_n=2^n\to+\infty$.

$1, -1, 1, -1, \cdots, (-1)^{n+1}, \cdots,$

当 $n\to\infty$ 时，上述数列的通项 $x_n=(-1)^{n+1}$ 在 1 和 -1 之间来回跳动.

一般地，若当 n 无限增大时，x_n 的取值能无限接近于常数 a，就称 a 是数列 $\{x_n\}$ 当 $n\to\infty$ 时的极限，记作 $\lim\limits_{n\to\infty}x_n=a$.

下面给出数列极限的精确定义.

定义 1.7 若数列 $\{x_n\}$ 与常数 a 有下列关系：对于任意给定的正数 ε（不论它多么小），总存在正整数 N，使得对于 $n>N$ 时的一切 x_n，不等式 $|x_n-a|<\varepsilon$ 恒成立，则称常数 a 是数列 $\{x_n\}$ 的**极限**，又称数列 $\{x_n\}$ 收敛于 a，记为 $\lim\limits_{n\to\infty}x_n=a$ 或 $x_n\to a$，见图 1-5.

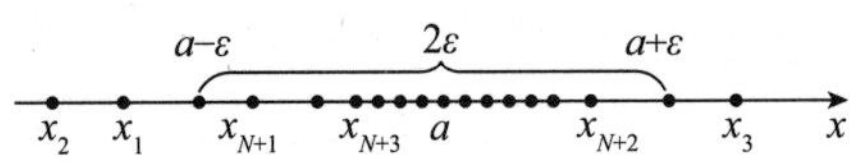

图 1-5

如果数列 $\{x_n\}$ 没有极限，就说数列 $\{x_n\}$ 发散.

例 6 证明：$\lim\limits_{n\to\infty}\dfrac{n+1}{n}=1$.

证明 对于任意 $\varepsilon>0$，要使 $\left|\dfrac{n+1}{n}-1\right|<\varepsilon$，即 $\dfrac{1}{n}<\varepsilon$，则 $n>\dfrac{1}{\varepsilon}$. 取 $N=\left[\dfrac{1}{\varepsilon}\right]$，那么当 $n>N$ 时，有 $n>\dfrac{1}{\varepsilon}$，即 $\dfrac{1}{n}<\varepsilon$，于是 $\left|\dfrac{n+1}{n}-1\right|<\varepsilon$，这就说明 $\lim\limits_{n\to\infty}\dfrac{n+1}{n}=1$.

可以证明不同于 1 的其他任何数都不是 $\left\{\dfrac{n+1}{n}\right\}$ 的极限，因此有定理 1.1.

定理 1.1 收敛数列 $\{x_n\}$ 的极限 a 是唯一的.

证明 （用反证法）设数列 $\{x_n\}$ 存在两个相异的极限 a，b，不妨设 $a<b$. 因为 $\lim\limits_{n\to\infty}x_n=a$，故对于正数 $\varepsilon=\dfrac{b-a}{2}$，存在 $N_1\in\mathbf{N}$，使得当 $n>N_1$ 时，恒有 $|x_n-a|<\varepsilon$ 成立.

同理，因为 $\lim\limits_{n\to\infty}x_n=b$，则对 $\varepsilon=\dfrac{b-a}{2}$，$\exists N_2\in\mathbf{N}$，当 $n>N_2$ 时，恒有 $|x_n-b|<\varepsilon$ 成立.

取 $N=\max\{N_1, N_2\}$，则当 $n>N$ 时，有 $n>N_1$ 和 $n>N_2$ 同时成立，因此 $|x_n-a|<\varepsilon$ 和 $|x_n-b|<\varepsilon$ 同时成立，于是

$$|a-b|=|(a-x_n)-(b-x_n)|\leqslant|x_n-a|+|x_n-b|<2\varepsilon=|a-b|,$$

矛盾. 因此假设不成立，即收敛数列 $\{x_n\}$ 的极限是唯一的.

定理 1.2 收敛数列 $\{x_n\}$ 一定有界.

证明 令 $\lim\limits_{n\to\infty}x_n=a$，则对 $\forall\varepsilon>0$，$\exists N$，$n>N$，恒有 $|x_n-a|<\varepsilon$. 特别地取 $\varepsilon_0=$

1，则 $\exists N_0$，当 $n>N_0$ 时，恒有 $|x_n-a|<1$. 即当 $n>N_0$ 时，$|x_n|=|x_n-a+a|\leqslant |x_n-a|+|a|<1+|a|$. 这说明 $1+|a|$ 是数列 $\{x_n\}$ 当 $n>N_0$ 时的一个上界. 显然，$\{x_n\}$ 的前 N_0 项都有限. 因此，若取 $M=\max\{|x_1|, |x_2|, \cdots, |x_n|, 1+|a|\}$，则当 $n>N_0$ 时，$|x_n|<1+|a|\leqslant M$，当 $n=1, 2, \cdots, N_0$ 时，$|x_n|\leqslant M$，于是对于 $\forall n\in \mathbf{N}$，恒有 $|x_n|\leqslant M$，故数列 $\{x_n\}$ 有界.

定理 1.2 的逆命题不成立，即有界数列未必收敛. 例如 $\{(-1)^n\}$ 有界，但无极限.

二、函数的极限

1. 函数当 $x\to\infty$ 时的极限

根据数列 $\{x_n\}$ 的定义，对 $\forall n\in\mathbf{N}$（自然数集），存在唯一的 $x_n\in\{x_n\}$，使 x_n 与 n 相对应，即 $x_n=f(n)$. 因此，数列 $\{x_n\}$ 的极限 $\lim\limits_{n\to\infty}x_n=a$ 可以写成 $\lim\limits_{n\to\infty}f(n)=a$，若把 n 换成 x，则 $\lim\limits_{x\to+\infty}f(x)=a$，这就是函数 $f(x)$ 当 $x\to+\infty$ 时的极限.

当 $x\to+\infty$ 时，函数 $f(x)$ 的取值与常数 A 越来越接近，则称 A 为 $f(x)$ 当 $x\to+\infty$ 时的极限，记作 $\lim\limits_{x\to+\infty}f(x)=A$. 当 $x\to-\infty$ 时，$f(x)$ 的取值与常数 B 越来越接近，则称 B 是 $f(x)$ 当 $x\to-\infty$ 时的极限，记作 $\lim\limits_{x\to-\infty}f(x)=B$. 若 $A=B$，则 $\lim\limits_{x\to\infty}f(x)=A$.

一般地，当 $|x|$ 无限增大时，函数 $f(x)$ 与常数 A 越来越接近，就称 A 是 $f(x)$ 当 $x\to\infty$ 时的极限，记作 $\lim\limits_{x\to\infty}f(x)=A$. 例如，当 $x\to\infty$ 时，$f(x)=\dfrac{1}{x}$ 越来越接近于 0.

下面给出函数极限的严格定义.

定义 1.8 设函数 $f(x)$ 在 $(-\infty, +\infty)$ 上有定义. 若对 $\forall\varepsilon$（不论它多么小），总存在正数 X，对满足 $|x|>X$ 的一切 x，函数 $f(x)$ 都满足 $|f(x)-A|<\varepsilon$，则称常数 A 为函数 $f(x)$ 当 $x\to\infty$ 时的**极限**，记作 $\lim\limits_{x\to\infty}f(x)=A$ 或 $f(x)\to A$.

当然，$\lim\limits_{x\to\infty}f(x)=A$ 中的 A 是唯一确定的常数，并且 $x\to\infty$ 表示 x 既趋于 $+\infty$，又趋于 $-\infty$.

容易证明，$\lim\limits_{x\to\infty}f(x)=A\Leftrightarrow\lim\limits_{x\to+\infty}f(x)=\lim\limits_{x\to-\infty}f(x)=A$.

例如，函数 $f(x)=1+\dfrac{1}{x}$，当 $|x|\to+\infty$ 时，有 $\dfrac{1}{x}\to 0$，$f(x)=1+\dfrac{1}{x}\to 1$，所以

$$\lim_{x\to\infty}\left(1+\frac{1}{x}\right)=1.$$

对于函数 $\varphi(x)=\arctan x$，因为当 $x\to+\infty$ 时 $\varphi(x)=\arctan x\to\dfrac{\pi}{2}$，而当 $x\to-\infty$ 时函数 $\varphi(x)=\arctan x\to-\dfrac{\pi}{2}$，所以当 $x\to\infty$ 时，函数 $\varphi(x)=\arctan x$ 的极限不存在.

显然，$\lim\limits_{x\to\infty}x^2=+\infty$，这时称 $f(x)=x^2$ 当 $x\to\infty$ 时极限不存在或者发散.

2. 函数当 $x\to x_0$ 时的极限

定义 1.9 设函数 $f(x)$ 在点 x_0 的某一邻域内有定义，若对 $\forall\varepsilon$（不论它多么小），

总存在正数 δ，对于满足 $|x-x_0|<\delta$ 的一切 x，函数 $f(x)$ 恒满足

$$|f(x)-A|<\varepsilon,$$

则称常数 A 为函数 $f(x)$ 当 $x\to x_0$ 时的**极限**，记作 $\lim\limits_{x\to x_0}f(x)=A$ 或 $f(x)\to A$.

上述定义的直观意义是：假定 $f(x)$ 在点 x_0 的某个邻域内有定义，若 x 无限趋近于 x_0 时，对应的函数值 $f(x)$ 也无限趋近于 A，则 A 就是 $f(x)$ 当 $x\to x_0$ 时的极限.

容易证明，若 $\lim\limits_{x\to x_0}f(x)=A$ 存在，则 A 是唯一确定的，且 $x\to x_0$ 表示 x 从 x_0 的左右两侧以任何方式趋近于 x_0，并且极限 A 的存在与 $f(x)$ 在点 x_0 处有无定义或定义何值没有关系.

显然，$\lim\limits_{x\to x_0}C=C$，$\lim\limits_{x\to\infty}C=C$，$\lim\limits_{x\to x_0}x=x_0$.

例 7 讨论当 $x\to 2$ 时，函数 $f(x)=x^2$ 的极限.

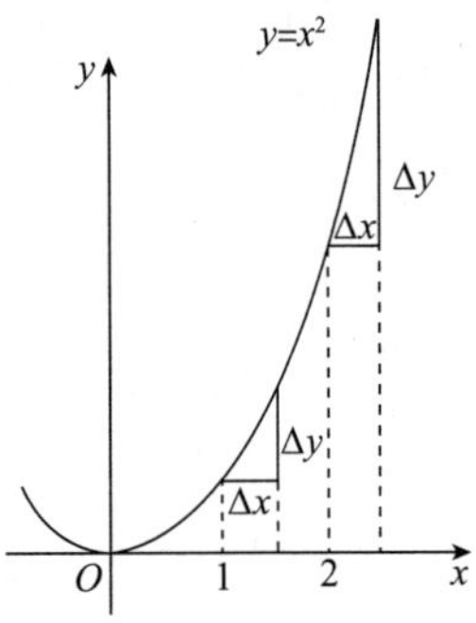

图 1-6

解 $f(x)=x^2$ 的图像如图 1-6 所示，不难看出，$\lim\limits_{x\to 2}x^2=4$. 下面用极限定义说明之.

证明* 对于 $\forall\varepsilon$，若要 $|x^2-4|<\varepsilon$，只需要 $|(x-2)(x+2)|<\varepsilon$ 就行了；显然只要考虑在 2 附近满足 $\frac{3}{2}<x<\frac{5}{2}$ 的 x 即可，这时 $\frac{7}{2}<x+2<\frac{9}{2}$. 于是只要满足 $\frac{9}{2}|x-2|<\varepsilon$，就有 $|(x-2)(x+2)|<\varepsilon$. 即只要 $|x-2|<\frac{2}{9}\varepsilon$，就有 $|(x-2)(x+2)|<\varepsilon$. 因此若取 $\delta=\frac{9}{2}\varepsilon$，则当 $|x-2|<\delta$ 时，恒有 $|x^2-4|<\varepsilon$.

例 8 考虑函数 $f(x)=\begin{cases}x+1, & x>0\\ 0, & x=0\\ x-1, & x<0\end{cases}$（如图 1-7 所示）当 $x\to 0$ 时的极限.

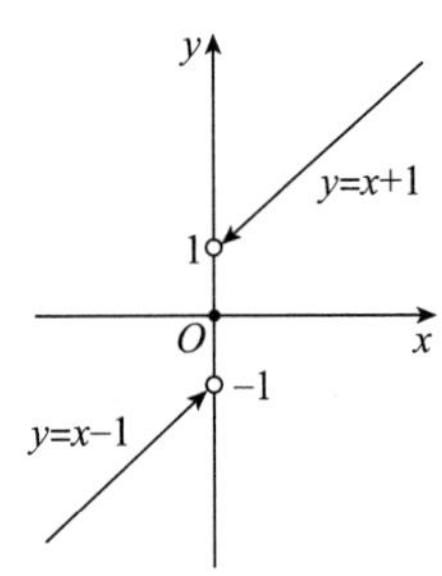

图 1-7

解 x 从 0 的左侧趋向于 0 时，$f(x)$ 趋向于 -1；x 从 0 的右侧趋向于 0 时，$f(x)$ 趋向于 1. x 分别从 0 的左、右两侧趋近于 0 时，$f(x)$ 趋近于不同的极限，因此，当 $x\to 0$ 时，$f(x)$ 没有确定的变化趋势，从而在 $x=0$ 点，函数 $f(x)$ 的极限不存在.

例 9 讨论当 $x\to 1$ 时，函数 $f(x)=\frac{x^2-1}{x-1}$ 的极限.

解 虽然函数 $f(x)$ 在 $x=1$ 处无定义，但是极限存在与此无关. 实际上，当 $x\neq 1$ 时，函数 $f(x)=\frac{(x-1)(x+1)}{x-1}=x+1$，因此，当 $x\to 1$ 时，$f(x)=x+1\to 2$，故

$$\lim_{x\to 1}\frac{x^2-1}{x-1}=2.$$

从例 8 可以看到，虽然函数 $f(x)$ 在 $x=0$ 处的极限不存在，但是当 x 从点 $x=0$ 的两侧趋近于 0 时，函数 $f(x)$ 分别趋向于不同的常数，因此，我们引出单侧极限的概念.

当 x 从 $x=x_0$ 处的左侧（$x<x_0$）趋近于 x_0 时，函数 $f(x)$ 无限趋近于常数 A，则称 A 为函数 $f(x)$ 在点 x_0 处的**左极限**，记作

$$\lim_{x\to x_0^-} f(x)=A\ (\text{或 } f(x_0-0)=A).$$

同理，当 x 从 $x=x_0$ 处的右侧（$x>x_0$）趋近于 x_0 时，函数 $f(x)$ 无限趋近于常数 B，则称 B 为函数 $f(x)$ 在点 x_0 处的**右极限**，记作

$$\lim_{x\to x_0^+} f(x)=B\ (\text{或 } f(x_0+0)=B).$$

根据左、右极限的定义，容易得到下面的定理.

定理 1.3 函数 $f(x)$ 在点 x_0 处极限存在的充要条件是 $f(x)$ 在点 x_0 的左、右极限都存在且相等，即

$$\lim_{x\to x_0} f(x)=A \Leftrightarrow \lim_{x\to x_0^-} f(x)=\lim_{x\to x_0^+} f(x)=A.$$

应用定理 1.3 可以判定函数的极限是否存在.

例 10 讨论函数 $f(x)=\dfrac{|x|}{x}$ 当 $x\to 0$ 时的极限.

解 由于

$$\lim_{x\to 0^-} f(x)=\lim_{x\to 0^-}\frac{|x|}{x}=\lim_{x\to 0^-}\frac{-x}{x}=-1,$$

$$\lim_{x\to 0^+} f(x)=\lim_{x\to 0^+}\frac{|x|}{x}=\lim_{x\to 0^+}\frac{x}{x}=1,$$

即 $f(x)$ 当 $x\to 0$ 时左、右极限都存在，但不等，根据定理 1.3，$f(x)=\dfrac{|x|}{x}$ 在点 0 处的极限不存在.

关于函数极限的性质有如下定理.

定理 1.4（**局部保号性**） 若 $\lim\limits_{x\to x_0} f(x)=A$ 且 $A>0$（$A<0$），那么存在点 x_0 的某邻域，当 x 在该邻域内变化时，恒有 $f(x)>0$（$f(x)<0$）.

证明 因为 $\lim\limits_{x\to x_0} f(x)=A$，则对 $\forall \varepsilon>0$，$\exists \delta$，当 $|x-x_0|<\delta$ 时，恒有 $|f(x)-A|<\varepsilon$. 又因为 $A>0$，所以取 $\varepsilon_0=\dfrac{A}{2}>0$，则 $\exists \delta_0$，当 $|x-x_0|<\delta_0$ 时，恒有 $|f(x)-A|<\dfrac{A}{2}$，即 $-\dfrac{A}{2}<f(x)-A<\dfrac{A}{2}$，从而 $\dfrac{A}{2}<f(x)<\dfrac{3A}{2}$，于是 $0<\dfrac{A}{2}<f(x)$，得证.

定理 1.5（**唯一性**） 若极限 $\lim\limits_{x\to x_0} f(x)=A$ 存在，则 A 必唯一.

定理 1.6（**局部有界性**） 设 $\lim\limits_{x\to x_0} f(x)=A$，则必存在点 x_0 的某邻域，使得 $f(x)$ 在该邻域内有界.

证明 因为 $\lim\limits_{x\to x_0} f(x)=A$，所以对 $\forall\varepsilon>0$，$\exists\delta$，当 $|x-x_0|<\delta$ 时，恒有 $|f(x)-A|<\varepsilon$，特别地取 $\varepsilon_0=1$，$\exists\delta_0$，当 $|x-x_0|<\delta_0$，恒有 $|f(x)-A|<1$，即 $A-1<f(x)<A+1$.

这就说明在 x_0 的 δ_0 邻域内 $f(x)$ 有界.

3. 无穷小量与无穷大量

定义 1.10 设函数 $f(x)$ 在点 x_0 的某邻域内有定义，若当 $x\to x_0$ 时，$f(x)$ 的极限为零，则 $f(x)$ 称为当 $x\to x_0$ 时的**无穷小量**，简称**无穷小**.

例如，因为 $\lim\limits_{x\to 3}(x-3)=0$，$\lim\limits_{n\to+\infty}\dfrac{1}{2^n}=0$，故 $x-3$（$x\to 3$），$\dfrac{1}{2^n}$（$n\to+\infty$）都是无穷小量.

极限 $\lim\limits_{x\to x_0}f(x)=A$ 的意义就是，当 $x\to x_0$ 时，函数 $f(x)\to A$，即 $f(x)-A\to 0$；若令 $\alpha=f(x)-A$，则 α 是无穷小，即 $\lim\limits_{x\to x_0}\alpha=0$，这时 $f(x)=A+\alpha$.

反之，若 $f(x)=A+\alpha$，且 $\lim\limits_{x\to x_0}\alpha=0$，则 $f(x)\to A$，从而 $\lim\limits_{x\to x_0}f(x)=A$.

定理 1.7 $\lim\limits_{x\to x_0}f(x)=A\Leftrightarrow f(x)=A+\alpha$，这里 $\lim\limits_{x\to x_0}\alpha=0$.

定理 1.8 有限个无穷小的和、差、积仍然是无穷小.

这里只证明有限个无穷小之和还是无穷小.

假设 $\lim\limits_{x\to x_0}\alpha=0$，$\lim\limits_{x\to x_0}\beta=0$，$\lim\limits_{x\to x_0}\gamma=0$，于是 $\lim\limits_{x\to x_0}\alpha=0\Leftrightarrow\forall\varepsilon>0$，$\dfrac{\varepsilon}{2}>0$，$\exists\delta_1$，$|x-x_0|<\delta_1$，$|\alpha|<\dfrac{\varepsilon}{2}$；$\lim\limits_{x\to x_0}\beta=0\Leftrightarrow\forall\dfrac{\varepsilon}{2}>0$，$\exists\delta_2$，$|x-x_0|<\delta_2$，$|\beta|<\dfrac{\varepsilon}{2}$. 取 $\delta=\min\{\delta_1,\delta_2\}$，则当 $|x-x_0|<\delta$ 时，$|x-x_0|<\delta_1$，$|x-x_0|<\delta_2$ 同时成立，这时 $|\alpha|<\dfrac{\varepsilon}{2}$，$|\beta|<\dfrac{\varepsilon}{2}$ 也同时成立，则 $|\alpha+\beta|\leqslant|\alpha|+|\beta|<\dfrac{\varepsilon}{2}+\dfrac{\varepsilon}{2}=\varepsilon$，即 $|\alpha+\beta|<\varepsilon$. 因此，$\alpha+\beta$ 是无穷小.

利用两个无穷小的和 $\alpha+\beta$ 是无穷小，容易证明三个无穷小的和 $\alpha+\beta+\gamma=\lambda+\gamma$（$\alpha+\beta=\lambda$）仍然是无穷小. 从而有限个无穷小之和仍然是无穷小.

定理 1.9 有界函数与无穷小的乘积是无穷小. 从而常数与无穷小的乘积也是无穷小.

例如，$\lim\limits_{x\to 0}\left(x\sin\dfrac{1}{x}\right)=0$，因为 $\sin\dfrac{1}{x}$ 有界，x 是无穷小（$x\to 0$），故 $x\sin\dfrac{1}{x}$ 是无穷小.

定义 1.11 设函数 $f(x)$ 在点 x_0 的某邻域内有定义，若当 $x\to x_0$ 时，函数 $f(x)$ 的绝对值趋向于无穷大，则 $f(x)$ 称为当 $x\to x_0$ 时的**无穷大量**，简称**无穷大**，记作 $\lim\limits_{x\to x_0}f(x)=\infty$.

当 $x\to x_0$ 时 $f(x)$ 保持正值且无限增大，称 $f(x)$ 为**正无穷大**，记作 $\lim\limits_{x\to x_0}f(x)=+\infty$.

而当 $x\to x_0$ 时 $f(x)$ 保持负值且无限增大，称 $f(x)$ 为**负无穷大**，记作 $\lim\limits_{x\to x_0}f(x)=-\infty$.

显然，当 $n\to\infty$ 时，$\ln n$，n^2，e^n 都是无穷大. 当 $x\to 0$ 时，x，x^2，$\sin x$ 都是无穷小.

注 (1) 无穷大、无穷小概念反映的是变量的变化趋势，因此任何常量都不是无穷大量，任何非零常量都不是无穷小量；谈及无穷大、无穷小时，首先应该给出自变量的变化趋势.

(2) 无穷个无穷小量之和不一定是无穷小量.

例如，当 $n\to\infty$ 时，$\frac{1}{n}$是无穷小，则$\lim\limits_{n\to\infty}(\underbrace{\frac{1}{n}+\frac{1}{n}+\cdots+\frac{1}{n}}_{2n})=2$，$\frac{1}{n}+\frac{1}{n}+\cdots+\frac{1}{n}$不是无穷小.

(3) 无穷大量乘以有界量却不一定是无穷大量. 例如，当 $n\to\infty$时，显然 n^2 是无穷大量，$\frac{1}{n^3}$是有界量，但 $n^2\times\frac{1}{n^3}$不是无穷大量.

定理 1.10 在自变量的同一变化过程中，如果 $f(x)$ 为无穷大，则$\frac{1}{f(x)}$为无穷小；反之，如果 $f(x)$ 为无穷小且 $f(x)\neq 0$，则$\frac{1}{f(x)}$必为无穷大.

4. 极限的运算法则

下面的定理仅对 $x\to x_0$ 的情形进行讨论，对于 $x\to\infty$的情况，结论仍然成立.

定理 1.11 若$\lim\limits_{x\to x_0}f(x)$，$\lim\limits_{x\to x_0}g(x)$ 存在，则当 $x\to x_0$ 时 $f(x)\pm g(x)$，$f(x)\cdot g(x)$，$\frac{f(x)}{g(x)}$ $\left(此时\lim\limits_{x\to x_0}g(x)\neq 0\right)$极限都存在，且

(1) $\lim\limits_{x\to x_0}(f(x)\pm g(x))=\lim\limits_{x\to x_0}f(x)\pm\lim\limits_{x\to x_0}g(x)$；

(2) $\lim\limits_{x\to x_0}(f(x)\cdot g(x))=\lim\limits_{x\to x_0}f(x)\cdot\lim\limits_{x\to x_0}g(x)$，特别地，$\lim\limits_{x\to x_0}(kg(x))=k\lim\limits_{x\to x_0}g(x)$；

(3) $\lim\limits_{x\to x_0}\frac{f(x)}{g(x)}=\frac{\lim\limits_{x\to x_0}f(x)}{\lim\limits_{x\to x_0}g(x)}$.

这里只给出 (2) 的证明，(1) 和 (3) 的证明与 (2) 类似，留给读者自己完成.

证明 (2) 设$\lim\limits_{x\to x_0}f(x)=A$，$\lim\limits_{x\to x_0}g(x)=B$，则 $f(x)=A+\alpha$，$g(x)=B+\beta$，这里α，β 都是 $x\to x_0$ 时的无穷小量，因此

$$f(x)\cdot g(x)=(A+\alpha)(B+\beta)=AB+(A\beta+B\alpha+\alpha\beta)=AB+\gamma,$$

其中 $\gamma=A\beta+B\alpha+\alpha\beta$ 是 $x\to x_0$ 时的无穷小. 于是

$$\lim_{x\to x_0}(f(x)\cdot g(x))=A\cdot B=\lim_{x\to x_0}f(x)\cdot\lim_{x\to x_0}g(x).$$

在下面的例题中请读者指出每一步的推理根据.

例 11 已知 $x_n=\frac{2^n-1}{2^n}$，求$\lim\limits_{n\to\infty}x_n$.

解 $\lim\limits_{n\to\infty}x_n=\lim\limits_{n\to\infty}\frac{2^n-1}{2^n}=\lim\limits_{n\to\infty}\left(1-\frac{1}{2^n}\right)=\lim\limits_{n\to\infty}1-\lim\limits_{n\to\infty}\frac{1}{2^n}=1-0=1.$

例 12 求极限 $\lim\limits_{x\to 2}(x^3-2x^2+1)$.

解
$$\begin{aligned}\lim_{x\to 2}(x^3-2x^2+1)&=\lim_{x\to 2}x^3-\lim_{x\to 2}(2x^2)+\lim_{x\to 2}1=(\lim_{x\to 2}x)^3-2\,(\lim_{x\to 2}x)^2+1\\&=2^3-2\cdot 2^2+1=1.\end{aligned}$$

例 13 求极限 $\lim\limits_{x\to1}\dfrac{x^2-1}{2x^2-x-1}$.

解 因为$\lim\limits_{x\to1}(2x^2-x-1)=0$，所以不能直接运用商的极限运算法则. 因此

$$\lim_{x\to1}\frac{x^2-1}{2x^2-x-1}=\lim_{x\to1}\frac{(x-1)(x+1)}{(x-1)(2x+1)}=\lim_{x\to1}\frac{x+1}{2x+1}=\frac{\lim\limits_{x\to1}(x+1)}{\lim\limits_{x\to1}(2x+1)}=\frac{2}{3}.$$

例 14 求极限$\lim\limits_{x\to3}\dfrac{\sqrt{1+x}-2}{x-3}$.

解 因为

$$\frac{\sqrt{1+x}-2}{x-3}=\frac{(\sqrt{1+x}-2)(\sqrt{1+x}+2)}{(x-3)(\sqrt{1+x}+2)}=\frac{x-3}{(x-3)(\sqrt{1+x}+2)}=\frac{1}{\sqrt{1+x}+2},$$

故

$$\lim_{x\to3}\frac{\sqrt{1+x}-2}{x-3}=\lim_{x\to3}\frac{1}{\sqrt{1+x}+2}=\frac{1}{\lim\limits_{x\to3}(\sqrt{1+x}+2)}=\frac{1}{4}.$$

例 15 求下列极限：

(1) $\lim\limits_{x\to\infty}\dfrac{3x^2-2x-1}{2x^3-x^2+5}$； (2) $\lim\limits_{x\to\infty}\dfrac{3x^3-4x^2+2}{7x^3+5x^2+3}$； (3) $\lim\limits_{x\to\infty}\dfrac{2x^3-3x^2+5}{3x^2-2x-1}$.

解 (1) $\lim\limits_{x\to\infty}\dfrac{3x^2-2x-1}{2x^3-x^2+5}=\lim\limits_{x\to\infty}\dfrac{x^2\left(3-\dfrac{2}{x}-\dfrac{1}{x^2}\right)}{x^3\left(2-\dfrac{1}{x}+\dfrac{5}{x^3}\right)}=\lim\limits_{x\to\infty}\dfrac{1}{x}\cdot\dfrac{3-\dfrac{2}{x}-\dfrac{1}{x^2}}{2-\dfrac{1}{x}+\dfrac{5}{x^3}}=0\cdot\dfrac{3}{2}=0.$

(2) $\lim\limits_{x\to\infty}\dfrac{3x^3-4x^2+2}{7x^3+5x^2+3}=\lim\limits_{x\to\infty}\dfrac{x^3}{x^3}\cdot\dfrac{3-\dfrac{4}{x}+\dfrac{2}{x^3}}{7+\dfrac{5}{x}+\dfrac{3}{x^3}}=\dfrac{3}{7}.$

(3) $\lim\limits_{x\to\infty}\dfrac{2x^3-3x^2+5}{3x^2-2x-1}=\lim\limits_{x\to\infty}\dfrac{x^3}{x^2}\cdot\dfrac{2-\dfrac{3}{x}+\dfrac{5}{x^3}}{3-\dfrac{2}{x}-\dfrac{1}{x^2}}=\lim\limits_{x\to\infty}x\cdot\dfrac{2-\dfrac{3}{x}+\dfrac{5}{x^3}}{3-\dfrac{2}{x}-\dfrac{1}{x^2}}=\infty\cdot\dfrac{2}{3}=\infty.$

事实上，不难看出例 15 是下式的各种特例：

$$\lim_{x\to\infty}\frac{a_mx^m+a_{m-1}x^{m-1}+\cdots+a_0}{b_nx^n+b_{n-1}x^{n-1}+\cdots+b_0}=\lim_{x\to\infty}\frac{a_mx^m}{b_nx^n}=\lim_{x\to\infty}\frac{a_m}{b_n}\cdot x^{m-n}=\begin{cases}\dfrac{a_m}{b_n}, & n=m\\ 0, & n>m\\ \infty, & n<m\end{cases}.$$

5. 无穷小量的比较

前面讨论了两个无穷小量的和、差、积仍然是无穷小. 但是，两个无穷小量的比（商）并不一定是无穷小. 例如当 $x\to0$ 时，x^2，x^3，$\sin x$ 都是无穷小，但是

$$\lim_{x\to0}\frac{\sin x}{x^2}=\infty,\ \lim_{x\to0}\frac{x^3}{x^2}=0,\ \lim_{x\to0}\frac{3x^2}{x^2}=3.$$

因此，两个无穷小量比的极限情况很复杂，它反映了两个无穷小量趋于零的快慢程度. 显然，$\sin x\to0$ 比 $x^2\to0$ 的速度要“慢”，而 $x^3\to0$ 比 $x^2\to0$ 的速度要“快”，$3x^2\to0$ 与 $x^2\to0$ 的速度“快慢相当”.

下面引出几个概念，以说明两个无穷小量之间相互比较的一般方法.

定义 1.12 设 α，β 是当 $x\to x_0$ 时的两个无穷小量，即 $\lim\limits_{x\to x_0}\alpha=0$，$\lim\limits_{x\to x_0}\beta=0$，则

若 $\lim\limits_{x\to x_0}\dfrac{\beta}{\alpha}=0$，则称 β 是较 α **高阶的无穷小**，即 $\beta\to0$ 比 $\alpha\to0$ 快，记作 $\beta=o(\alpha)$.

若 $\lim\limits_{x\to x_0}\dfrac{\beta}{\alpha}=\infty$，则称 β 是较 α **低阶的无穷小**，即 $\beta\to0$ 比 $\alpha\to0$ 慢，记作 $\alpha=o(\beta)$.

若 $\lim\limits_{x\to x_0}\dfrac{\beta}{\alpha}=c\neq0$，则称 β 与 α 是**同阶无穷小**，即 $\beta\to0$ 与 $\alpha\to0$ 快慢相当.

若 $\lim\limits_{x\to x_0}\dfrac{\beta}{\alpha}=1$，则称 β 与 α 是**等价无穷小**，即 $\beta\to0$ 与 $\alpha\to0$ 快慢一样，记作 $\alpha\sim\beta$.

若 $\lim\limits_{x\to x_0}\dfrac{\beta}{\alpha^k}=c\neq0$，$k>0$，则称 β 是关于 α 的 k **阶无穷小**.

上述各项结果对于 $x\to\infty$ 时的无穷小量同样成立.

容易证明，当 $x\to0$ 时，$\sin x$ 与 x 是等价无穷小，$3x^2$ 和 x^2 是同阶无穷小，而 x^2 是较 $\sin x$ 高阶的无穷小，即 $x^2=o(\sin x)$.

关于等价无穷小还有如下定理，常常用它简化极限运算.

定理 1.12 设 α，β，α'，β' 都是 $x\to x_0$ 时的无穷小量，且 $\alpha\sim\alpha'$，$\beta\sim\beta'$，又 $\lim\limits_{x\to x_0}\dfrac{\beta'}{\alpha'}$ 存在，则 $\lim\limits_{x\to x_0}\dfrac{\beta}{\alpha}$ 也存在，且 $\lim\limits_{x\to x_0}\dfrac{\beta}{\alpha}=\lim\limits_{x\to x_0}\dfrac{\beta'}{\alpha'}$.

证明 $\lim\limits_{x\to x_0}\dfrac{\beta}{\alpha}=\lim\limits_{x\to x_0}\left(\dfrac{\beta}{\beta'}\cdot\dfrac{\beta'}{\alpha'}\cdot\dfrac{\alpha'}{\alpha}\right)=\lim\limits_{x\to x_0}\dfrac{\beta}{\beta'}\cdot\lim\limits_{x\to x_0}\dfrac{\beta'}{\alpha'}\cdot\lim\limits_{x\to x_0}\dfrac{\alpha'}{\alpha}=\lim\limits_{x\to x_0}\dfrac{\beta'}{\alpha'}.$

例如，当 $x\to0$ 时，$\sin ax\sim ax$，$\tan bx\sim bx$，则 $\lim\limits_{x\to0}\dfrac{\sin ax}{\tan bx}=\lim\limits_{x\to0}\dfrac{ax}{bx}=\dfrac{a}{b}$.

当 $x\to0$ 时，常见的等价无穷小还有（后面章节会证明）：

$$\ln(1+x)\sim x,\ e^x-1\sim x,\ \sin x\sim x,\ 1-\cos x\sim\frac{1}{2}x^2,\ \tan x\sim x.$$

三、两个重要极限

1. 极限存在的两个准则

准则 1（夹逼定理） 设 $f(x)$，$g(x)$，$h(x)$ 在点 x_0 附近有定义，满足 $g(x)\leqslant f(x)\leqslant h(x)$，且 $\lim\limits_{x\to x_0}g(x)=\lim\limits_{x\to x_0}h(x)=A$，则 $\lim\limits_{x\to x_0}f(x)$ 存在且 $\lim\limits_{x\to x_0}f(x)=A$.

证明 因为$\lim\limits_{x\to x_0} g(x)=A$，所以对于$\forall\varepsilon>0$，$\exists\delta_1>0$，当$|x-x_0|<\delta_1$时，有$|g(x)-A|<\varepsilon$；同理对于$\lim\limits_{x\to x_0}h(x)=A$，$\exists\delta_2>0$，当$|x-x_0|<\delta_2$时，有$|h(x)-A|<\varepsilon$；取$\delta=\min\{\delta_1,\ \delta_2\}$，则当$|x-x_0|<\delta$时，同时有$|x-x_0|<\delta_1$，$|x-x_0|<\delta_2$，因此$|g(x)-A|<\varepsilon$，$|h(x)-A|<\varepsilon$，即$A-\varepsilon<g(x)<A+\varepsilon$，$A-\varepsilon<h(x)<A+\varepsilon$，于是

$$A-\varepsilon<g(x)\leqslant f(x)\leqslant h(x)<A+\varepsilon,$$

则

$$A-\varepsilon<f(x)<A+\varepsilon,$$

即

$$|f(x)-A|<\varepsilon.$$

因此命题成立.

例 16 求极限：$\lim\limits_{n\to\infty}\left(\dfrac{1}{\sqrt{n^2+1}}+\dfrac{1}{\sqrt{n^2+2}}+\cdots+\dfrac{1}{\sqrt{n^2+n}}\right)$.

解 因为$\dfrac{1}{\sqrt{n^2+n}}\leqslant\dfrac{1}{\sqrt{n^2+i}}\leqslant\dfrac{1}{\sqrt{n^2+1}}$ $(1\leqslant i\leqslant n)$，所以

$$\frac{n}{\sqrt{n^2+n}}\leqslant\frac{1}{\sqrt{n^2+1}}+\frac{1}{\sqrt{n^2+2}}+\cdots+\frac{1}{\sqrt{n^2+n}}\leqslant\frac{n}{\sqrt{n^2+1}},$$

由于

$$\lim_{n\to\infty}\frac{n}{\sqrt{n^2+n}}=1,\ \lim_{n\to\infty}\frac{n}{\sqrt{n^2+1}}=1,$$

所以

$$\lim_{n\to\infty}\left(\frac{1}{\sqrt{n^2+1}}+\frac{1}{\sqrt{n^2+2}}+\cdots+\frac{1}{\sqrt{n^2+n}}\right)=1.$$

定义 1.13 若数列$\{x_n\}$对于$\forall n\in\mathbf{N}$，都有$x_n\leqslant x_{n+1}$ $(x_n\geqslant x_{n+1})$，则称数列$\{x_n\}$是**单调增加(减少)数列**. 单调增加数列和单调减少数列统称为**单调数列**.

准则 2 单调有界数列$\{x_n\}$必有极限.（证明从略）

例如，数列$\left\{\dfrac{n+1}{n}\right\}$单调减少，且$1<\dfrac{n+1}{n}\leqslant 2$，例 6 已经证明$\lim\limits_{n\to\infty}\dfrac{n+1}{n}=1$.

2. 两个重要极限

（Ⅰ）$\lim\limits_{x\to 0}\dfrac{\sin x}{x}=1$.

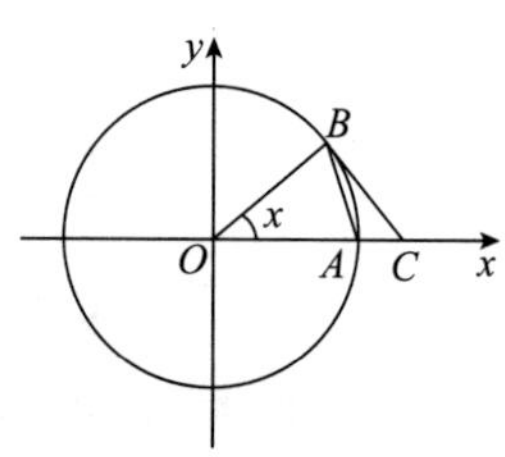

图 1－8

证明 设$0<x<\dfrac{\pi}{2}$，作一个单位圆，如图 1－8 所示. 图中$\angle AOB=x$，作$BC\perp OB$，设S_1表示$\triangle AOB$面积，S_2为扇形AOB的面积，S_3是$\triangle BOC$的面积. 显然$S_1<S_2<S_3$，又因为

$$S_1=\frac{1}{2}|OA|\cdot|OB|\sin x=\frac{1}{2}\sin x,$$

$$S_2=\frac{1}{2}|OA|\cdot|OB|\cdot x=\frac{1}{2}x,$$

$$S_3=\frac{1}{2}|OB|\cdot|OB|\cdot\tan x=\frac{1}{2}\tan x,$$

故

$$\frac{1}{2}\sin x<\frac{1}{2}x<\frac{1}{2}\tan x\Rightarrow\sin x<x<\tan x.$$

由于 $\sin x>0$，$\cos x>0$，上式各项同时除以 $\sin x$，得

$$1<\frac{x}{\sin x}<\frac{1}{\cos x}.$$

不等式中的每一项取倒数，有

$$\cos x<\frac{\sin x}{x}<1.$$

因为 $\lim\limits_{x\to0^+}\cos x=|OA|=1$，故 $\lim\limits_{x\to0^+}\dfrac{\sin x}{x}=1$；又当 $x\to0^-$ 时

$$\lim_{x\to0^-}\frac{\sin x}{x}=\lim_{x\to0^-}\frac{\sin(-x)}{-x}=\lim_{z\to0^+}\frac{\sin z}{z}=1\ (z=-x).$$

综合上述两种情况，有

$$\lim_{x\to0}\frac{\sin x}{x}=1.$$

为了更好地利用这个重要公式，应掌握好如下模型：

$$\lim_{\varphi(x)\to0}\frac{\sin\varphi(x)}{\varphi(x)}=1.$$

例 17 求解下列各极限：

(1) $\lim\limits_{n\to\infty}2^n\sin\dfrac{3}{2^n}$；　(2) $\lim\limits_{x\to0}\dfrac{\tan 2x}{\sin 3x}$；　(3) $\lim\limits_{x\to0}\dfrac{1-\cos x}{x^2}$；　(4) $\lim\limits_{x\to\pi}\dfrac{\sin x}{x-\pi}$.

解 (1) $\lim\limits_{n\to\infty}2^n\sin\dfrac{3}{2^n}=\lim\limits_{n\to\infty}\dfrac{3}{\frac{3}{2^n}}\sin\dfrac{3}{2^n}=3\lim\limits_{\frac{3}{2^n}\to0}\dfrac{1}{\frac{3}{2^n}}\sin\dfrac{3}{2^n}=3\cdot1=3.$

(2) $$\lim_{x\to0}\frac{\tan 2x}{\sin 3x}=\lim_{x\to0}\frac{\frac{\sin 2x}{\cos 2x}}{\sin 3x}=\lim_{x\to0}\frac{\frac{\sin 2x}{2x}}{\frac{\sin 3x}{3x}}\cdot\frac{2}{3\cos 2x}=\frac{1}{1}\cdot\frac{2}{3}=\frac{2}{3}.$$

(3) $$\lim_{x\to0}\frac{1-\cos x}{x^2}=\lim_{x\to0}\frac{2\sin^2\frac{x}{2}}{x^2}=\lim_{x\to0}\frac{2\sin^2\frac{x}{2}}{4\cdot\left(\frac{x}{2}\right)^2}=\frac{2}{4}\lim_{x\to0}\left(\frac{\sin\frac{x}{2}}{\frac{x}{2}}\right)^2=\frac{1}{2}.$$

(4) $\lim\limits_{x\to\pi}\frac{\sin x}{x-\pi}=\lim\limits_{x\to\pi}\frac{\sin(\pi-x)}{-(\pi-x)}=-\lim\limits_{\pi-x\to 0}\frac{\sin(\pi-x)}{\pi-x}=-1.$

(Ⅱ) $\lim\limits_{x\to\infty}\left(1+\frac{1}{x}\right)^x=\mathrm{e}.$

证明* 证明过程分下列 3 步.

(1) 讨论 $x=n$ 的情况. 令 $x_n=\left(1+\frac{1}{n}\right)^n$，现在证明 $\lim\limits_{n\to+\infty}\left(1+\frac{1}{n}\right)^n=\mathrm{e}$. 展开 x_n，有

$$
\begin{aligned}
x_n &=\left(1+\frac{1}{n}\right)^n\\
&=C_n^0+C_n^1\cdot\frac{1}{n}+C_n^2\cdot\frac{1}{n^2}+C_n^3\frac{1}{n^3}+C_n^4\cdot\frac{1}{n^4}+\cdots+C_n^{n-1}\cdot\frac{1}{n^{n-1}}+C_n^n\cdot\frac{1}{n^n}\\
&=1+1+\frac{n(n-1)}{2!}\cdot\frac{1}{n^2}+\frac{n(n-1)(n-2)}{3!}\cdot\frac{1}{n^3}+\cdots+\frac{n(n-1)\cdots(n-(n-1))}{n!}\cdot\frac{1}{n^n}\\
&=1+1+\frac{1}{2!}\cdot(1-\frac{1}{n})+\frac{1}{3!}\cdot\left(1-\frac{1}{n}\right)\left(1-\frac{2}{n}\right)+\cdots\\
&\quad+\frac{1}{n!}\cdot\left(1-\frac{1}{n}\right)\left(1-\frac{2}{n}\right)\cdots\left(1-\frac{n-1}{n}\right),
\end{aligned}
$$

又

$$
\begin{aligned}
x_{n+1}&=\left(1+\frac{1}{n+1}\right)^{n+1}\\
&=1+1+\frac{1}{2!}\cdot\left(1-\frac{1}{n+1}\right)+\frac{1}{3!}\cdot\left(1-\frac{1}{n+1}\right)\left(1-\frac{2}{n+1}\right)+\cdots\\
&\quad+\frac{1}{(n+1)!}\cdot\left(1-\frac{1}{n+1}\right)\cdots\left(1-\frac{n}{n+1}\right),
\end{aligned}
$$

逐项比较 x_n 和 x_{n+1}，有

$$\left(1+\frac{1}{n}\right)^n<\left(1+\frac{1}{n+1}\right)^{n+1}（即 x_n<x_{n+1}），$$

于是，通项 $x_n=\left(1+\frac{1}{n}\right)^n$ 单调增加. 下面再证明 x_n 有界，因为

$$
\begin{aligned}
x_n &=\left(1+\frac{1}{n}\right)^n\\
&=1+1+\frac{1}{2!}\cdot\left(1-\frac{1}{n}\right)+\frac{1}{3!}\cdot\left(1-\frac{1}{n}\right)\left(1-\frac{2}{n}\right)+\cdots\\
&\quad+\frac{1}{n!}\cdot\left(1-\frac{1}{n}\right)\left(1-\frac{2}{n}\right)\cdots\left(1-\frac{n-1}{n}\right)\\
&\leqslant 1+1+\frac{1}{2!}+\frac{1}{3!}+\cdots+\frac{1}{n!}\leqslant 1+1+\frac{1}{2\cdot 1}+\frac{1}{3\cdot 2}+\cdots+\frac{1}{n(n-1)}\\
&=2+\left(1-\frac{1}{2}\right)+\left(\frac{1}{2}-\frac{1}{3}\right)+\left(\frac{1}{3}-\frac{1}{4}\right)+\cdots+\left(\frac{1}{n-1}-\frac{1}{n}\right)
\end{aligned}
$$

$$=2+1-\frac{1}{n}<3,$$

所以 x_n 单调增加且有界，因此 $\lim\limits_{n\to+\infty}\left(1+\frac{1}{n}\right)^n$ 存在，不妨假设 $\lim\limits_{n\to+\infty}\left(1+\frac{1}{n}\right)^n=\mathrm{e}$.

(2) 再讨论 $x\to+\infty$的情况. 对于 $x>0$，显然，$[x]\leqslant x<[x]+1$，从而

$$\frac{1}{[x]}\geqslant\frac{1}{x}>\frac{1}{[x]+1},$$

于是

$$1+\frac{1}{[x]}\geqslant 1+\frac{1}{x}>1+\frac{1}{[x]+1},$$

从而

$$\left(1+\frac{1}{[x]}\right)^{[x]+1}\geqslant\left(1+\frac{1}{x}\right)^x>\left(1+\frac{1}{[x]+1}\right)^{[x]},$$

又

$$\lim_{x\to+\infty}\left(1+\frac{1}{[x]}\right)^{[x]+1}=\lim_{[x]\to+\infty}\left(1+\frac{1}{[x]}\right)^{[x]}\left(1+\frac{1}{[x]}\right)=\mathrm{e},$$

$$\lim_{x\to+\infty}\left(1+\frac{1}{[x]+1}\right)^{[x]}=\lim_{[x]\to+\infty}\left(1+\frac{1}{[x]+1}\right)^{[x]+1}\left(1+\frac{1}{[x]+1}\right)^{-1}=\mathrm{e}\cdot\frac{1}{1}=\mathrm{e},$$

所以

$$\lim_{x\to+\infty}\left(1+\frac{1}{x}\right)^x=\mathrm{e}.$$

(3) 最后讨论 $x\to-\infty$的情况. 这时

$$\lim_{x\to-\infty}\left(1+\frac{1}{x}\right)^x=\lim_{y\to+\infty}\left(1+\frac{1}{-y}\right)^{-y}(y=-x)=\lim_{y\to+\infty}\left(\frac{y-1}{y}\right)^{-y}=\lim_{y\to+\infty}\left(\frac{y}{y-1}\right)^y$$

$$=\lim_{y\to+\infty}\left(\frac{y-1+1}{y-1}\right)^{y-1+1}=\lim_{y-1\to+\infty}\left(1+\frac{1}{y-1}\right)^{y-1}\left(1+\frac{1}{y-1}\right)=\mathrm{e}.$$

综上所述，有

$$\lim_{x\to\infty}\left(1+\frac{1}{x}\right)^x=\mathrm{e}.$$

为了更好地利用这个重要公式，应该掌握好如下模型：

$$\lim_{\delta(x)\to\infty}\left(1+\frac{1}{\delta(x)}\right)^{\delta(x)}=\mathrm{e}\quad 或\quad \lim_{\gamma(x)\to 0}(1+\gamma(x))^{\frac{1}{\gamma(x)}}=\mathrm{e}.$$

例 18 求下列各极限：

(1) $\lim\limits_{x\to\infty}\left(1+\frac{k}{x}\right)^x$； (2) $\lim\limits_{x\to\infty}\left(\frac{x+1}{x-2}\right)^{x+3}$； (3) $\lim\limits_{x\to 0}(1-x)^{\frac{2}{x}}$.

解 (1) $\lim\limits_{x\to\infty}\left(1+\frac{k}{x}\right)^x=\lim\limits_{\frac{x}{k}\to\infty}\left\{\left[1+\frac{1}{\frac{x}{k}}\right]^{\frac{x}{k}}\right\}^k=\left\{\lim\limits_{\frac{x}{k}\to\infty}\left[1+\frac{1}{\frac{x}{k}}\right]^{\frac{x}{k}}\right\}^k=\mathrm{e}^k\ (k\neq 0)$.

（2）$\lim\limits_{x\to\infty}\left(\frac{x+1}{x-2}\right)^{x+3}=\lim\limits_{x-2\to\infty}\left(1+\frac{3}{x-2}\right)^{x-2+5}=\lim\limits_{x-2\to\infty}\left(1+\frac{3}{x-2}\right)^{\frac{x-2}{3}\times 3+5}$

$$=\lim_{\frac{x-2}{3}\to\infty}\left[\left(1+\frac{3}{x-2}\right)^{\frac{x-2}{3}}\right]^3\cdot\lim_{x-2\to\infty}\left(1+\frac{3}{x-2}\right)^5=e^3.$$

（3）$\lim\limits_{x\to0}(1-x)^{\frac{2}{x}}=\lim\limits_{-x\to0}[(1+(-x))^{\frac{1}{-x}}]^{-2}=[\lim\limits_{-x\to0}(1+(-x))^{\frac{1}{-x}}]^{-2}=e^{-2}.$

1.3 函数的连续与间断

自然界中的许多现象，如气温变化、动植物生长、血液流动、地球绕着太阳转动等，都是连续变化的. 用数学方法研究这种连续现象，就会得到变量间函数关系的连续性概念. 高等数学中研究的函数基本都是连续函数. 本节首先讨论函数增量的概念，然后进一步引出函数连续的概念及其性质，最后简述初等函数的连续性.

一、函数的连续

1. 函数的增量

定义 1.14 函数 $y=f(x)$ 当自变量 x 在其定义域内由 x_0 变化到 x 时，函数值从 $f(x_0)$ 变化到 $f(x)$，这时自变量 x 的**改变量** $\Delta x=x-x_0$ 称为自变量 x 在 $x=x_0$ 处的**增量**；相应地，函数的**改变量** $\Delta y=f(x)-f(x_0)$ 称为函数 $y=f(x)$ 在 $x=x_0$ 处的**增量**，如图 1－9 所示.

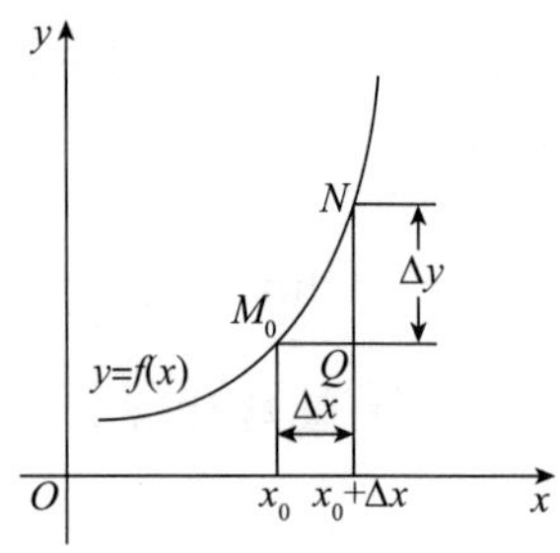

图 1－9

根据上述过程，有

$$x=x_0+\Delta x,\ \Delta y=f(x_0+\Delta x)-f(x_0),$$

这里 Δx 和 Δy 都是完整的记号，其值可正可负，当然也可以是零.

例如，二次函数 $y=x^2$ 在 $x=1$ 处的增量为

$$\Delta y=f(1+\Delta x)-f(1)=(1+\Delta x)^2-1^2=2\cdot\Delta x+(\Delta x)^2.$$

而 $y=x^2$ 在 $x=2$ 处的增量为

$$\begin{aligned}\Delta y&=f(2+\Delta x)-f(2)=(2+\Delta x)^2-2^2\\&=2\cdot 2\Delta x+(\Delta x)^2=4\Delta x+(\Delta x)^2.\end{aligned}$$

比较上面两个增量，对同样大小的 Δx，$y=x^2$ 在 $x=2$ 处的增量要比在 $x=1$ 处的增量大. 这说明函数 $y=x^2$ 在 $x=2$ 处的变化要比在 $x=1$ 处的变化快. 从 $y=x^2$ 的图像上也能清楚地看出该曲线的变化情况，如图 1－10 所示.

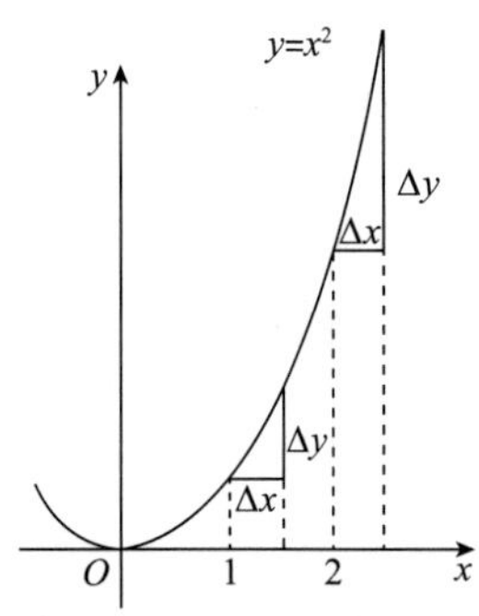

图 1－10

2. 函数连续

函数 $y=f(x)$ 在 $x=x_0$ 处的增量为 $\Delta y=f(x_0+\Delta x)-f(x_0)$，

假如 x_0 不变而让自变量的增量 Δx 变动，则函数 $y=f(x)$ 在 $x=x_0$ 处的增量 Δy 随 Δx 的变化而变化. 若当 $\Delta x\to 0$ 时，有 $\Delta y\to 0$，即

$$\lim_{\Delta x\to 0}\Delta y=0,$$

我们就称函数 $y=f(x)$ 在点 x_0 处连续.

定义 1.15 设 $y=f(x)$ 在点 x_0 的某邻域内有定义，若当自变量 x 的增量 $\Delta x=x-x_0$ 趋于零时，对应的函数增量 $\Delta y=f(x_0+\Delta x)-f(x_0)$ 也趋于零，就称 $y=f(x)$ 点 x_0 处**连续**.

根据 $y=x^2$ 在 $x=2$ 处的增量为 $\Delta y=4\Delta x+(\Delta x)^2$，有

$$\lim_{\Delta x\to 0}\Delta y=\lim_{\Delta x\to 0}(4\Delta x+(\Delta x)^2)=0,$$

所以 $y=x^2$ 在 $x=2$ 处连续. 同理，$y=x^2$ 在 $x=1$ 处也连续.

若函数 $y=f(x)$ 在点 x_0 处连续，则 $\Delta x=x-x_0\to 0$ 时，

$$\Delta y=f(x_0+\Delta x)-f(x_0)\to 0,$$

因此

$$x=x_0+\Delta x\to x_0, f(x_0+\Delta x)=f(x_0)+\Delta y\to f(x_0),$$

于是

$$\lim_{\Delta x\to 0}f(x_0+\Delta x)=\lim_{x\to x_0}f(x)=f(x_0)=f(\lim_{x\to x_0}x).$$

因此，若 $y=f(x)$ 在点 x_0 的某一邻域内有定义，则 $y=f(x)$ 当 $x\to x_0$ 时极限存在，且等于 $f(x)$ 在点 x_0 处的函数值 $f(x_0)$，即 $\lim\limits_{x\to x_0}f(x)=f(x_0)$，则 $y=f(x)$ 在点 x_0 处连续.

函数的连续定义也可以用 $\varepsilon-\delta$ 语言叙述如下：设函数 $y=f(x)$ 在点 x_0 的某一邻域内有定义，若对于 $\forall\varepsilon>0$，$\exists\delta>0$，$|x-x_0|<\delta$，恒有 $|f(x)-f(x_0)|<\varepsilon$，就称 $y=f(x)$ 在点 x_0 处连续.

利用公式 $\lim\limits_{x\to x_0}f(x)=f(x_0)$，可求出连续函数 $y=f(x)$ 在某一点 x_0 处的极限. 例如

$$\lim_{x\to 2}x^2=(\lim_{x\to 2}x)^2=2^2=4.$$

求连续函数当 $x\to x_0$ 时的极限时，只要把 x 用 x_0 代入并求出函数值即可.

根据左、右极限的定义，也可以得到左连续、右连续的概念.

若 $\lim\limits_{x\to x_0^-}f(x)=f(x_0)$，即 $f(x_0-0)=f(x_0)$，则称 $y=f(x)$ 在点 x_0 处**左连续**.

若 $\lim\limits_{x\to x_0^+}f(x)=f(x_0)$，即 $f(x_0+0)=f(x_0)$，则称 $y=f(x)$ 在点 x_0 处**右连续**.

若函数 $f(x)$ 在区间 (a, b) 内的任一点处都连续，则称 $f(x)$ 在开区间 (a, b) 内连续.

若 $f(x)$ 在开区间 (a, b) 内的任一点处都连续且在点 a 处右连续，即 $\lim\limits_{x\to a^+}f(x)=f(a)$，而在点 b 处左连续，即 $\lim\limits_{x\to b^-}f(x)=f(b)$，则称 $f(x)$ 在闭区间 $[a, b]$ 上连续.

容易看出，若 $y=f(x)$ 连续，则其图像是一条连续且不间断的曲线.

二、函数的间断

根据函数连续的定义，函数 $f(x)$ 在点 x_0 处连续必须同时满足下列三个条件：

(1) 函数 $y=f(x)$ 在点 x_0 处有定义，即 $f(x_0)$ 存在.

(2) $\lim\limits_{x\to x_0}f(x)$ 存在，即 $f(x)$ 在点 x_0 处的左、右极限都存在且相等.

(3) $\lim\limits_{x\to x_0}f(x)=f(x_0)$.

上述条件只要有一个得不到满足，函数 $f(x)$ 在点 x_0 处就不连续.

使函数 $f(x)$ 不连续的点称为函数 $f(x)$ 的**间断点**.

函数 $f(x)$ 的间断点分为两类：左、右极限都存在的间断点称为 $f(x)$ 的**第一类间断点**；其他情形的间断点都称为 $f(x)$ 的**第二类间断点**.

例 19 函数 $f(x)=\begin{cases}\dfrac{|x|}{x}, & x\neq 0\\ 0, & x=0\end{cases}$ 在点 $x=0$ 处有定义，但 $\lim\limits_{x\to 0^-}f(x)=-1$，$\lim\limits_{x\to 0^+}f(x)=1$，二者不等，则 $\lim\limits_{x\to 0}f(x)$ 不存在，故 $f(x)$ 在点 $x=0$ 处不连续，点 $x=0$ 属于**第一类间断点**，又称为 $f(x)$ 的跳跃间断点，如图 1-11 所示.

例 20 设函数 $f(x)=\dfrac{x^2-9}{x-3}$，显然

$$\lim_{x\to 3}f(x)=\lim_{x\to 3}\frac{x^2-9}{x-3}=\lim_{x\to 3}\frac{(x-3)(x+3)}{x-3}=\lim_{x\to 3}(x+3)=6.$$

但是 $f(x)$ 在点 $x=3$ 处没有定义，因此 $f(x)$ 在点 $x=3$ 处不连续，点 $x=3$ 是 $f(x)$ 的第一类间断点. 若补充定义 $f(3)=6$，则 $f(x)$ 就连续了，因此点 $x=3$ 又称为 $f(x)$ 的**可去间断点**.

例 21 函数 $f(x)=\sin\dfrac{1}{x}$ 在点 $x=0$ 处无定义，当 $x\to 0$ 时，函数在 -1 和 $+1$ 之间无限次地摆动，点 $x=0$ 属于第二类间断点，这时也称点 $x=0$ 是 $f(x)=\sin\dfrac{1}{x}$ 的**振荡间断点**，如图 1-12 所示.

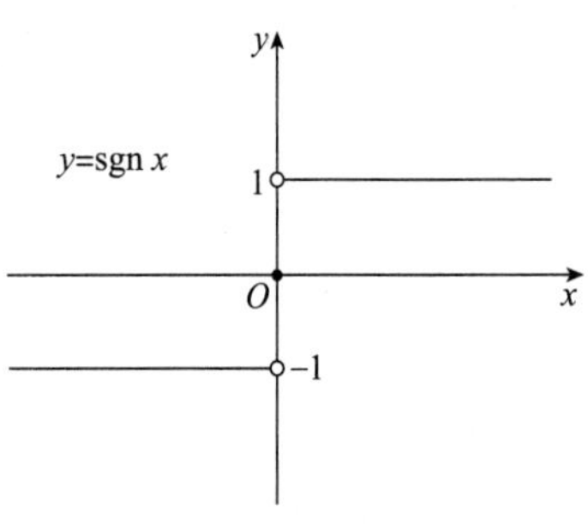

图 1-11

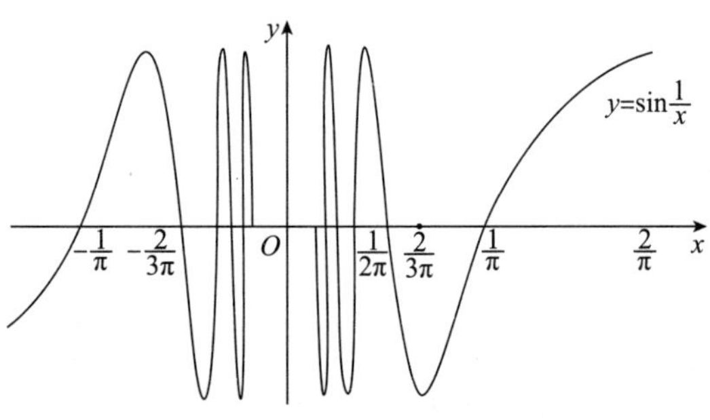

图 1-12

例 22 函数 $f(x)=\dfrac{1}{x}$ 在点 $x=0$ 处不连续，因为它在点 $x=0$ 处没有定义，且

$$\lim_{x\to0}f(x)=\lim_{x\to0}\frac{1}{x}=\infty,$$

因此点 $x=0$ 是函数 $f(x)=\dfrac{1}{x}$ 的**第二类间断点**，又称为**无穷间断点**.

三、连续函数的性质

由函数在某点连续的定义和极限的运算法则，容易推出如下定理.

定理 1.13 若函数 $f(x)$，$g(x)$ 在点 x_0 处都连续，则 $f(x)$ 与 $g(x)$ 的和、差、积、商（分母不等于零）在点 x_0 处也连续.

定理 1.14 若 $y=f(x)$ 在区间 I_x 上单调增加（减少）且连续，则其反函数 $x=f^{-1}(y)$ 在相应的区间 $I_y=\{y\,|\,y=f(x),\ x\in I_x\}$ 上也单调增加（减少）且连续.

例 23 由于 $y=\sin x$ 在 $I_x=\left[-\dfrac{\pi}{2},\ \dfrac{\pi}{2}\right]$ 上单调增加且连续，因此其反函数 $x=\arcsin y$ 在相应的区间 $I_y=[-1,\ 1]$ 上也单调增加且连续.

同理，反三角函数 $\arccos x$，$\arctan x$，$\mathrm{arccot}\,x$ 在其定义域内都连续.

定理 1.15 设函数 $u=\varphi(x)$ 在点 $x=x_0$ 处连续，且 $u_0=\varphi(x_0)$，而函数 $y=f(u)$ 在点 $u=u_0$ 处连续，则复合函数 $F(x)=f(\varphi(x))$ 在点 $x=x_0$ 处也连续.

证明 因为函数 $u=\varphi(x)$ 在点 $x=x_0$ 处连续，故 $\lim\limits_{x\to x_0}u=\lim\limits_{x\to x_0}\varphi(x)=\varphi(x_0)=u_0$；又因为函数 $y=f(u)$ 在点 $u=u_0$ 处连续，所以 $\lim\limits_{u\to u_0}f(u)=f(u_0)$. 对复合函数 $F(x)=f(\varphi(x))$，有

$$\lim_{x\to x_0}F(x)=\lim_{x\to x_0}f(\varphi(x))=\lim_{u\to u_0}f(u)=f(u_0)=f(\varphi(x_0))=F(x_0).$$

因此，复合函数 $F(x)=f(\varphi(x))$ 在点 $x=x_0$ 处连续.

例 24 求极限 $\lim\limits_{x\to0}\dfrac{\ln(1+x)}{x}$.

解 因为 $y=\dfrac{\ln(1+x)}{x}=\ln(1+x)^{\frac{1}{x}}$ 可看作 $y=\ln u$ 与 $u=(1+x)^{\frac{1}{x}}$ 复合而成的复合函数，而 $\lim\limits_{x\to0}u=\lim\limits_{x\to0}(1+x)^{\frac{1}{x}}=\mathrm{e}$，且 $y=\ln u$ 在点 $u=\mathrm{e}$ 处连续，于是

$$\lim_{x\to0}\frac{\ln(1+x)}{x}=\lim_{x\to0}\ln(1+x)^{\frac{1}{x}}=\ln\left[\lim_{x\to0}(1+x)^{\frac{1}{x}}\right]=\ln(\lim_{u\to0}u)=\ln\mathrm{e}=1.$$

例 25 讨论函数 $y=\sin\dfrac{1}{x}$ 的连续性.

解 $y=\sin\dfrac{1}{x}$ 可看成由 $y=\sin u$ 和 $u=\dfrac{1}{x}$ 复合而成的复合函数，$y=\sin u$ 对 $\forall u\in\mathbf{R}$

都连续，而 $u=\frac{1}{x}$ 当 $x\in(-\infty, 0)\cup(0, +\infty)$ 时连续．由定理 1.15，当 $x\in(-\infty, 0)\cup(0, +\infty)$ 时函数 $y=\sin\frac{1}{x}$ 是连续的．

容易证明：**基本初等函数在其定义域内连续；一切初等函数在其定义域内也都连续．**

这个结论不仅使我们在作初等函数的图像时有了理论根据，而且提供了求初等函数极限的简便方法，即若 $y=f(x)$ 是初等函数，且 x_0 是其定义域内的点，则

$$\lim_{x\to x_0}f(x)=f(x_0).$$

例 26 求极限 $\lim\limits_{x\to 0}e^{\cos x}$．

解 因为 $y=e^{\cos x}$ 是初等函数，所以

$$\lim_{x\to 0}e^{\cos x}=e^{\cos 0}=e.$$

定义 1.16 假设 $f(x)$ 在 I 上有定义，若存在 $x_0\in I$，使得对 $\forall x\in I$，恒有 $f(x)\leqslant f(x_0)$（或 $f(x)\geqslant f(x_0)$），则称 $f(x_0)$ 是函数 $f(x)$ 在区间 I 上的**最大（小）值**，称点 x_0 是函数 $f(x)$ 在区间 I 上的**最大（小）值点**．

例如，$f(x)=\sin x$ 在 $[0, 2\pi]$ 上的最大值为 1，最小值为 -1；最大值点为 $\frac{\pi}{2}$，最小值点为 $-\frac{\pi}{2}$．

下面，不加证明地给出 $[a, b]$ 上连续函数的两个重要性质．

定理 1.16（最值定理） 如果函数 $f(x)$ 在闭区间 $[a, b]$ 上连续，则 $f(x)$ 在 $[a, b]$ 上必有最大值 M 和最小值 m．

推论 1 如果函数 $f(x)$ 在闭区间 $[a, b]$ 上连续，则 $f(x)$ 在 $[a, b]$ 上必有界．

定理 1.17（介值定理） 设函数 $y=f(x)$ 在闭区间 $[a, b]$ 上连续，且 $f(a)\neq f(b)$，对于 $f(a)$ 和 $f(b)$ 之间的任意实数值 c，则至少存在一点 $\xi\in(a, b)$，使得 $f(\xi)=c$．

事实上，函数 $y=f(x)$ 在 $[a, b]$ 上能取到最大值 M 和最小值 m 之间的任何值．

推论 2 如果函数 $f(x)$ 在闭区间 $[a, b]$ 上连续，且 $f(a)$ 与 $f(b)$ 异号，则在 $[a, b]$ 内至少存在一点 $\xi\in(a, b)$，使得 $f(\xi)=0$．

例 27 证明：方程 $x^3-4x^2+1=0$ 在区间 $(0, 1)$ 内至少存在一个根．

证明 令 $f(x)=x^3-4x^2+1$，则 $f(x)$ 在 $[0, 1]$ 上连续，且 $f(0)=1>0$，$f(1)=-2<0$，根据推论 2，在 $(0, 1)$ 内至少存在一点 ξ，使得 $f(\xi)=0$，即

$$\xi^3-4\xi^2+1=0.$$

这就说明，ξ 是已知方程 $x^3-4x^2+1=0$ 的一个根．

课后读物

著名科学家的故事

1. **刘徽**是魏晋时期著名数学家，也是中国古典数学理论的奠基人之一．刘徽一生刻苦钻研数学，著有《九章算术注》《海岛算经》等，他整理了中国古代数学体系，提出牟合方盖、重差术等方法，在勾股理论、割圆术与圆周率等方面都颇有建树，也是我国最早提出用逻辑推理来论证数学命题的人，为后世留下了宝贵的科学财富．

《九章算术》约成书于东汉之初，共有 246 个问题的解法．解联立方程、分数四则运算、正负数运算、几何图形的体积和面积计算等许多方面当时都属于世界先进之列．刘徽在曹魏景初四年注《九章算术》.《九章算术》中的解法比较原始，缺乏必要的证明，刘徽在《九章算术注》中对此均作了补充证明．这些证明显示了他在众多方面的创造性贡献．他是世界上最早提出十进小数概念的人，并用十进小数来表示无理数的立方根．在代数方面，他正确地提出了正负数的概念及其加减运算法则，改进了线性方程组的解法．在几何方面，他提出了割圆术，即将圆周用内接或外切正多边形穷竭的一种求圆面积和圆周长的方法．他利用割圆术求出了圆周率 $\pi=3.141\ 6$．他用割圆术，从直径为 2 尺的圆内接正六边形开始割圆，依次得正 12 边形、正 24 边形……割得越细，正多边形面积和圆面积之差越小，用他的原话说是“割之弥细，所失弥少，割之又割，以至于不可割，则与圆周合体而无所失矣”．他计算了 3 072 边形的面积并验证了这个值，这可视为中国古代极限观念的佳作．刘徽提出的计算圆周率的方法奠定了此后千余年中国圆周率计算在世界上的领先地位．

刘徽在数学上的贡献极多，在开方不尽的问题中提出“求徽数”的思想，这个方法与后来求无理根的近似值的方法一致，它不仅是圆周率精确计算的必要条件，而且促进了十进小数的产生．在线性方程组的解法中，他创造了比直除法更简便的互乘相消法，与现今解法基本一致，并在中国数学史上第一次提出了不定方程问题．他还建立了等差级数前 n 项和公式，提出并定义了许多数学概念，如幂、方程（线性方程组）、正负数等．刘徽还提出了许多公认正确的判断作为证明的前提．他的大多数推理、证明都合乎逻辑，十分严谨，从而把《九章算术》及他自己提出的解法、公式建立在必然性的基础之上．虽然刘徽没有写出自成体系的著作，但他注《九章算术》所运用的数学知识实际上形成了一个独具特色的包括概念和判断并以数学证明为其联系纽带的理论体系．

刘徽在《海岛算经》一书中精心选编了 9 个测量问题，这些题目的创造性、复杂性和代表性在当时都为西方所瞩目．刘徽思维敏捷，方法灵活，既提倡推理又主张直观．他是我国最早明确主张用逻辑推理的方式来论证数学命题的人．

在其《海岛算经》中，他提出了重差术，采用了重表、连索和累矩等测高测远方法．他还运用“类推衍化”的方法，使重差术由两次测望发展为“三望”“四望”．而印度在 7 世纪、欧洲在十五六世纪才开始研究两次测望的问题．刘徽的工作不仅对中国古代数学发展产生了深远影响，而且在世界数学史上有崇高的历史地位．鉴于刘徽的巨大贡献，不少科学家把他称作“中国数学史上的牛顿”．

2. **勒奈·笛卡儿**（René Descartes，1596—1650），法国哲学家、物理学家和数学家. 1596 年 3 月 31 日笛卡儿出生于法国小镇拉埃的一个贵族家庭，家境富裕. 因为从小多病，学校允许他在床上早读，养成了终生沉思的习惯和孤僻的性格. 1606 年他在欧洲最有名的贵族学校——耶稣会的拉弗莱什学校上学，1616 年在普依托大学学习法律与医学，对各种知识特别是数学深感兴趣. 在军队服役和周游欧洲时，他不断留意收集各种知识，对随处遇见的各类事物注意思考，1629—1649 年在荷兰写成《方法谈》（1637 年）及其附录《几何学》《屈光学》《哲学原理》（1644 年）. 1650 年 2 月 11 日笛卡儿在斯德哥尔摩去世，《论光》（1664 年）等在其死后出版.

笛卡儿年轻时，一次在街上散步时偶然看到了一张关于数学难题悬赏的启事. 两天后，笛卡儿竟然把那个问题解答出来了，引起了著名学者伊萨克·皮克曼的注意. 皮克曼向笛卡儿介绍数学的最新发展，给了他许多有待研究的问题.

笛卡儿在荷兰居住期间，对哲学、数学、天文学、物理学、化学和生理学等领域进行了深入研究，并通过数学家梅森神父与欧洲主要学者保持密切联系. 他的主要著作几乎都是在荷兰完成的.

笛卡儿的主要数学成果集中在他的《几何学》中. 当时，代数是一门新科学，几何学的思维方式还在数学家头脑中占据统治地位. 在笛卡儿之前，几何与代数是数学中两个不同的研究领域. 笛卡儿站在方法论的自然哲学高度，认为希腊人的几何学过于依赖图形，束缚了人们的想象力. 对于当时流行的代数学，他觉得它完全从属于法则和公式，不能成为一门改进智力的科学. 因此他提出：必须把几何与代数的优点结合起来，建立一种“真正的数学”. 笛卡儿的思想核心就是：把几何学问题归结成代数形式的问题，用代数学方法进行计算、证明，从而达到最终解决几何问题的目的. 依照这种思想，1637 年笛卡儿发表了《几何学》，创立了直角坐标系. 他用平面上一点到两条固定直线的距离来确定点的位置，用坐标来描述空间中的点，进而创立了解析几何学，表明几何问题不仅可以归结成代数形式，而且可以通过代数变换发现几何性质，证明几何性质. 解析几何的出现改变了自古以来希腊代数和几何分离的趋向，把相互对立的“数”与“形”统一了起来，使几何曲线与代数方程相结合. 笛卡儿的这一天才创见为微积分的创立奠定了基础，从而开拓了变量数学的广阔领域. 最为可贵的是，笛卡儿用运动观点，把曲线看成点的运动轨迹，不仅建立了点与实数的对应关系，而且把“形”（包括点、线、面）和“数”两个对立的对象统一了起来，建立了曲线和方程的对应关系. 这种对应关系的建立不仅标志着函数概念的萌芽，也标志着变数进入了数学，使数学在思想方法上发生了伟大的转折——由常量数学进入变量数学. 正如恩格斯所说，数学中的转折点是笛卡儿变数. 有了变数，运动进入了数学，有了变数，辩证法进入了数学，有了变数，微分和积分也就立刻成为必要了. 笛卡儿的这些成就为后来牛顿、莱布尼茨发明微积分，为一大批数学家的新发现开辟了崭新的道路.

笛卡儿是欧洲近代哲学的奠基人之一，黑格尔曾称他为“现代哲学之父”. 他自成体系，熔唯物主义与唯心主义于一炉，在哲学史上产生了深远的影响．同时，他又是一位勇于探索的科学家，他所建立的解析几何在数学史上具有划时代的意义．笛卡儿堪称17世纪欧洲哲学界和科学界最有影响的巨匠之一，被誉为“近代科学的始祖”．

习题一

1．指出下列各题中函数 $f(x)$ 和 $g(x)$ 是否相同，并说明理由．

(1) $f(x)=\frac{x}{x}$，$g(x)=1$；　　(2) $f(x)=\ln x^2$，$g(x)=2\ln x$；

(3) $f(x)=x$，$g(x)=\sqrt{x^2}$；　　(4) $f(x)=|x|$，$g(x)=\sqrt{x^2}$．

2．设 $f(x)=\frac{x}{1+x}$，试求 $f\left(\frac{1}{2}\right)$，$f\left(\frac{3}{2}\right)$，$f[f(x)]$，$[f(x)]^2$．

3．假设 $f(x)=\begin{cases}1+x^2, & -\infty<x\leqslant 0\\ 2^x, & 0<x<+\infty\end{cases}$，试求 $f(-2)$，$f(0)$，$f(3)$．

4．求下列函数的反函数及其定义域．

(1) $y=\sqrt{1-x^2}\ (x\geqslant 0)$；　　(2) $y=2\sin 3x$，$x\in\left[-\frac{\pi}{6},\frac{\pi}{6}\right]$；

(3) $y=\frac{2^x}{2^x+1}$；　　(4) $y=a\ln(bx-c)$．

5．试通过 $y=f(u)$，$u=\varphi(x)$，求出 y 关于 x 的复合函数．

(1) $y=\mathrm{e}^u$，$u=\sin x$；　　(2) $y=\sqrt[3]{u}$，$u=\lg x$．

6．试讨论下列函数是怎样复合而成的．

(1) $y=\ln\sin\sqrt{3x^2+\frac{\pi}{4}}$；　　(2) $y=\cos^3\left(\frac{x^2}{2}\right)$；

(3) $y=\arcsin(5+2x^3)$；　　(4) $y=\lg\sqrt{\frac{x-1}{x+1}}$．

7．试求符号函数 $\operatorname{sgn}(x)=\begin{cases}-1, & x<0\\ 0, & x=0\\ 1, & x>0\end{cases}$ 当 $x\to 0$ 时的左、右极限，并说明当 $x\to 0$ 时，$\operatorname{sgn}(x)$ 的极限是否存在．

8．指出下列函数哪些是无穷小，哪些是无穷大．

(1) $\frac{1+2x^2}{x}\ (x\to 0)$；　　(2) $\frac{\sin x}{x}\ (x\to\infty)$；　　(3) $\lg x\ (x\to 0^+)$；

(4) $2x+5\ (x\to-\infty)$；　　(5) $\frac{x+1}{x^2-4}\ (x\to 2)$；　　(6) $1-\cos 2t\ (t\to 0)$．

9．当 $x\to 1$ 时，下列函数与 $1-x$ 比较，是高阶、同阶还是等价无穷小？

(1) $(1-x)^{\frac{3}{2}}$；　　(2) $\frac{1-x}{1+x}$；　　(3) $2(1-\sqrt{x})$．

10. 表达式 x^2，$\frac{x^2-1}{x^3}$，e^{-x}何时是无穷大？何时是无穷小？

11. 试求下列函数的极限.

(1) $\lim\limits_{x\to 2}\frac{x-1}{x+3}$；

(2) $\lim\limits_{x\to 3}\frac{x^2-2x-3}{x-3}$；

(3) $\lim\limits_{x\to 9}\frac{\sqrt[4]{x}-\sqrt{3}}{\sqrt{x}-3}$；

(4) $\lim\limits_{n\to\infty}(\sqrt{n+1}-\sqrt{n})$；

(5) $\lim\limits_{x\to\infty}\frac{2x-5}{x^2+1}$；

(6) $\lim\limits_{x\to-\infty}x\sqrt{\sin\frac{1}{x^2}}$；

(7) $\lim\limits_{x\to+\infty}\frac{\sqrt{x^2+1}}{3x+1}$；

(8) $\lim\limits_{x\to+\infty}x(\sqrt{x^2+1}-x)$；

(9) $\lim\limits_{x\to-1}\left(\frac{1}{x+1}-\frac{3}{x^3+1}\right)$；

(10) $\lim\limits_{x\to 2}\frac{x^2-x-2}{x^2-4}$；

(11) $\lim\limits_{x\to 0}\frac{\tan 3x}{\sin 5x}$；

(12) $\lim\limits_{x\to\infty}\left(1+\frac{k}{x}\right)^x$；

(13) $\lim\limits_{x\to 0}(1-x)^{\frac{k}{x}}$；

(14) $\lim\limits_{x\to 0}(1+3\tan x)^{\cot x}$；

(15) $\lim\limits_{x\to 0}\left(1+\frac{x}{2}\right)^{\frac{x-1}{x}}$；

(16) $\lim\limits_{x\to 0}\frac{\ln(1+\alpha x)}{x}$；

(17) $\lim\limits_{x\to\infty}x\sin\frac{1}{x}$；

(18) $\lim\limits_{x\to 0}\frac{1-\cos 2x}{x\sin x}$；

(19) $\lim\limits_{x\to 0}\frac{\sqrt{x+1}-(x+1)}{\sqrt{x+1}-1}$；

(20) $\lim\limits_{x\to+\infty}\frac{e^{ax}-1}{e^{ax}+1}(a>0)$.

12. 试计算函数 $y=\sin x$ 当 $x_0=\frac{\pi}{2}$，$\Delta x=\frac{\pi}{24}$时的增量 Δy.

13. 试计算函数 $y=\sqrt{1+x}$ 当 $x_0=3$，$\Delta x=-0.2$ 时的增量 Δy.

14. 试确定下列函数的间断点.

(1) $y=\tan\left(2x+\frac{\pi}{4}\right)$；

(2) $y=\frac{\sin x}{x}$；

(3) $y=\frac{1}{x^2-3x+2}$；

(4) $y=\begin{cases}1-x^2, & x\geqslant 0\\ \frac{\sin x}{x}, & x<0\end{cases}$.

15. 根据初等函数的连续性，试求下列函数的极限值.

(1) $\lim\limits_{x\to 1}(x^2+1)\tan\frac{\pi x}{4}$；

(2) $\lim\limits_{x\to\frac{\pi}{2}}\ln\sin x$.

16. 已知$\lim\limits_{x\to\infty}\left(\frac{x^2+1}{x+1}-ax-b\right)=0$，试求 a，b 的值.

17. 已知$\lim\limits_{x\to 0}\frac{\sqrt{1+f(x)\sin x}-1}{e^x-1}=A$，其中 A 为常数，试求$\lim\limits_{x\to 0}f(x)$.

18. 已知数列 $a_1=\sqrt{2}$，$a_2=\sqrt{2+\sqrt{2}}$，…，$a_n=\sqrt{2+a_{n-1}}$，…，证明 $\lim\limits_{n\to\infty}a_n$ 存在并求之.

19. 设函数 $f(x)=a^x$ $(a>0,\ a\neq 1)$，试求 $\lim\limits_{n\to\infty}\frac{1}{n^2}\ln[f(1)\cdot f(2)\cdot\cdots\cdot f(n)]$.

20. 设函数 $f(x)$ 在闭区间 $[0,\ 2a]$ 上连续，且 $f(0)=f(2a)$，证明：在 $[0,\ a]$ 上至少存在一点 x，使得 $f(x)=f(x+a)$.

第二章 导数与微分

在自然科学和工程技术中，除了要了解变量间的函数关系，还需要研究变量间相对变化的快慢程度. 例如物体的运动速度和加速度，经济学中的生产成本、利润、需求以及国民经济的发展速度，生物学中种群的出生、死亡和自然增长率，医药学中药物在体内的分解或吸收速率，社会学中信息的传播速度等. 为了解决这些问题，需要研究导数和微分的概念.

2.1 导数的概念

一、导数的定义

定义 2.1 设函数 $y=f(x)$ 在点 x_0 的某邻域内连续，当自变量 x 在点 x_0 处取得增量 Δx 时，$x_0+\Delta x$ 仍在该邻域内，相应地，函数 y 的增量为 $\Delta y=f(x_0+\Delta x)-f(x_0)$；如果 Δy 与 Δx 之比 $\frac{\Delta y}{\Delta x}$ 当 $\Delta x\to 0$ 时的极限存在，则称 $y=f(x)$ 在点 x_0 处**可导**，并称该极限值为 $y=f(x)$ 在点 x_0 处的**导数**，记为 $y'_x\Big|_{x=x_0}$，$f'(x_0)$ 或 $\frac{\mathrm{d}y}{\mathrm{d}x}\Big|_{x=x_0}$，因此

$$y'_x\Big|_{x=x_0}=\lim_{\Delta x\to 0}\frac{\Delta y}{\Delta x}=\lim_{\Delta x\to 0}\frac{f(x_0+\Delta x)-f(x_0)}{\Delta x}.$$

若上述极限不存在，则称 $y=f(x)$ 在点 x_0 处**不可导**.

一般情况下，函数 $f(x)$ 在点 x_0 处的导数 $f'(x_0)$ 表示 $y=f(x)$ 在点 x_0 处变化的“快慢”，所以 $f(x)$ 的导数又称为 $f(x)$ 在点 x 处的**变化率**.

若 $y=f(x)$ 在 (a, b) 内任意点 x 处可导，则称函数 $y=f(x)$ 在 (a, b) 内**可导**. 这时对 $\forall x\in(a, b)$，都有唯一对应的导数值 $f'(x)$ 与 x 对应，因此，$f'(x)$ 还是 x 的函数，我们称 $f'(x)$ 为 $y=f(x)$ 的**导函数**，简称**导数**. 记作

$$y',\ f'(x),\ \frac{\mathrm{d}y}{\mathrm{d}x},\ \frac{\mathrm{d}f(x)}{\mathrm{d}x}.$$

综上所述，求解函数 $f(x)$ 在点 x 处的导数的步骤如下：

(1) 求增量：$\Delta y=f(x+\Delta x)-f(x)$.

(2) 求比值：$\dfrac{\Delta y}{\Delta x}=\dfrac{f(x+\Delta x)-f(x)}{\Delta x}$.

(3) 求极限：$y'=f'(x)=\lim\limits_{\Delta x\to 0}\dfrac{\Delta y}{\Delta x}=\lim\limits_{\Delta x\to 0}\dfrac{f(x+\Delta x)-f(x)}{\Delta x}$.

二、牛顿利用导数所解决的两个运动学问题

我们知道牛顿的运动学就是讨论物体在力的作用下会产生运动，运动就会产生速度，速度是有大小和方向的. 下面利用导数定义求出物体运动速度的方向和大小.

由中学知识知道，物体的运动方向就是物体运动轨迹的切线方向.

1. 切线斜率

圆的切线定义为“与曲线只有一个交点的直线”. 但是对于其他曲线，用“与曲线只有一个交点的直线”作为切线的定义就不合适了. 例如，抛物线 $y=x^2$ 在原点 O 处的两个坐标轴都符合上述定义. 而实际上只有 x 轴是 $y=x^2$ 在点 O 处的切线.

下面详细给出切线的准确定义.

假设曲线 C 的方程是函数 $y=f(x)$，M_0 是 C 上的一点，如图 2－1 所示. 在点 M_0 附近另取 C 上的一点 M，过 M_0 和 M 两点的直线 M_0M 称为 C 在 M_0 点的割线. 当 M 沿 C 趋于 M_0 时，若割线 M_0M 趋于极限位置 M_0T，则称直线 M_0T 为曲线 C 在点 M_0 处的**切线**. 其中极限位置的含义是：只要弦长 M_0M 趋于零，$\angle MM_0T$ 也趋于零.

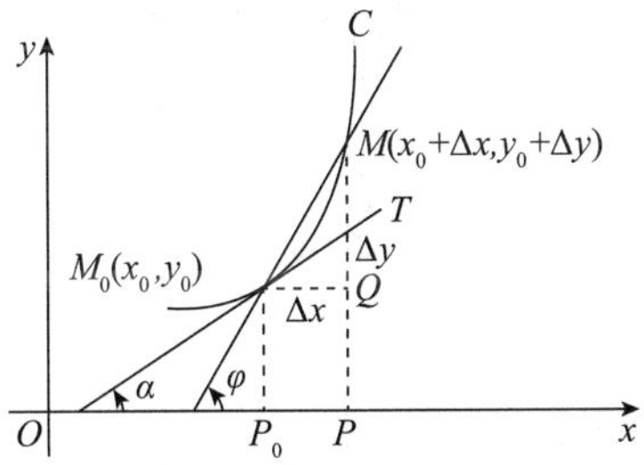

图 2－1

下面求出曲线 C 在点 M_0 处的切线斜率.

要求出曲线 C 在点 M_0 处的切线，只要求出切线的斜率就可以了. 设点 M_0、点 M 的坐标分别为 $M_0(x_0, y_0)$ 和 $M(x_0+\Delta x, y_0+\Delta y)$，其中 $y_0=f(x_0)$，$\Delta y=f(x_0+\Delta x)-f(x_0)$. 显然，割线 M_0M 的斜率为

$$\tan\varphi=\frac{\Delta y}{\Delta x}=\frac{f(x_0+\Delta x)-f(x_0)}{\Delta x},$$

其中 φ 为割线 M_0M 的倾角. 当点 M 沿曲线 C 趋于点 M_0 时，$\Delta x\to 0$，若上式的极限存在，设为 k，则

$$k=\lim_{\Delta x\to 0}\frac{\Delta y}{\Delta x}.$$

这个 k 就是 $y=f(x)$ 在点 x_0 处的导数，即切线的斜率；若切线 M_0T 的倾角是 α，则 $k=\tan\alpha$. 因此，过点 $M_0(x_0, y_0)$ 且以 k 为斜率的直线 M_0T 就是曲线 C 在点 M_0 处的切线.

例 1 已知函数 $y=\sqrt{x}$，求导数 y'，并求 $y=\sqrt{x}$ 在点 $P(4, 2)$ 处的切线及法线方程.

解 因为 $\Delta y=f(x+\Delta x)-f(x)=\sqrt{x+\Delta x}-\sqrt{x}$，所以

$$y'_x=\lim_{\Delta x\to 0}\frac{\Delta y}{\Delta x}=\lim_{\Delta x\to 0}\frac{\sqrt{x+\Delta x}-\sqrt{x}}{\Delta x}=\lim_{\Delta x\to 0}\frac{1}{\sqrt{x+\Delta x}+\sqrt{x}}=\frac{1}{2\sqrt{x}}.$$

因此 $y=\sqrt{x}$ 在 $x=4$ 处的导数为 $y'\Big|_{x=4}=\frac{1}{4}$. 故 $y=\sqrt{x}$ 在点 $P(4, 2)$ 处的切线和法线方程分别为

$$y-2=\frac{1}{4}(x-4) \quad 和 \quad y-2=-4(x-4).$$

2. 瞬时速度

假设质点 m 沿一条直线运动，选定这条直线的原点和单位长度之后，这条直线就成为一条数轴. 若运动质点 m 在时刻 t 的位置坐标为 s，则 $s=f(t)$ 是时间 t 的函数，称为 m 的**位置函数**. 在最简单的情况下，质点 m 作匀速运动，即质点 m 所经过的路程与它所花费的时间成正比，亦即在任意时间段 Δt 内质点 m 所经过的路程都为 Δs，则比值 $\Delta s/\Delta t$ 总相同，该比值也称为 m 的**平均速度**. 如果运动不是匀速的，那么在质点 m 运动的不同时间段内，这个比值就会不同，这时需要考虑不同时刻 t_0 时的这种比率，即瞬时速度.

设质点 m 在时刻 t_0 的位置为 $s_0=f(t_0)$，在 t_0 处给 t 一个增量 Δt，有 $t=t_0+\Delta t$，这时质点 m 从 s_0 移动到 $s=f(t_0+\Delta t)$，其产生的位移为 $\Delta s=f(t_0+\Delta t)-f(t_0)$，比值

$$\frac{\Delta s}{\Delta t}=\frac{f(t_0+\Delta t)-f(t_0)}{\Delta t}$$

是质点 m 在 $[t_0, t_0+\Delta t]$ 内的平均速度. 如果 Δt 足够小，则上述比值在实践中可以近似认为是质点 m 在时刻 t_0 的速度；显然，它不是质点 m 在时刻 t_0 的瞬时速度. 怎样获得质点 m 在时刻 t_0 的瞬时速度呢?

令 $\Delta t\to 0$，取 $\frac{\Delta s}{\Delta t}$ 的极限（如果极限存在），并设为 v_0，那么

$$v_0=\lim_{\Delta t\to 0}\frac{\Delta s}{\Delta t}=\lim_{\Delta t\to 0}\frac{f(t_0+\Delta t)-f(t_0)}{\Delta t}$$

称为质点 m 在时刻 t_0 的**瞬时速度**. 这个瞬时速度 v_0 就是函数 $s=f(t)$ 在时刻 t_0 的导数.

特别地，自由落体运动中的物体 m 下降的高度 $h=\frac{1}{2}gt^2$ 在时刻 t_0 的瞬时速度为

$$v_0=\lim_{\Delta t\to 0}\frac{\Delta s}{\Delta t}=\lim_{\Delta t\to 0}\frac{\frac{1}{2}g\ (t_0+\Delta t)^2-\frac{1}{2}gt_0^2}{\Delta t}$$

$$=\lim_{\Delta t\to 0}\frac{\frac{1}{2}g[t_0^2+2t_0\Delta t+(\Delta t)^2-t_0^2]}{\Delta t}=gt_0.$$

三、左导数与右导数

定义 2.2 根据 $y=f(x)$ 在点 x_0 处的导数 $f'(x_0)$ 的定义，导数就是一种极限，而极限存在的充要条件是左、右极限都存在且相等，因此

$$\lim_{\Delta x\to 0}\frac{f(x_0+\Delta x)-f(x_0)}{\Delta x}\text{存在}\Leftrightarrow\lim_{\Delta x\to 0^-}\frac{f(x_0+\Delta x)-f(x_0)}{\Delta x}\text{和}\lim_{\Delta x\to 0^+}\frac{f(x_0+\Delta x)-f(x_0)}{\Delta x}$$

都存在且相等. 它们分别称为 $f(x)$ 在点 x_0 处的**左导数**和**右导数**，记作 $f'_-(x_0)$ 及 $f'_+(x_0)$，即

$$f'_-(x_0)=\lim_{\Delta x\to 0^-}\frac{f(x_0+\Delta x)-f(x_0)}{\Delta x}\quad\text{和}\quad f'_+(x_0)=\lim_{\Delta x\to 0^+}\frac{f(x_0+\Delta x)-f(x_0)}{\Delta x}.$$

定理 2.1 函数 $f(x)$ 在点 x_0 处可导$\Leftrightarrow$其左导数 $f'_-(x_0)$ 和右导数 $f'_+(x_0)$ 都存在且相等.

定义 2.3 若函数 $f(x)$ 在开区间 (a, b) 内可导，且 $f'_+(a)$ 及 $f'_-(b)$ 都存在，则称 $f(x)$ 在闭区间 $[a, b]$ 上**可导**.

$f'_-(x_0)$ 和 $f'_+(x_0)$ 又称为单侧导数. 单侧导数常用来分析分段函数或函数间断点处的导数.

例 2 已知函数 $f(x)=\begin{cases}0, & x\geqslant 0\\ x^2\sin\frac{1}{x}, & x<0\end{cases}$，试讨论此函数在点 $x=0$ 处的可导性.

解 $\Delta y=f(0+\Delta x)-f(0)=f(\Delta x)-f(0)=f(\Delta x)$，

$$\lim_{\Delta x\to 0^+}\frac{\Delta y}{\Delta x}==\lim_{\Delta x\to 0^+}\frac{0}{\Delta x}=0,$$

$$\lim_{\Delta x\to 0^-}\frac{\Delta y}{\Delta x}=\lim_{\Delta x\to 0^-}\frac{(\Delta x)^2\sin\frac{1}{\Delta x}}{\Delta x}=\lim_{\Delta x\to 0^-}\Delta x\sin\frac{1}{\Delta x}=0,$$

因此，$f'_+(0)=f'_-(0)=0$，故已知函数 $f(x)$ 在点 $x=0$ 处可导，且 $f'(0)=0$.

四、可导与连续的关系

定理 2.2 函数 $y=f(x)$ 在点 x_0 处可导，则 $y=f(x)$ 在点 x_0 处连续.

证明 因为 $y=f(x)$ 在点 x_0 处可导，故 $\lim\limits_{\Delta x\to 0}\frac{\Delta y}{\Delta x}=f'(x_0)$，由函数极限与无穷小的关系，有

$$\frac{\Delta y}{\Delta x}=f'(x_0)+\alpha,$$

其中 α 是当 $\Delta x\to 0$ 时的无穷小. 上式两边同时乘 Δx，得

$$\Delta y=f'(x)\Delta x+\alpha\Delta x,$$

因此，当 $\Delta x\to 0$ 时，$\Delta y\to 0$. 也就是说，函数 $y=f(x)$ 在点 x_0 处连续.

注 定理 2.2 的逆不成立，即一个函数在某点连续，但不一定在该点可导.

例如，函数 $y=|x|$ 在点 $x=0$ 处连续，但是它在该点不可导. 事实上

$$f'_-(0)=\lim_{\Delta x\to 0^-}\frac{|0+\Delta x|-0}{\Delta x}=\lim_{\Delta x\to 0^-}\frac{|\Delta x|}{\Delta x}=-1,$$

$$f'_+(0)=\lim_{\Delta x\to 0^+}\frac{|0+\Delta x|-0}{\Delta x}=\lim_{\Delta x\to 0^+}\frac{|\Delta x|}{\Delta x}=1,$$

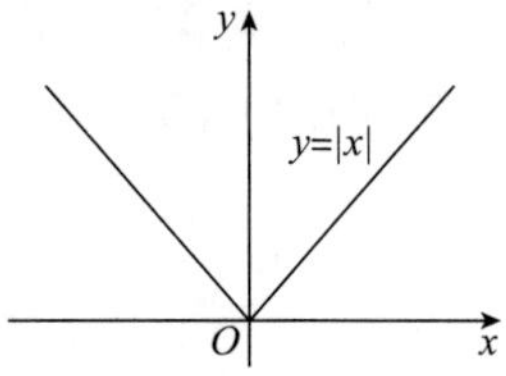

图 2-2

所以 $f'(0)$ 不存在，如图 2-2 所示.

五、几个基本初等函数的导数公式

根据前面导数的定义，可以求出部分基本初等函数的导数.

例 3 试求常数函数 $f(x)=C$ 的导数.

解 因为 $\Delta y=f(x+\Delta x)-f(x)=C-C=0$，所以

$$f'(x)=(C)'_x=\lim_{\Delta x\to 0}\frac{\Delta y}{\Delta x}=\lim_{\Delta x\to 0}\frac{0}{\Delta x}=0.$$

例 4 求幂函数 $f(x)=x^n$（n 为正整数）的导数.

解 因为

$$\Delta y=f(x+\Delta x)-f(x)=(x+\Delta x)^n-x^n=C_n^1x^{n-1}\Delta x+\cdots+C_n^n(\Delta x)^n,$$

所以

$$f'(x)=\lim_{\Delta x\to 0}\frac{\Delta y}{\Delta x}=\lim_{\Delta x\to 0}\frac{C_n^1x^{n-1}\Delta x+\cdots+C_n^n(\Delta x)^n}{\Delta x}=C_n^1x^{n-1}=nx^{n-1},$$

即 $(x^n)'_x=nx^{n-1}$.

例 5 求正弦函数 $f(x)=\sin x$ 的导数.

解 因为

$$\Delta y=f(x+\Delta x)-f(x)=\sin(x+\Delta x)-\sin x=2\sin\frac{\Delta x}{2}\cos\left(x+\frac{\Delta x}{2}\right),$$

所以

$$f'(x)=(\sin x)'=\lim_{\Delta x\to 0}\frac{\Delta y}{\Delta x}=\lim_{\Delta x\to 0}\frac{1}{\Delta x}\cdot 2\sin\frac{\Delta x}{2}\cos\left(x+\frac{\Delta x}{2}\right)$$

$$=\cos x\cdot\lim_{\frac{\Delta x}{2}\to 0}\frac{1}{\frac{\Delta x}{2}}\sin\frac{\Delta x}{2}=\cos x,$$

即$(\sin x)'=\cos x$.

同理可证：$(\cos x)'=-\sin x$.

例 6 求对数函数 $y=\log_a x$ 的导数（这里 $a>0$，$a\neq 1$）.

解 因为

$$\Delta y=\log_a(x+\Delta x)-\log_a x=\log_a\left(1+\frac{\Delta x}{x}\right),$$

所以

$$\frac{\Delta y}{\Delta x}=\frac{1}{\Delta x}\log_a\left(1+\frac{\Delta x}{x}\right)=\frac{1}{x}\cdot\frac{x}{\Delta x}\log_a\left(1+\frac{\Delta x}{x}\right)=\frac{1}{x}\log_a\left(1+\frac{\Delta x}{x}\right)^{\frac{x}{\Delta x}},$$

$$y'=\lim_{\Delta x\to 0}\frac{1}{x}\log_a\left(1+\frac{\Delta x}{x}\right)^{\frac{x}{\Delta x}}=\frac{1}{x}\log_a\lim_{\Delta x\to 0}\left(1+\frac{\Delta x}{x}\right)^{\frac{x}{\Delta x}}\left(u=\frac{\Delta x}{x}\right)$$

$$=\frac{1}{x}\log_a\lim_{u\to 0}(1+u)^{\frac{1}{u}}=\frac{1}{x}\log_a e=\frac{1}{x\ln a},$$

即 $(\log_a x)'=\dfrac{1}{x\ln a}$. 特别地，当 $a=e$ 时，$(\ln x)'=\dfrac{1}{x}$.

例 7 已知 $f'(x_0)=A$，试求极限$\lim\limits_{h\to 0}\dfrac{f(x_0+h)-f(x_0-h)}{h}$.

解
$$\lim_{h\to 0}\frac{f(x_0+h)-f(x_0-h)}{h}=\lim_{h\to 0}\frac{[f(x_0+h)-f(x_0)]-[f(x_0-h)-f(x_0)]}{h}$$

$$=\lim_{h\to 0}\frac{f(x_0+h)-f(x_0)}{h}+\lim_{-h\to 0}\frac{f(x_0+(-h))-f(x_0)}{-h}$$

$$=2f'(x_0)=2A.$$

例 8 已知 $f(0)=1$，且$\lim\limits_{x\to 0}\dfrac{f(2x)-1}{3x}=4$，求 $f'(0)$.

解 因为

$$\lim_{x\to 0}\frac{f(2x)-1}{3x}=\lim_{x\to 0}\frac{f(2x)-f(0)}{3x}=\lim_{2x\to 0}\frac{f(0+2x)-f(0)}{2x}\cdot\frac{2}{3}=\frac{2}{3}f'(0)=4,$$

所以 $f'(0)=6$.

2.2 导数公式与求导法则

上一节根据导数的定义，求出了一些基本初等函数的导数，但是直接根据导数定义去求解一些复杂函数的导数往往会遇到很多困难. 为此本节讨论函数的求导法则，只要记住了基本导数公式，利用求导法则即可方便地求解复杂函数的导数.

一、导数的四则运算法则

下面的论述都假定 $u=u(x)$，$v=v(x)$ 在点 x 处可导，并记 $u'=u'(x)$，$v'=v'(x)$.

法则 2.1 $(u\pm v)'=u'(x)\pm v'(x)$.

证明 设 $f(x)=u\pm v$，在点 x 处给 x 增量 Δx，则 $f(x)$ 的增量为

$$\begin{aligned}\Delta f(x)&=[u(x+\Delta x)\pm v(x+\Delta x)]-[u(x)\pm v(x)]\\&=[u(x+\Delta x)-u(x)]\pm[v(x+\Delta x)-v(x)]\\&=\Delta u\pm\Delta v,\end{aligned}$$

因此

$$f'(x)=\lim_{\Delta x\to 0}\frac{\Delta f(x)}{\Delta x}=\lim_{\Delta x\to 0}\frac{\Delta u}{\Delta x}\pm\lim_{\Delta x\to 0}\frac{\Delta v}{\Delta x}=u'(x)\pm v'(x),$$

即

$$(u\pm v)'=u'(x)\pm v'(x).$$

法则 2.1 可以推广到任意有限个可导函数的情形，即

$$(u_1\pm u_2\pm\cdots\pm u_n)'=u_1'\pm u_2'\pm\cdots\pm u_n'.$$

法则 2.2 $(uv)'=u'(x)v(x)+u(x)v'(x)$.

证明 设 $f(x)=uv$，在点 x 处给 x 增量 Δx，则 $f(x)$ 的增量为

$$\begin{aligned}\Delta f(x)&=[u(x+\Delta x)v(x+\Delta x)]-[u(x)v(x)]\\&=u(x+\Delta x)v(x+\Delta x)-u(x)v(x+\Delta x)+u(x)v(x+\Delta x)-u(x)v(x)\\&=[u(x+\Delta x)-u(x)]v(x+\Delta x)+u(x)[v(x+\Delta x)-v(x)]\\&=\Delta u\cdot v(x+\Delta x)+u(x)\Delta v.\end{aligned}$$

因为

$$\lim_{\Delta x\to 0}\frac{\Delta u}{\Delta x}=u'(x),\ \lim_{\Delta x\to 0}\frac{\Delta v}{\Delta x}=v'(x),\ \lim_{\Delta x\to 0}v(x+\Delta x)=v(x),$$

$$f'(x)=\lim_{\Delta x\to 0}\frac{\Delta f(x)}{\Delta x}=\lim_{\Delta x\to 0}\frac{\Delta u}{\Delta x}v(x+\Delta x)+u(x)\lim_{\Delta x\to 0}\frac{\Delta v}{\Delta x}=u'(x)v(x)+u(x)v'(x),$$

所以 $(uv)'=u'(x)v(x)+u(x)v'(x)$.

特别地，若 $v=C$ 为常数，则 $[Cu(x)]'=Cu'(x)$.

法则 2.2 可以推广到任意有限个可导函数的情形，即

$$(u_1u_2\cdots u_n)'=u_1'u_2\cdots u_n+u_1u_2'\cdots u_n+\cdots+u_1u_2\cdots u_n'.$$

例 9 求函数 $y=5x^3-\sin x+8$ 的导数.

解 $y'=(5x^3-\sin x+8)'=(5x^3)'-(\sin x)'+(8)'=5(x^3)'-\cos x+0$
$=5\cdot 3x^2-\cos x=15x^2-\cos x$.

例 10 求函数 $y=x^2\ln x$ 的导数.

解 $y'=(x^2\ln x)'=(x^2)'\ln x+x^2(\ln x)'=2x\ln x+x^2\cdot\dfrac{1}{x}=x(2\ln x+1)$.

法则 2.3 $\left(\frac{u}{v}\right)'=\frac{u'(x)v(x)-u(x)v'(x)}{v^2(x)}$.

证明 设 $f(x)=\frac{u(x)}{v(x)}$，在点 x 处给 x 一个增量 Δx，则 $f(x)$ 在点 x 处的增量为

$$\begin{aligned}\Delta f(x)&=\frac{u(x+\Delta x)}{v(x+\Delta x)}-\frac{u(x)}{v(x)}=\frac{u(x+\Delta x)v(x)-u(x)v(x+\Delta x)}{v(x+\Delta x)v(x)}\\&=\frac{u(x+\Delta x)v(x)-u(x)v(x)+u(x)v(x)-u(x)v(x+\Delta x)}{v(x+\Delta x)v(x)}\\&=\frac{[u(x+\Delta x)-u(x)]\cdot v(x)-u(x)\cdot[v(x+\Delta x)-v(x)]}{v(x+\Delta x)v(x)}\\&=\frac{\Delta u\cdot v(x)-u(x)\cdot\Delta v}{v(x+\Delta x)v(x)},\end{aligned}$$

所以

$$\begin{aligned}f'(x)&=\lim_{\Delta x\to 0}\frac{\Delta f(x)}{\Delta x}\\&=\lim_{\Delta x\to 0}\left\{\left[\frac{\Delta u}{\Delta x}\cdot v(x)-u(x)\cdot\frac{\Delta v}{\Delta x}\right]\cdot\frac{1}{v(x+\Delta x)v(x)}\right\}\\&=\frac{u'(x)v(x)-u(x)v'(x)}{v^2(x)},\end{aligned}$$

即

$$\left(\frac{u}{v}\right)'=\frac{u'(x)v(x)-u(x)v'(x)}{v^2(x)}.$$

例 11 求函数 $y=\tan x$ 的导数.

解 $(\tan x)'=\left(\frac{\sin x}{\cos x}\right)'=\frac{(\sin x)'\cos x-\sin x(\cos x)'}{\cos^2 x}=\frac{\cos^2 x+\sin^2 x}{\cos^2 x}=\frac{1}{\cos^2 x}=\sec^2 x$,

即

$$(\tan x)'=\sec^2 x.$$

同理可证：$(\cot x)'=-\csc^2 x$，$(\sec x)'=\sec x\tan x$，$(\csc x)'=-\csc x\cot x$.

二、反函数的求导法则

许多基本初等函数都有反函数，接下来我们讨论反函数的求导法则.

定理 2.3（反函数的求导法则） 假设函数 $x=\varphi(y)$ 在 y 的某区间 $[\alpha, \beta]$ 内单调可导，且 $\varphi'(y)\neq 0$，则其反函数 $y=f(x)$ 在对应区间 $[a, b]$ 上也可导，且

$$y'_x=\frac{1}{x'_y} \quad 或 \quad f'(x)=\frac{1}{\varphi'(y)}.$$

证明 因为函数 $x=\varphi(y)$ 在 $[\alpha, \beta]$ 内单调可导，所以 $x=\varphi(y)$ 在 $[\alpha, \beta]$ 上单调连续，则其反函数 $y=f(x)$ 在对应区间 $[a, b]$ 上一定存在，且单调连续. 在点 x 处

给 x 一个增量 $\Delta x\neq 0$，由 $f(x)$ 的单调性，它在点 x 处的增量 $\Delta y\neq 0$，另外由于 $f(x)$ 连续，则当 $\Delta x\to 0$ 时，有 $\Delta y\to 0$，且 $\Delta x\neq 0$，$\Delta y\neq 0$，因此

$$y'_x=\lim_{\Delta x\to 0}\frac{\Delta y}{\Delta x}=\lim_{\Delta y\to 0}\frac{1}{\frac{\Delta x}{\Delta y}}=\frac{1}{\lim\limits_{\Delta y\to 0}\frac{\Delta x}{\Delta y}}=\frac{1}{\varphi'(y)}=\frac{1}{x'_y},$$

即

$$y'_x=\frac{1}{x'_y}.$$

也就是说，**反函数的导数与直接函数的导数互为倒数.**

用上述结论能够求出指数函数和反三角函数的导数.

例 12 求 $y=a^x$ 的导数.

解 由于函数 $y=a^x$ 的反函数为 $x=\log_a y$ 及 $x'_y=\frac{1}{y\ln a}$，因此

$$y'_x=(a^x)'_x=\frac{1}{x'_y}=y\ln a=a^x\ln a.$$

例 13 求 $y=\arcsin x$ 的导数，其中 $x\in[-1,1]$，$y\in\left[-\frac{\pi}{2},\frac{\pi}{2}\right]$.

解 因为 $y=\arcsin x$ 的反函数是 $x=\sin y$，而 $x=\sin y$ 的导数是

$$x'_y=(\sin y)'_y=\cos y,$$

所以

$$y'_x=(\arcsin x)'_x=\frac{1}{x'_y}=\frac{1}{\cos y}=\frac{1}{\sqrt{1-\sin^2 y}}=\frac{1}{\sqrt{1-x^2}},$$

即

$$(\arcsin x)'_x=\frac{1}{\sqrt{1-x^2}}.$$

同理可得

$$(\arccos x)'_x=-\frac{1}{\sqrt{1-x^2}}.$$

例 14 求 $y=\arctan x$ 的导数，其中 $x\in(-\infty,+\infty)$，$y\in\left(-\frac{\pi}{2},\frac{\pi}{2}\right)$.

解 由于 $y=\arctan x$ 的反函数为 $x=\tan y$，而 $x=\tan y$ 的导数是 $x'_y=\sec^2 y$，因此

$$y'_x=(\arctan x)'_x=\frac{1}{x'_y}=\frac{1}{\sec^2 y}=\frac{1}{1+\tan^2 y}=\frac{1}{1+x^2},$$

即

$$(\arctan x)'_x=\frac{1}{1+x^2}.$$

同理可得

$$(\operatorname{arccot} x)'_x=-\frac{1}{1+x^2}.$$

三、基本导数公式

前面求出了所有基本初等函数的导数公式，为了应用方便，把它们罗列如下. 这些导数公式应当熟记，做题时可以直接使用.

(1) $(c)'=0$；

(2) $(x^\lambda)'=\lambda x^{\lambda-1}$（$\lambda$ 是常数）；

(3) $(\sin x)'=\cos x$；

(4) $(\cos x)'=-\sin x$；

(5) $(\tan x)'=\dfrac{1}{\cos^2 x}=\sec^2 x$；

(6) $(\cot x)'=-\dfrac{1}{\sin^2 x}=-\csc^2 x$；

(7) $(a^x)'=a^x\ln a$，$(\mathrm{e}^x)'=\mathrm{e}^x$；

(8) $(\log_a x)'=\dfrac{1}{x\ln a}$，$(\ln x)'=\dfrac{1}{x}$；

(9) $(\arcsin x)'=\dfrac{1}{\sqrt{1-x^2}}$；

(10) $(\arccos x)'=-\dfrac{1}{\sqrt{1-x^2}}$；

(11) $(\arctan x)'=\dfrac{1}{1+x^2}$；

(12) $(\operatorname{arccot} x)'=-\dfrac{1}{1+x^2}$.

四、复合函数的求导法则

现在讨论复合函数的求导问题. 首先我们证明下面的定理.

定理 2.4 若函数 $u=\varphi(x)$ 在点 x 处可导，$y=f(u)$ 在对应的点 u（$u=\varphi(x)$）处可导，则复合函数 $y=f(\varphi(x))$ 在点 x 处亦可导，且

$$\frac{\mathrm{d}y}{\mathrm{d}x}=\frac{\mathrm{d}y}{\mathrm{d}u}\cdot\frac{\mathrm{d}u}{\mathrm{d}x}\quad 或\quad [f(\varphi(x))]'_x=f'_u(u)\varphi'_x(x).$$

证明 给 x 一个增量 Δx，则 $u=\varphi(x)$ 就有增量 Δu，这时 $y=f(u)$ 也有增量 Δy. 于是

$$\lim_{\Delta x\to0}\frac{\Delta y}{\Delta x}=\lim_{\Delta x\to0}\frac{\Delta y}{\Delta u}\cdot\frac{\Delta u}{\Delta x}=\lim_{\Delta x\to0}\frac{\Delta y}{\Delta u}\cdot\lim_{\Delta x\to0}\frac{\Delta u}{\Delta x}.$$

因为 $u=\varphi(x)$ 在点 x 处可导，故 $u=\varphi(x)$ 在点 x 处连续，因此当 $\Delta x\to0$ 时，$\Delta u\to0$，则

$$\lim_{\Delta x\to0}\frac{\Delta y}{\Delta x}=\lim_{\Delta u\to0}\frac{\Delta y}{\Delta u}\cdot\lim_{\Delta x\to0}\frac{\Delta u}{\Delta x}.$$

又因为 $u=\varphi(x)$ 在点 x 处可导，$y=f(u)$ 在点 u 处可导，所以

$$u'_x=\lim_{\Delta x\to0}\frac{\Delta u}{\Delta x},\ y'_u=\lim_{\Delta x\to0}\frac{\Delta y}{\Delta u},$$

即

$$\frac{dy}{dx}=\frac{dy}{du}\cdot\frac{du}{dx}\ （或[f(\varphi(x))]'_x=f'_u(u)\varphi'_x(x)）.$$

因此，**复合函数的导数等于因变量对中间变量的导数乘以中间变量对自变量的导数.**

例 15 已知 $y=\ln\tan x$，求$\frac{dy}{dx}$.

解 因为 $y=\ln\tan x$ 由 $y=\ln u$ 和 $u=\tan x$ 复合而成，且 $u'_x=\sec^2 x$，所以

$$\frac{dy}{dx}=\frac{dy}{du}\cdot\frac{du}{dx}=\frac{1}{u}\cdot\sec^2 x=\frac{1}{\tan x}\cdot\frac{1}{\cos^2 x}=\frac{\cos x}{\sin x}\cdot\frac{1}{\cos^2 x}$$
$$=\frac{1}{\sin x}\cdot\frac{1}{\cos x}=\frac{2}{2\sin x\cos x}=\frac{2}{\sin 2x}.$$

定理 2.4 可进一步推广到多层复合函数，即含有有限个中间变量的情形，此时复合函数由外向内逐层求导.

例如，设 $v=r(x)$ 在点 x 处可导，$u=\varphi(v)$ 在与 x 对应的点 v 处可导，$y=f(u)$ 在与 v 对应的 u 处可导，则复合函数 $y=f(\varphi(r(x)))$ 在点 x 处可导，且

$$\frac{dy}{dx}=\frac{dy}{du}\cdot\frac{du}{dv}\cdot\frac{dv}{dx}\ （或\ y'_x=y'_u\cdot u'_v\cdot v'_x）.$$

例 16 求下列函数的导数：

（1）$y=\sqrt{a^2-x^2}$；（2）$y=e^{-\sin x}$；（3）$y=2^{\sin^2\frac{1}{x}}$.

解 （1）令 $u=a^2-x^2$，则 $y=\sqrt{u}=u^{\frac{1}{2}}$，于是

$$y'_x=(\sqrt{a^2-x^2})'_x=y'_u\cdot u'_x=\frac{1}{2}u^{-\frac{1}{2}}\cdot(-2x)=\frac{1}{\sqrt{u}}\cdot(-x)=\frac{-x}{\sqrt{a^2-x^2}}.$$

（2）令 $u=-\sin x$，则 $y=e^u$，于是

$$y'_x=(e^{-\sin x})'_x=\frac{dy}{du}\cdot\frac{du}{dx}=e^{-\sin x}\cdot(-\sin x)'=-e^{-\sin x}\cos x.$$

（3）令 $u=v^2$，$v=\sin w$，$w=\frac{1}{x}$，则 $y=2^u$，因此

$$y'_x=(2^{\sin^2\frac{1}{x}})'_x=y'_u\cdot u'_v\cdot v'_w\cdot w'_x=2^u\cdot\ln 2\cdot 2v\cdot\cos w\cdot-\left(\frac{1}{x^2}\right)$$
$$=2^{\sin^2\frac{1}{x}}\cdot\ln 2\cdot 2\sin\frac{1}{x}\cdot\cos\frac{1}{x}\cdot\left(-\frac{1}{x^2}\right)=-2^{\sin^2\frac{1}{x}}\cdot\frac{\ln 2}{x^2}\cdot\sin\frac{2}{x}.$$

五、几种特殊求导法

1. 对数求导法

先对函数表达式两边取对数，两边再对自变量求导，这种求导方法称为对数求导法. 对于幂函数、指数函数或多个因子相乘除的情况，用对数求导法相当方便.

例 17 求下列函数的导数：

(1) $y=x^{\lambda}$（λ 为任意实数）； (2) $y=x^{x}$； (3) $y=\sqrt[3]{\dfrac{(x+1)^{2}(x+2)}{(x-3)(x-4)}}$.

解 (1) 对 $y=x^{\lambda}$ 两边取对数，有 $\ln y=\ln x^{\lambda}=\lambda\ln x$；两边再对 x 求导，得

$$\frac{1}{y}\cdot y_x'=\lambda\cdot\frac{1}{x}\Rightarrow y_x'=y\cdot\frac{\lambda}{x}=\frac{\lambda x^{\lambda}}{x}=\lambda\cdot x^{\lambda-1}.$$

(2) 对 $y=x^{x}$ 两边取对数，得 $\ln y=\ln x^{x}=x\cdot\ln x$；两边再对 x 求导，得

$$\frac{1}{y}\cdot y_x'=\ln x+x\cdot\frac{1}{x}=\ln x+1,$$

所以

$$y_x'=y\cdot(\ln x+1)=x^{x}(\ln x+1).$$

(3) 两边取对数，得

$$\ln y=\frac{1}{3}[2\ln(x+1)+\ln(x+2)-\ln(x-3)-\ln(x-4)],$$

再对 x 求导

$$\frac{1}{y}\cdot y_x'=\frac{1}{3}\left(\frac{2}{x+1}+\frac{1}{x+2}-\frac{1}{x-3}-\frac{1}{x-4}\right),$$

所以

$$\begin{aligned}y_x'&=\frac{y}{3}\left(\frac{2}{x+1}+\frac{1}{x+2}-\frac{1}{x-3}-\frac{1}{x-4}\right)\\&=\frac{1}{3}\sqrt[3]{\frac{(x+1)^{2}(x+2)}{(x-3)(x-4)}}\left(\frac{2}{x+1}+\frac{1}{x+2}-\frac{1}{x-3}-\frac{1}{x-4}\right).\end{aligned}$$

2. 隐函数求导法

一般情况下，两个变量间的函数关系可显式表示为 $y=f(x)$，这时称为**显函数**；但是有些自然过程十分复杂，两个变量间的函数关系不能这样显式表达出来，而常常能用方程的形式 $F(x, y)=0$ 表示，例如，$x^{2}+y^{2}-R^{2}=0$ 和 $\mathrm{e}^{y}-\mathrm{e}^{x}+xy=0$ 等，用这种方式表示的函数称为**隐函数**.

一般地，从方程 $F(x, y)=0$ 不能直接解出 $y=f(x)$，故有必要研究隐函数的求导方法.

隐函数的求导方法就是直接从方程 $F(x, y)=0$ 出发，两边对自变量 x 求导，然后解出 y_x' 即可. 只要在求导过程中把 y 看作中间变量（当然它是 x 的函数），对含有函数 y 的项或因子按复合函数的求导法则求导，最后解出 y_x' 就行了. 下面举例说明.

例 18 已知方程 $x^{2}+y^{2}=1$，求 y_x'.

解 将 $x^{2}+y^{2}=1$ 两边对 x 求导，则 $(x^{2})_x'+(y^{2})_x'=(1)_x'$，其中 y^{2} 是 y 的函数，而 y 又是 x 的函数，按复合函数的求导法则，有 $(y^{2})_x'=2y\cdot y_x'$，代入前面的求导

式，得

$$2x+2y\cdot y'_x=0.$$

解出 y'_x，则

$$y'_x=-\frac{x}{y}.$$

显然，它仍然还是 x，y 的函数.

注 方程 $x^2+y^2=1$ 的图形是圆心在原点、半径为 1 的圆. 由此解出 $y=\pm\sqrt{1-x^2}$，则上半圆方程 $y=\sqrt{1-x^2}$，导数是 $y'_x=\frac{-x}{\sqrt{1-x^2}}$；而下半圆 $y=-\sqrt{1-x^2}$，其导数为 $y'_x=\frac{x}{\sqrt{1-x^2}}$.

综上所述，与隐函数的求导结果相同. 显然，隐函数的求导过程更简单、直接.

例 19 已知方程 $e^y-e^x+xy=0$ 所确定的 y 是 x 的函数，试求 y'_x，$y'_x\big|_{x=0}$.

解 将方程两边对 x 求导，有 $(e^y)'_x-(e^x)'_x+(xy)'_x=0$，所以

$$e^y\cdot y'_x-e^x+y+xy'_x=0,$$

解出 y'_x，则

$$y'_x=\frac{e^x-y}{x+e^y}.$$

它是 x，y 的函数. 把 $x=0$ 代入 $e^y-e^x+xy=0$，得 $e^y-e^0+0\cdot y=0$，解出 $y=0$，则

$$y'_x\Big|_{x=0}=\frac{e^0-0}{0+e^0}=1.$$

3. 由参数方程确定的函数的求导法则

我们知道椭圆的参数方程是 $\begin{cases}x=a\cos t\\y=b\sin t\end{cases}$，能否根据上述方程直接求导，从而求出椭圆上一点 $p_0(x_0,\ y_0)$ 处的切线呢？答案是肯定的.

设某曲线的参数方程为 $\begin{cases}x=\varphi(t)\\y=\psi(t)\end{cases}$，其中 $x=\varphi(t)$，$y=\psi(t)$ 对 t 均可导，因此在 t 点给 t 一个增量 Δt，$x=\varphi(t)$，$y=\psi(t)$ 的增量分别为 Δx，Δy，则 $\lim\limits_{\Delta t\to 0}\frac{\Delta x}{\Delta t}=\varphi'(t)$，$\lim\limits_{\Delta t\to 0}\frac{\Delta y}{\Delta t}=\psi'(t)$，于是

$$y'_x=\lim_{\Delta x\to 0}\frac{\Delta y}{\Delta x}=\lim_{\Delta x\to 0}\frac{\frac{\Delta y}{\Delta t}}{\frac{\Delta x}{\Delta t}}=\frac{\lim\limits_{\Delta t\to 0}\frac{\Delta y}{\Delta t}}{\lim\limits_{\Delta t\to 0}\frac{\Delta x}{\Delta t}}=\frac{\psi'(t)}{\varphi'(t)}.$$

例 20 已知参数方程$\begin{cases}x=\ln(1+t^2)\\y=t-\arctan t\end{cases}$，求 y'_x.

解 因为 $x'_t=\dfrac{2t}{1+t^2}$，$y'_t=1-\dfrac{1}{1+t^2}=\dfrac{t^2}{1+t^2}$，所以 $y'_x=\dfrac{y'_t}{x'_t}=\dfrac{\dfrac{t^2}{1+t^2}}{\dfrac{2t}{1+t^2}}=\dfrac{t}{2}$.

例 21 求椭圆$\begin{cases}x=a\cos t\\y=b\sin t\end{cases}$在 $t=\dfrac{\pi}{4}$ 处的切线方程.

解 因为 $\dfrac{\mathrm{d}x}{\mathrm{d}t}=-a\sin t$，$\dfrac{\mathrm{d}y}{\mathrm{d}t}=b\cos t$，故$\dfrac{\mathrm{d}y}{\mathrm{d}x}=\dfrac{b\cos t}{-a\sin t}=-\dfrac{b}{a}\cot t$，于是椭圆在 $t=\dfrac{\pi}{4}$ 处的切线斜率为

$$k=\frac{\mathrm{d}y}{\mathrm{d}x}\bigg|_{t=\frac{\pi}{4}}=\frac{y'_t}{x'_t}\bigg|_{t=\frac{\pi}{4}}=-\frac{b}{a}\cot\frac{\pi}{4}=-\frac{b}{a}.$$

这时在 $t=\dfrac{\pi}{4}$ 处所对应的椭圆上的点是 $P_0\left(\dfrac{a}{\sqrt{2}},\dfrac{b}{\sqrt{2}}\right)$，故过 P_0 点的切线方程为

$$y-\frac{b}{\sqrt{2}}=-\frac{b}{a}\left(x-\frac{a}{\sqrt{2}}\right),$$

整理得

$$bx+ay-\sqrt{2}ab=0.$$

六、高阶导数

我们知道，物体 m 作直线运动的速度 $v(t)$ 是位置函数 $s(t)$ 对时间 t 的导数，即 $v(t)=\dfrac{\mathrm{d}s}{\mathrm{d}t}$；而其加速度 $a(t)$ 又是速度 $v(t)$ 对时间 t 的导数，即 $a(t)=v'(t)=\dfrac{\mathrm{d}}{\mathrm{d}t}\left(\dfrac{\mathrm{d}s}{\mathrm{d}t}\right)$. 这种导数的导数$(s'_t)'_t$ 就叫作 s 对 t 的二阶导数，记为 s''_{tt}或$\dfrac{\mathrm{d}^2s}{\mathrm{d}t^2}$. 所以，物体 m 的加速度 $a(t)$ 是其位置函数 s 对时间 t 的二阶导数.

定义 2.4 一般情况下，函数 $f(x)$ 的导数 $f'(x)$ 仍然是 x 的函数；如果 $f'(x)$ 还可导，则把 $f'(x)$ 的导数称为函数 $f(x)$ 的**二阶导数**，记作

$$y'',\ f''(x)\quad 或\quad \frac{\mathrm{d}^2y}{\mathrm{d}x^2},\ \frac{\mathrm{d}^2f}{\mathrm{d}x^2}.$$

一般地，函数 $f(x)$ 的 $n-1$ 阶导数 $f^{(n-1)}(x)$ 的导数叫作 $f(x)$ 的 ***n* 阶导数**，记作

$$y^{(n)},\ f^{(n)}(x)\quad 或\quad \frac{\mathrm{d}^ny}{\mathrm{d}x^n},\ \frac{\mathrm{d}^nf}{\mathrm{d}x^n}.$$

二阶及以上的导数统称为**高阶导数**.

由此可见，求解函数的高阶导数就是按照前面学过的求导法则，多次逐阶求导.

例 22 已知函数 $y=ax^2$，试求 y'，y''，$y^{(3)}$，$y^{(n)}$.

解 $y'=2ax$，$y''=2a$，$y^{(3)}=0$，…，$y^{(n)}=0(n\geqslant 3)$.

例 23 已知函数 $y=\sin x$，试求其 n 阶导数 $y^{(n)}$.

解 $y'=\cos x=\sin\left(x+\dfrac{\pi}{2}\right)$，

$$y''=\cos\left(x+\frac{\pi}{2}\right)=\sin\left(x+2\cdot\frac{\pi}{2}\right),$$

……

$$y^{(n)}=\cos\left(x+(n-1)\cdot\frac{\pi}{2}\right)=\sin\left(x+n\cdot\frac{\pi}{2}\right),$$

$$(\sin x)^{(n)}=\sin\left(x+n\cdot\frac{\pi}{2}\right).$$

同理，有 $(\cos x)^{(n)}=\cos\left(x+n\cdot\dfrac{\pi}{2}\right)$.

例 24 已知函数 $y=a^x$，求其 n 阶导数 $y^{(n)}$.

解 $y'=(a^x)'_x=a^x\ln a$，$y^{(2)}=(a^x)^2_{xx}=a^x(\ln a)^2$，…，$y^{(n)}=a^x(\ln a)^n$.

例 25 求由参数方程 $\begin{cases}x=a(t-\sin t)\\y=a(1-\cos t)\end{cases}$ 确定的函数 $y=y(x)$ 的二阶导数 $\dfrac{\mathrm{d}^2y}{\mathrm{d}x^2}$.

解 $\dfrac{\mathrm{d}y}{\mathrm{d}x}=\dfrac{y'_t}{x'_t}=\dfrac{[a(1-\cos t)]'}{[a(t-\sin t)]'}=\dfrac{a\sin t}{a(1-\cos t)}=\dfrac{\sin t}{1-\cos t}$，

$$\frac{\mathrm{d}^2y}{\mathrm{d}x^2}=\frac{\mathrm{d}\left(\dfrac{\mathrm{d}y}{\mathrm{d}x}\right)}{\mathrm{d}x}=\frac{\left(\dfrac{\mathrm{d}y}{\mathrm{d}x}\right)'_t}{x'_t}=\frac{\left[\dfrac{\sin t}{1-\cos t}\right]'_t}{[a(t-\sin t)]'}=\frac{\dfrac{\cos t(1-\cos t)-\sin^2 t}{(1-\cos t)^2}}{a(1-\cos t)}=\frac{-1}{a(1-\cos t)^2}.$$

2.3 函数的微分

在科研和工程实践中，经常会遇到当自变量有微小改变时，需要计算函数值的改变. 一般情况下计算一个函数的增量会很复杂. 能否找到既简单又精确的计算函数增量的方法呢?

下面讨论函数 $y=f(x)$ 的增量 $\Delta y=f(x_0+\Delta x)-f(x_0)$ 的近似计算方法.

一、微分的定义

1. 引例

考察一块正方形金属薄片受热变化的情况，其边长由 x_0 变化到 $x_0+\Delta x$，如图 2-3 所示，现在就求出该薄片面积的增量 ΔS.

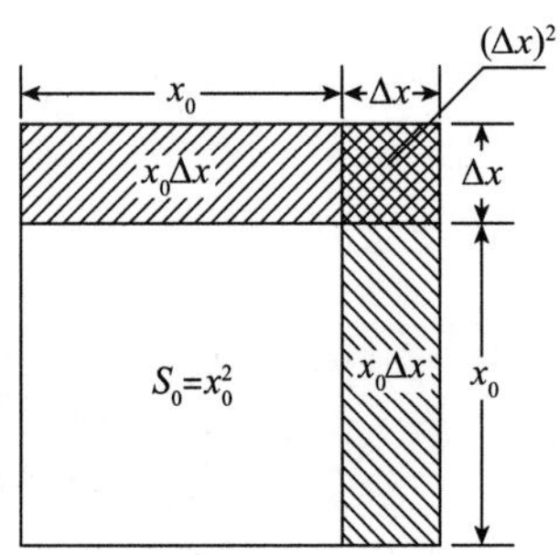

图 2-3

若金属薄片的边长为 x，则面积 $S=x^2$，显然 S 是 x 的函数. 当 $x=x_0$ 时，$S_0=x_0^2$，设薄片受热时边长的增量为 Δx，面积 S 的增量为 ΔS，则

$$\Delta S=(x_0+\Delta x)^2-x_0^2=2x_0\Delta x+(\Delta x)^2.$$

因此，增量 ΔS 可分解为两部分：第一部分 $2x_0\Delta x$ 是 Δx 的线性函数，它正是图 2－3 中带斜线的两个矩形面积之和；第二部分 $(\Delta x)^2$ 是带交叉斜线的小正方形的面积. 当 $\Delta x\to 0$ 时，第二部分 $(\Delta x)^2$ 是 Δx 的高阶无穷小，即 $(\Delta x)^2=o(\Delta x)$.

综上所述，如果边长的改变 Δx 很微小，则面积的改变量 ΔS 可近似地用第一部分来计算.

2. 微分的定义

若函数 $y=f(x)$ 在点 x_0 处可导，在点 x_0 处给 x 一个增量，则函数 $y=f(x)$ 的增量为 $\Delta y=f(x_0+\Delta x)-f(x_0)$，则

$$\lim_{\Delta x\to 0}\frac{\Delta y}{\Delta x}=f'(x_0)\Leftrightarrow\frac{\Delta y}{\Delta x}=f'(x_0)+\alpha\Leftrightarrow\Delta y=f'(x_0)\Delta x+\alpha\cdot\Delta x,$$

上式中的 $f'(x_0)\Delta x$ 是 Δx 的线性函数，$\alpha\cdot\Delta x$ 是 Δx 的高阶无穷小，这样当 $\Delta x\to 0$ 时，$\alpha\cdot\Delta x$ 会更快速地趋于 0，就可以用线性部分 $f'(x_0)\Delta x$ 近似代替 Δy，因此 $f'(x_0)\Delta x$ 是 Δy 的计算中的主要部分. 我们称 $f'(x_0)\Delta x$ 为 $y=f(x)$ 在点 x_0 处的**微分**，记作 $\mathrm{d}y$，因此

$$\mathrm{d}y=f'(x_0)\Delta x.$$

若令 $y=f(x)=x$，则 $\mathrm{d}y=\mathrm{d}x=f'(x_0)\Delta x=\Delta x$，即 $\mathrm{d}x=\Delta x$，上式即可写成

$$\mathrm{d}y=f'(x_0)\mathrm{d}x.$$

上式说明：**函数的微分就是函数的导数与自变量的微分之积**. 两边再除以 $\mathrm{d}x$，则

$$f'(x_0)=\frac{\mathrm{d}y}{\mathrm{d}x},$$

即 $f(x)$ 在点 x_0 处的导数就是 $f(x)$ 的微分与自变量的微分之比，因此导数又称**微商**.

例如，$\sin x$ 对 x 的导数为

$$(\sin x)'_x=\frac{\mathrm{d}\sin x}{\mathrm{d}x}=\frac{\cos x\,\mathrm{d}x}{\mathrm{d}x}=\cos x.$$

例 26 求函数 $y=\ln x$ 在 $x=2$，$\mathrm{d}x=0.04$ 时的微分.

解 因为 $\mathrm{d}y=(\ln x)'\mathrm{d}x=\dfrac{1}{x}\mathrm{d}x$，代入 $x=2$，$\mathrm{d}x=0.04$，故

$$\mathrm{d}y=\frac{1}{2}\times 0.04=0.02.$$

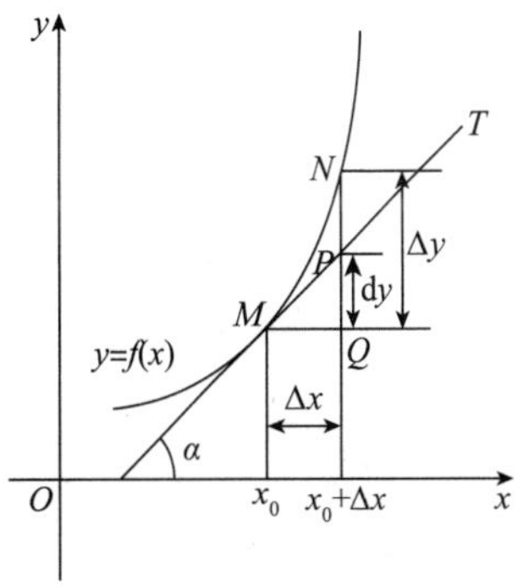

图 2－4

3. 微分的几何意义

微分的几何意义可以用图 2－4 来解释. 在坐标系 xOy 中，函数 $y=f(x)$ 的图形是一条曲线. 在点 $x=x_0$ 处，曲线 $f(x)$

上有一确定的点 $M(x_0, y_0)$，当自变量 x 有增量 Δx 时，得曲线 $f(x)$ 上的另一点 $N(x_0+\Delta x, y_0+\Delta y)$. 显然，$MQ=\Delta x$，$QN=\Delta y$. 过 M 点作曲线的切线 MT，交 QN 于 P，切线 MT 的倾角是 α，则

$$QP=MQ\tan\alpha=f'(x_0)\Delta x=\mathrm{d}y,$$

即

$$\mathrm{d}y=QP.$$

因此 Δy 是函数 $y=f(x)$ 在点 M 处的增量，$\mathrm{d}y$ 是曲线在点 M 处切线的增量. 当 $\Delta x\to 0$ 时，$PN=QN-QP=\Delta y-\mathrm{d}y\to 0$，即 $\Delta y\to \mathrm{d}y$，所以在 M 点附近，$\Delta y\approx \mathrm{d}y$.

二、微分基本公式与运算法则

根据公式 $\mathrm{d}y=f'(x)\mathrm{d}x$，容易推出微分基本公式和微分运算法则. 下面的公式中，u，v 都是 x 的可导函数.

1. 微分基本公式

(1) $\mathrm{d}(c)=0$;

(2) $\mathrm{d}x^{\lambda}=\lambda x^{\lambda-1}\mathrm{d}x$（$\lambda$ 是常数）；

(3) $\mathrm{d}(\sin x)=\cos x\,\mathrm{d}x$;

(4) $\mathrm{d}(\cos x)=-\sin x\,\mathrm{d}x$;

(5) $\mathrm{d}(\tan x)=\dfrac{1}{\cos^2 x}\mathrm{d}x=\sec^2 x\,\mathrm{d}x$;

(6) $\mathrm{d}\cot x=-\dfrac{1}{\sin^2 x}\mathrm{d}x=-\csc^2 x\,\mathrm{d}x$;

(7) $\mathrm{d}a^x=a^x\ln a\,\mathrm{d}x$，$\mathrm{d}\mathrm{e}^x=\mathrm{e}^x\mathrm{d}x$;

(8) $\mathrm{d}\ln x=\dfrac{1}{x}\mathrm{d}x$，$\mathrm{d}(\log_a x)=\dfrac{1}{x\ln a}\mathrm{d}x$;

(9) $\mathrm{d}(\arcsin x)=\dfrac{1}{\sqrt{1-x^2}}\mathrm{d}x$;

(10) $\mathrm{d}(\arccos x)=-\dfrac{1}{\sqrt{1-x^2}}\mathrm{d}x$;

(11) $\mathrm{d}(\arctan x)=\dfrac{1}{1+x^2}\mathrm{d}x$;

(12) $\mathrm{d}(\mathrm{arccot}\, x)=-\dfrac{1}{1+x^2}\mathrm{d}x$.

请大家熟记上述公式，它们对以后学习积分学有很多好处，最好从右向左记忆. 例如：

$$\frac{1}{\sqrt{x}}\mathrm{d}x=2\mathrm{d}\sqrt{x},\ \frac{1}{x^2}\mathrm{d}x=-\mathrm{d}\left(\frac{1}{x}\right),\ \mathrm{d}x=\frac{1}{a}\mathrm{d}(ax+b),$$

$$a^x\mathrm{d}x=\frac{\mathrm{d}a^x}{\ln a},\ \frac{1}{\sqrt{1-x^2}}\mathrm{d}x=\mathrm{d}(\arcsin x).$$

2. 微分运算法则

(1) $\mathrm{d}(u\pm v)=\mathrm{d}u\pm\mathrm{d}v$;

(2) $\mathrm{d}(uv)=v\mathrm{d}u+u\mathrm{d}v$($\mathrm{d}(Cu)=C\mathrm{d}u$);

(3) $\mathrm{d}\left(\dfrac{u}{v}\right)=\dfrac{v\mathrm{d}u-u\mathrm{d}v}{v^2}$.

例 27 设 $y=x^2\sin 2x$，求 $\mathrm{d}y$.

解 $\mathrm{d}y=\mathrm{d}(x^2\sin 2x)=\sin 2x\,\mathrm{d}(x^2)+x^2\mathrm{d}\sin 2x=(2x\sin 2x+2x^2\cos 2x)\mathrm{d}x$.

3. 复合函数的微分法则

与复合函数求导法则相对应的还有复合函数的**微分法则**.

设 $y=f(u)$ 及 $u=\varphi(x)$ 都可导，则复合函数 $y=f(\varphi(x))$ 也可导，其微分为

$$dy=y'_x dx=f'_u(u)\varphi'_x(x)dx.$$

由于 $\varphi'_x(x)dx=du$，所以复合函数 $y=f(\varphi(x))$ 的微分可以写成

$$dy=y'_x dx=f'_u(u)du=y'_u du.$$

由此可见，无论 u 是自变量还是中间变量，微分形式 $dy=f'_u(u)du$ 都保持不变. 这一性质称为复合函数**微分形式的不变性**. 该性质表明，当变换自变量时，即设 u 为另一变量的任一可微函数时，微分形式 $dy=f'_u(u)du$ 并不发生改变.

例 28 求下列微分：

(1) 已知 $y=\ln(1+e^x)$，求 dy； (2) 已知 $y=\ln(\sqrt{x^2+a^2}+x)$，求 $dy\Big|_{x=0}$.

解 (1) 令 $u=1+e^x$，则

$$dy=d\ln(1+e^x)=d\ln u=\frac{1}{u}du=\frac{1}{1+e^x}e^x dx=\frac{e^x dx}{1+e^x}.$$

(2) 令 $u=\sqrt{x^2+a^2}+x$，则

$$\begin{aligned}dy&=d\ln(\sqrt{x^2+a^2}+x)=d\ln u=\frac{1}{u}du\\&=\frac{1}{\sqrt{x^2+a^2}+x}\left(\frac{x}{\sqrt{x^2+a^2}}+1\right)dx=\frac{dx}{\sqrt{x^2+a^2}},\end{aligned}$$

$$dy\Big|_{x=0}=\frac{dx}{\sqrt{x^2+a^2}}\Big|_{x=0}=\frac{1}{a}dx.$$

三、微分的应用

1. 近似计算

因为 $y=f(x)$ 的增量为

$$\Delta y=f(x_0+\Delta x)-f(x_0)=f'(x_0)\Delta x+\alpha\cdot\Delta x,$$

又当 Δx 很小时，$\alpha\cdot\Delta x$ 是 Δx 的高阶无穷小，所以

$$f(x_0+\Delta x)-f(x_0)\approx f'(x_0)\Delta x\Leftrightarrow f(x_0+\Delta x)\approx f(x_0)+f'(x_0)\Delta x.$$

特别地，令 $x_0=0$，上述公式则变成

$$f(\Delta x)\approx f(0)+f'(0)\Delta x,$$

再令 $x=\Delta x$，则有

$$f(x)\approx f(0)+f'(0)x.$$

根据上式，可以推导出几个常用的微分近似公式，这里 $|x|$ 充分小：

(1) $\sin x\approx x$； (2) $\tan x\approx x$； (3) $e^x\approx 1+x$；

（4）$\ln(1+x)\approx x$；　　（5）$\frac{1}{1+x}\approx 1-x$；　　（6）$\sqrt[n]{1\pm x}\approx 1\pm\frac{x}{n}$.

例如，函数 $f(x)=\ln(1+x)$ 在 $x_0=0$ 处的近似值为 $\ln(1+x)\approx\ln(1+0)+\frac{1}{1+0}x$，即

$$\ln(1+x)\approx x.$$

例 29 求下列各式的近似值：

（1）$\sqrt[3]{0.997}$；　　（2）$\sqrt[5]{1.05}$；　　（3）$e^{1.01}$.

解 （1）$\sqrt[3]{0.997}=\sqrt[3]{1-0.003}\approx 1-\frac{0.003}{3}=0.999$.

（2）$\sqrt[5]{1.05}=\sqrt[5]{1+0.05}\approx 1+\frac{0.05}{5}=1.01$.

（3）$e^{1.01}=e^{1+0.01}=e\cdot e^{0.01}\approx e(1+0.01)=1.01e$.

例 30 直径为 10 cm 的一个钢球，外面镀铜，铜的厚度是 0.005 cm，问大约需要多少铜？

解 半径为 R 的球的体积 $V=\frac{4}{3}\pi R^3$，则 $dV=4\pi R^2\Delta R$，代入 $R=5$，$\Delta R=0.005$，有

$$\Delta V\approx dV=4\pi\cdot 5^2\cdot 0.005\approx 1.57(\text{cm}^3).$$

例 31 证明：当 λ 很小时，恒有

$$\sqrt[n]{1+\lambda}\approx 1+\frac{1}{n}\lambda.$$

解 令 $f(x)=\sqrt[n]{1+x}$，则 $f'(x)=\frac{1}{n}(1+x)^{\frac{1}{n}-1}$，由微分近似公式，得

$$\sqrt[n]{1+x_0+\Delta x}\approx\sqrt[n]{1+x_0}+\frac{1}{n}\cdot(1+x_0)^{\frac{1}{n}-1}\Delta x.$$

再令 $x_0=0$，$\Delta x=\lambda$，则

$$\sqrt[n]{1+\lambda}\approx 1+\frac{1}{n}\lambda.$$

2. 误差估计

在科学和工程计算中，由于测量仪器的精确度、测量的条件和方法等许多因素的影响，不可能获得测量指标的精确值，测量的数据往往会有误差. 若根据这些带有误差的数据进行计算，其结果也会产生误差. 根据实际问题的不同情形，有时需要对误差进行各种各样的估计和控制.

定义 2.5 设 x^* 是测量目标的精确值，x 是 x^* 的近似值（测量值），则 $|\Delta x|=|x-x^*|$ 称为测量目标 x^* 的**绝对误差**. 易见，$x=x^*\pm|\Delta x|$.

有时仅有绝对误差是不够的. 例如，某学校对新生进行体检，设测量身高的米尺绝对误差 $d_1=0.05$ cm，测量体重的电子秤绝对误差为 $d_2=0.05$ kg. 若测得某个新生的身高

$h=170$ cm，体重 $w=60$ kg. 显然，即使是专业人员也无法比较上述两种误差的大小，怎么办呢？我们可以通过计算下面的数值进行比较.

$$r_1=\frac{d_1}{h}=\frac{0.05}{170}\approx 0.03\%,\ r_2=\frac{d_2}{w}=\frac{0.05}{60}\approx 0.08\%.$$

因此，米尺测量的结果与电子秤测量的结果相比更精确. 这个被用来比较的量就是相对误差.

定义 2.6 设 x^* 是测量指标的精确值，x 是其近似值，则称 $\left|\frac{\Delta x}{x^*}\right|=\left|\frac{x-x^*}{x^*}\right|$ 为 x^* 的**相对误差**.

实际使用中，一般用 x 代替 x^*；相对误差一般表示成百分比的形式.

例 32 已知测得一根圆轴的直径是 43 cm，由仪器说明书知测量的绝对误差不超过 0.2 cm（误差限），试根据该数据求出圆轴横截面面积所产生的误差.

解 圆轴的直径是 $D=43$ cm，则其横截面面积为

$$S=\frac{1}{4}\pi D^2=\frac{1}{4}\pi\times 43^2=462.25\pi(\text{cm}^2).$$

而测量直径的绝对误差 $|\Delta D|\leqslant 0.2$ cm，从而圆轴横截面面积的绝对误差和相对误差分别为

$$|\Delta S|\approx|\mathrm{d}S|=\frac{1}{2}\pi D|\Delta D|=\frac{1}{2}\cdot\pi\cdot 43\cdot 0.2=4.3\pi(\text{cm}^2),$$

$$\frac{|\Delta S|}{S}\approx\frac{|\mathrm{d}S|}{S}=\frac{4.3\pi}{462.25\pi}\approx 0.009\ 30=0.93\%.$$

例 33 某工程师测量一个钢球直径，问他应该选择什么精确度的测量仪器，才能使得根据测量数据计算其质量时相对误差不超过 1%？

解 设 ρ 为钢球密度，r 是钢球半径，D 是直径，因为钢球质量 $m=\rho V=\rho\cdot\frac{1}{6}\pi D^3$，则 $\mathrm{d}m=\frac{1}{2}\pi\rho D^2\mathrm{d}D=\frac{1}{2}\pi\rho D^2\Delta D$，所以

$$\left|\frac{\Delta m}{m}\right|\approx\left|\frac{\mathrm{d}m}{m}\right|=\left|\frac{\frac{1}{2}\pi\rho D^2\Delta D}{\frac{1}{6}\pi\rho D^3}\right|=3\left|\frac{\Delta D}{D}\right|,$$

为了使

$$\left|\frac{\Delta m}{m}\right|\approx\left|\frac{\mathrm{d}m}{m}\right|=3\left|\frac{\Delta D}{D}\right|\leqslant\frac{1}{100}$$

成立，则必须要求

$$\left|\frac{\Delta D}{D}\right|\leqslant\frac{1}{300}.$$

可见，要使质量的相对误差不超过 1%，钢球直径的相对误差必须控制在 $\frac{1}{300}$ 之内.

课后读物

著名科学家的故事

1. **艾萨克·牛顿**（Isaac Newton，1643—1727），英国伟大的数学家、物理学家、天文学家和自然哲学家，其研究领域包括物理学、数学、天文学、神学、自然哲学和炼金术. 牛顿的主要贡献包括创建了微积分，发现了万有引力定律和经典力学，设计并实际制造了第一架反射式望远镜等，被誉为人类历史上最伟大、最有影响力的科学家. 牛顿撰写了人类历史上最有影响力的科学巨著《自然哲学的数学原理》. 其中他用流数（即导数）解决了当时的很多科学难题.

1643 年 1 月 4 日牛顿出生于英格兰林肯郡格兰瑟姆附近的一个小村庄——沃尔索普村. 在牛顿出生之时，英格兰并没有采用教皇的最新历法，因此他的生日被记载为 1642 年的圣诞节. 牛顿出生前三个月，他的父亲去世了. 由于早产，牛顿刚出生时十分瘦小；据传闻，他的母亲汉娜·艾斯库曾说过，牛顿刚出生时小得可以装进一夸脱的马克杯中. 牛顿 3 岁时，他的母亲改嫁并住进了新任丈夫巴纳巴斯·史密斯牧师的家，而把牛顿托付给了他的外祖母.

大约 5 岁时，牛顿被送到公立学校. 少年时牛顿并不是神童，他资质平常、成绩一般，但他喜欢读书，喜欢阅读一些介绍各种简单机械模型制作方法的读物，并从中受到了启发，自己动手制作了一些奇怪的小玩意，如风车、木钟、折叠式提灯等. 他还制造了一个小水钟，每天早晨，小水钟会自动滴水到他的脸上，催他起床。他喜欢绘画、雕刻，尤其喜欢刻日晷，家里墙角、窗台上到处放着他刻的日晷，用以观看日影的移动. 牛顿 12 岁时进入离家不远的格兰瑟姆中学. 牛顿的母亲希望他成为一个农民，但牛顿本人却无意于此，而酷爱读书. 随着年龄渐长，牛顿越发喜爱读书，对自然现象有好奇心，喜欢沉思和做科学小实验. 他在格兰瑟姆中学读书时，曾经在一位药剂师家里寄宿，因而受到了化学实验的熏陶.

在初等教育阶段牛顿并没有出色的学习成绩，也没有显示出超人的才华，18 岁时进入剑桥大学三一学院学习，1665 年获文学士学位，大学毕业之后成为巴罗的助手. 还没有来得及开展工作，一场席卷英国的瘟疫使剑桥大学被迫停课，牛顿不得不回到乡下老家. 在乡间生活的两年（1665—1667 年）里，他制定了一生大多数重要科学创造的蓝图. 在此期间牛顿进行了光学、万有引力定律和微积分学的研究，也是这一段时间的研究工作奠定了他在科学史上的巅峰地位.

1667 年牛顿回到剑桥后当选为剑桥大学三一学院院委，次年获硕士学位；1669 年任剑桥大学卢卡斯数学教授，直到 1701 年；1696 年任皇家造币厂监督，并移居伦敦；1703 年任英国皇家学会会长；1706 年接受英国女王安娜封爵. 晚年，牛顿潜心于对自然哲学与神学的研究. 1727 年 3 月 20 日，牛顿在伦敦病逝，享年 84 岁.

2. **柯西**（Augustin Louis Cauchy，1789—1857），在数学领域有很高的建树和造诣. 很多数学定理和公式都以他的名字命名，如柯西不等式、柯西积分式，等等.

他在纯数学和应用数学上的功力相当深厚，在数学写作上，他被认为是在数量上仅次于欧拉的人，他一生一共发表789篇论文，出版了几本书，其中许多是经典之作.

在柯西幼年时，他的父亲常带他到法国参议院内的办公室，并且在那里指导他学习，因此他有机会遇到参议员拉普拉斯和拉格朗日两位大数学家. 他们对他的才能十分赏识，拉格朗日认为他将来必定会成为大数学家，建议他父亲在他学好文科前不要学习数学.

柯西对微积分的主要贡献是建立了基础极限理论. 当牛顿和莱布尼茨建立微积分时，这门学科的理论基础还非常模糊. 因为微积分的本质是极限，用传统代数方法无法描述导数、定积分等概念. 为了进一步发展，必须建立严格的理论，柯西为此成功地建立了极限理论.

习题二

1. 一动点 m 作直线运动，它所经过的路程 s 和时间 t 的关系是 $s=3t^2+1$. 试求在 $2\leqslant t\leqslant 2+\Delta t$ 时间内，该物体运动的平均速度，并作下列数值计算.

(1) $\Delta t=0.1$； (2) $\Delta t=0.01$； (3) $t=2$ 时的瞬时速度.

2. 按导数的定义求下列函数的导数.

(1) $y=\dfrac{1}{x^2}$； (2) $y=\sqrt{1-x}$.

3. 求下列函数的导数.

(1) $y=4x^3+2x-1$； (2) $y=\dfrac{1}{x}+\dfrac{x^2}{2}$； (3) $y=(x^2+3)\tan x$；

(4) $y=\dfrac{2x+4}{x^2}$； (5) $y=(1+\sqrt{x})\left(1-\dfrac{1}{\sqrt{x}}\right)$； (6) $y=x\arcsin x$；

(7) $y=\arctan x+\arccos x$； (8) $y=\dfrac{x\sin x}{1+\cos x}$； (9) $y=x\sin 2x$.

4. 求下列已知点的导数值.

(1) $f(x)=2x-3x^2$，求 $f'(0)$，$f'(1)$.

(2) $f(x)=\dfrac{x}{1-x^2}$，求 $f'(0)$，$f'(2)$.

5. 求下列导数（其中 a，b，n，k 都是常数）.

(1) $y=2\sqrt{x}-\dfrac{1}{2\sqrt{x}}$； (2) $y=\dfrac{a+b}{ax+b}$； (3) $y=x^3(2x-1)^2$；

(4) $y=\sqrt{1+x^2}$； (5) $y=\sqrt[3]{1+x^2}$； (6) $y=\cos^2\dfrac{x}{2}$；

(7) $y=\sin^2\dfrac{x^2}{2}$； (8) $y=\cos ax\sin bx$； (9) $y=\ln\dfrac{a+x}{a-x}$；

(10) $y=\ln\sin x+\cos\ln x$； (11) $y=\arctan x^2$； (12) $y=\mathrm{e}^{-\frac{1}{x}}$；

(13) $y=\dfrac{1}{\arcsin x^2}$；　(14) $y=\arccos\dfrac{e^x-e^{-x}}{e^x+e^{-x}}$；　(15) $y=x^n+n^x$.

6. 求函数 $y=x+e^x$ 的反函数 $x=\varphi(y)$ 的导数.

7. 求下列函数的二阶导数.

(1) $y=e^{-x^2}$；　(2) $y=x+\sin 2x$；

(3) $y=x^2e^{-x}$；　(4) $s=\dfrac{1}{2}gt^2+v_0t+s_0$.

8. 求下列隐函数的导数.

(1) $y^2=apx$；　(2) $x^2+y^2-xy=1$；

(3) $x^3+y^3-3axy=0$；　(4) $y=1-xe^y$.

9. 用对数求导法求下列函数的导数.

(1) $y=\left(\dfrac{x}{1+x}\right)^x$；　(2) $y=\sqrt{x\sin x\sqrt{1-e^x}}$；

(3) $y=\sqrt[3]{\dfrac{(x-1)^2(x+2)}{(x+3)(x+4)^5}}$.

10. 求曲线 $y=4x^2+4x-3$ 在 $x=-1$ 处的切线方程和法线方程.

11. 设某物体的运动方程是 $s=t-\sin t$，试求该物体的速度和加速度.

12. 在细胞合成蛋白时，蛋白的质量依照公式 $M=p+qt+rt^2$（p，q，r 都是常数）随时间的增长而增长. 试求 t 时刻的反应速率.

13. 有一个长 20 m 的水槽，它的横截面为倒置的等边三角形，若以 3 m^3/s 的速度注入水. 试求水面高 4 m 时，水面上升的速度.

14. 假设 $f(x)$ 在点 $x=0$ 处连续，且 $\lim\limits_{x\to0}\dfrac{f(x)}{x}$ 存在. 证明 $f(x)$ 在点 $x=0$ 处可导.

15. 设函数 $f(x)$ 对任意实数 x_1，x_2，恒有 $f(x_1+x_2)=f(x_1)f(x_2)$，且 $f'(0)=1$，试证

$$f'(x)=f(x).$$

16. 求下列函数的微分.

(1) $y=\dfrac{2}{x}+2\sqrt{x}$；　(2) $s=A\sin(\omega t+\varphi)$（$A$，$\omega$，$\varphi$ 为常数）；

(3) $y=\ln(1+x^4)$；　(4) $y=x^{\frac{2}{3}}(1-x^{\frac{3}{2}})$；

(5) $y=\dfrac{\sqrt{1+x}-\sqrt{1-x}}{\sqrt{1+x}+\sqrt{1-x}}$；　(6) $y=e^{-x}-\cos(3-x)$.

17. 求下列各式的近似值.

(1) $\sin 29°$；　(2) $\sqrt[3]{1.02}$；　(3) $\cos 151°$；　(4) $e^{0.001}$.

18. 试证：球体体积的相对误差约是其直径相对误差的 3 倍.

第三章 导数的应用

第二章讨论了导数和微分的概念及其计算方法，还介绍了微分的应用. 本章将利用导数进一步研究函数的单调、凹凸、极值、拐点等性态，并利用这些知识解决一些实际问题. 为此首先介绍微分学中的几个中值定理，它们是导数应用的理论基础.

3.1 微分中值定理

微分中值定理包括罗尔（Rolle）定理、拉格朗日（Lagrange）中值定理、柯西（Cauchy）中值定理. 因为它们都与自变量所在区间内的某个中间值有关，所以称为中值定理.

一、罗尔定理

定理 3.1（罗尔定理） 假设函数 $f(x)$ 满足下列三个条件：

(1) 在闭区间 $[a, b]$ 上连续，

(2) 在开区间 (a, b) 内可导，

(3) $f(a)=f(b)$，

则至少存在一点 $\xi\in(a, b)$，使得 $f'(\xi)=0$.

证明 由条件 (1)，根据闭区间 $[a, b]$ 上连续函数的最值定理，可知 $f(x)$ 在 $[a, b]$ 上必有最大值 M 和最小值 m. 显然，只有 $M=m$ 或 $M>m$ 两种可能的情形.

如果 $M=m$，那么恒有 $f(x)\equiv M$. 因此在 $[a, b]$ 上，恒有 $f'(x)=0$，这时对 $\forall\xi\in(a, b)$，必有 $f'(\xi)=0$.

如果 $M>m$，由条件 (3) 可知，M 和 m 中至少有一个不等于 $f(a)$，不妨设 $M\neq f(a)$. 由条件 (1) 可知，至少存在一点 $\xi\in(a, b)$，使得 $f(\xi)=M$. 下面证明 $f'(\xi)=0$.

在点 $x=\xi$ 处给 x 一个增量 Δx，则 $f(\xi+\Delta x)\leqslant f(\xi)$，即 $f(\xi+\Delta x)-f(\xi)\leqslant 0$，当 $\Delta x>0$ 时，有 $\dfrac{f(\xi+\Delta x)-f(\xi)}{\Delta x}\leqslant 0$，而当 $\Delta x<0$ 时，有 $\dfrac{f(\xi+\Delta x)-f(\xi)}{\Delta x}\geqslant 0$. 由条件 (2) 知，$f'(\xi)$ 存在，故

$$f'(\xi)=f'_{+}(\xi)=\lim_{\Delta x\to 0^{+}}\frac{f(\xi+\Delta x)-f(\xi)}{\Delta x}\leqslant 0,$$

$$f'(\xi)=f'_{-}(\xi)=\lim_{\Delta x\to 0^{-}}\frac{f(\xi+\Delta x)-f(\xi)}{\Delta x}\geqslant 0,$$

因此只能 $f'(\xi)=0$. 定理得证.

罗尔定理的几何意义 如图 3-1 所示，罗尔定理指出，一条连续曲线若在其两个端点处纵坐标相同，且除端点外，每一点都有切线（可导），则至少有一条切线平行于 x 轴.

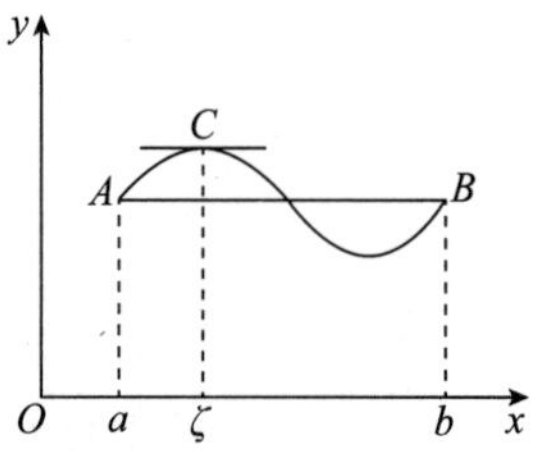

图 3-1

罗尔定理中的条件 $f(a)=f(b)$ 相当特殊，它限制了罗尔定理的应用. 如果去掉这个条件，则可得到微分学中十分重要的拉格朗日中值定理.

二、拉格朗日中值定理

定理 3.2 **（拉格朗日中值定理）** 若 $f(x)$ 满足下列两个条件：

（1）在闭区间 $[a, b]$ 上连续，

（2）在开区间 (a, b) 内可导，

那么至少存在一点 $\xi\in(a, b)$，使得

$$f'(\xi)=\frac{f(b)-f(a)}{b-a}.$$

通常情况下，将上式写成

$$f(b)-f(a)=f'(\xi)(b-a).$$

若令 $f(a)=f(b)$，则上述定理就变成了罗尔定理，因此拉格朗日定理是罗尔定理的更一般的推广.

证明 令 $\varphi(x)=f(x)-f(a)-\dfrac{f(b)-f(a)}{b-a}(x-a)$. 因为 $f(x)$ 在 $[a, b]$ 上连续，在 (a, b) 内可导，故函数 $\varphi(x)$ 在 $[a, b]$ 上也连续，在 (a, b) 内可导，且 $\varphi(b)=\varphi(a)=0$. 由罗尔定理，至少存在一点 $\xi\in(a, b)$，使得 $\varphi'(\xi)=0$. 又 $\varphi'(x)=f'(x)-\dfrac{f(b)-f(a)}{b-a}$，所以

$$\varphi'(\xi)=f'(\xi)-\frac{f(b)-f(a)}{b-a}=0,$$

即 $f'(\xi)=\dfrac{f(b)-f(a)}{b-a}$.

这个定理的几何意义十分明显，如图 3-2 所示. 线段 AB 就是 $[a, b]$ 上的连续曲线 $y=f(x)$ 上两个端点的连线，其斜率 $k=\dfrac{f(b)-f(a)}{b-a}$. 因为 $f(x)$ 在 (a, b) 内可导，所以在 $y=f(x)$ 上的每一点处都有切线，其中至少有一条切线平行于 AB.

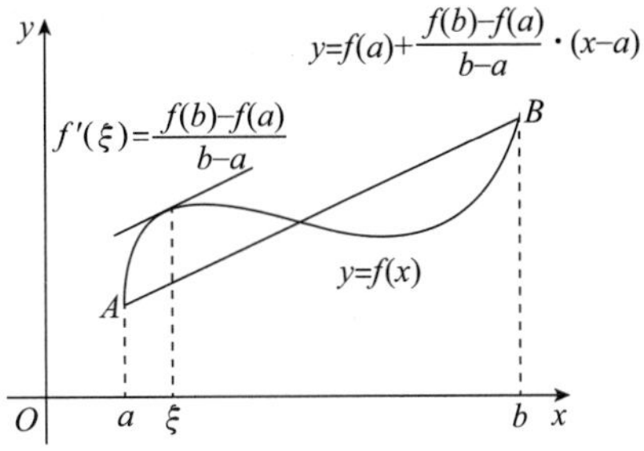

图 3-2

拉格朗日中值定理还有另一种形式. 因为 $a<\xi<b$，若令 $\xi=a+\theta(b-a)(0<\theta<1)$，则拉格朗日中值定理又可以写成

$$f(b)-f(a)=f'[a+\theta(b-a)](b-a).$$

我们知道，若函数 $f(x)=C$（C 是常数），则 $f'(x)=0$. 事实上，其逆命题也成立.

推论 1 如果函数 $f(x)$ 在某区间 I 上的导数恒为零，那么 $f(x)\equiv C$，C 是常数.

证明 在区间 I 上，函数 $f(x)$ 的导数 $f'(x)=0$. 不妨任取 x_1，$x_2\in I$（设 $x_1<x_2$），则 $f(x)$ 在闭区间 $[x_1, x_2]$ 上满足拉格朗日中值定理的所有条件，故 $\exists\xi\in(x_1, x_2)$，使

$$f(x_2)-f(x_1)=f'(\xi)(x_2-x_1).$$

又 $f(x)$ 在 I 上的导数恒为零，即 $f'(\xi)=0$，于是

$$f(x_2)-f(x_1)=0\Leftrightarrow f(x_2)=f(x_1).$$

由 x_1，x_2 的任意性，令 $x_2=x$，$x_1=x_0$，可知 $f(x)=f(x_0)=C$.

从上述推论及其证明过程可以看出，虽然拉格朗日中值定理中 ξ 的准确数值不可知，但是这并不妨碍它的应用.

推论 2 在区间 I 上，两个函数 $f(x)$，$g(x)$ 的导数相等$\Leftrightarrow f(x)=g(x)+C$.

证明 由已知，在 I 上，$f'(x)=g'(x)\Leftrightarrow f'(x)-g'(x)=(f(x)-g(x))'=0$；由推论 1，有 $f(x)-g(x)=C$，因此 $f(x)=g(x)+C$.

例 1 证明：$\arctan x+\operatorname{arccot} x=\frac{\pi}{2}$.

证明 令 $f(x)=\arctan x+\operatorname{arccot} x$，因为 $f'(x)=\frac{1}{1+x^2}-\frac{1}{1+x^2}=0$，所以 $f(x)=C$. 又因为 $f(0)=\frac{\pi}{2}$，因此，$\arctan x+\operatorname{arccot} x=\frac{\pi}{2}$.

三、柯西中值定理

定理 3.3（柯西中值定理） 若函数 $f(x)$，$g(x)$ 满足：

(1) 在闭区间 $[a, b]$ 上连续，

(2) 在开区间 (a, b) 内可导，且 $g'(x)\neq0$，

则至少存在一点 $\xi\in(a,b)$，使得

$$\frac{f(b)-f(a)}{g(b)-g(a)}=\frac{f'(\xi)}{g'(\xi)}.$$

此定理的证明与拉格朗日中值定理的证明极其相似，只要把其中所使用的函数换成

$$\varphi(x)=f(x)-f(a)-\frac{f(b)-f(a)}{g(b)-g(a)}(g(x)-g(a))$$

即可. 此定理详细的证明过程请读者自己完成.

柯西中值定理是拉格朗日中值定理的推广. 若取 $g(x)=x$，则 $g(b)-g(a)=b-a$，$g'(x)=1$，因此，柯西中值定理则变成了下面的拉格朗日中值定理

$$f(b)-f(a)=f'(\xi)(b-a)(a<\xi<b)$$

柯西中值定理的一个重要应用就是证明下面的洛必达法则.

3.2 洛必达法则

在第一章讨论两个无穷小量（或无穷大量）之比的极限问题时，其结果可能不存在、为零、为非零常数，也可能是无穷大，我们称这种类型的极限为未定型，并简记为 $\frac{0}{0}$ 型或 $\frac{\infty}{\infty}$ 型未定式. 求解此类极限很难用四则运算法则解决，但是利用导数来求解这类极限十分简便，它就是洛必达法则.

一、两个无穷小量之比的极限

定理 3.4（洛必达法则） 假设函数 $f(x)$，$g(x)$ 满足下列条件：

（1）在 $N(x_0,\delta)$ 内，$f(x)$ 及 $g(x)$ 可导，且 $g'(x)\neq0$，

（2）$\lim\limits_{x\to x_0}f(x)=0$，$\lim\limits_{x\to x_0}g(x)=0$，

（3）$\lim\limits_{x\to x_0}\frac{f'(x)}{g'(x)}$ 存在或为无穷大，

则

$$\lim_{x\to x_0}\frac{f(x)}{g(x)}=\lim_{x\to x_0}\frac{f'(x)}{g'(x)}.$$

证明 因为在 $N(x_0,\delta)$ 内 $f(x)$ 及 $g(x)$ 可导，故 $f(x)$，$g(x)$ 连续，即 $\lim\limits_{x\to x_0}f(x)=f(x_0)$，$\lim\limits_{x\to x_0}g(x)=g(x_0)$. 又因 $\lim\limits_{x\to x_0}f(x)=0$，$\lim\limits_{x\to x_0}g(x)=0$，故 $\lim\limits_{x\to x_0}f(x)=f(x_0)=0$，$\lim\limits_{x\to x_0}g(x)=g(x_0)=0$. 于是，对 $\forall x\in N(x_0,\delta)$，有 $[x_0,x]\subset N(x_0,\delta)$. 在 $[x_0,x]$ 上，函数 $f(x)$ 和 $g(x)$ 都满足柯西中值定理的条件，因此 $\exists\xi\in(x_0,x)$，使

$$\frac{f(x)}{g(x)}=\frac{f(x)-f(x_0)}{g(x)-g(x_0)}=\frac{f'(\xi)}{g'(\xi)}$$

成立. 那么当 $x\to x_0$ 时，有 $\xi\to x_0$，再由条件（3），有

$$\lim_{x\to x_0}\frac{f(x)}{g(x)}=\lim_{\xi\to x_0}\frac{f'(\xi)}{g'(\xi)}=\lim_{x\to x_0}\frac{f'(x)}{g'(x)}\text{（最后的 }x=\xi\text{）}.$$

注 （1）定理 3.4 可以用来处理 $x\to x_0$ 时的 $\frac{0}{0}$ 型未定式极限，由洛必达首先发现，故称**洛必达法则**.

（2）如果极限 $\lim\limits_{x\to x_0}\frac{f'(x)}{g'(x)}$ 仍属于 $\frac{0}{0}$ 型，且 $f'(x)$ 及 $g'(x)$ 仍满足洛必达法则中的条件，则可再次使用该法则，即 $\lim\limits_{x\to x_0}\frac{f(x)}{g(x)}=\lim\limits_{x\to x_0}\frac{f'(x)}{g'(x)}=\lim\limits_{x\to x_0}\frac{f''(x)}{g''(x)}$；依此类推.

（3）定理 3.4 中，若自变量 $x\to\infty$，则结论仍然成立；另外，若函数 $f(x)$，$g(x)$ 都是无穷大，即 $\frac{\infty}{\infty}$ 型极限，结论同样成立.

（4）定理 3.4 中，若 $\lim\limits_{x\to x_0}\frac{f'(x)}{g'(x)}$ 不存在，不能断言 $\lim\limits_{x\to x_0}\frac{f(x)}{g(x)}$ 也不存在，只能说明极限不能用洛必达法则求解.

例如，极限 $\lim\limits_{x\to 0}\frac{x^2\sin\frac{1}{x}}{x}=\lim\limits_{x\to 0}x\sin\frac{1}{x}=0$，但根据洛必达法则，下式无极限

$$\lim_{x\to 0}\frac{x^2\sin\frac{1}{x}}{x}=\lim_{x\to 0}\left(2x\sin\frac{1}{x}-\cos\frac{1}{x}\right).$$

例 2 在群体（人或动物）增长模型中，需要求解极限 $\lim\limits_{\lambda\to 0}\frac{1-\left(\frac{N}{N_e}\right)^{\lambda}}{\lambda}$ $\left(\frac{0}{0}\text{型}\right)$，其中 N 是时刻 t 某生物群体中个体的总数，N_e 是生物群体个数的平衡常数.

解 由洛必达法则，分子和分母对 λ 求导，有

$$\lim_{\lambda\to 0}\frac{1-\left(\frac{N}{N_e}\right)^{\lambda}}{\lambda}=\lim_{\lambda\to 0}\frac{-\left(\frac{N}{N_e}\right)^{\lambda}\cdot\ln\frac{N}{N_e}}{1}=-\ln\frac{N}{N_e}=\ln\frac{N_e}{N}.$$

例 3 求解下列极限：

（1）$\lim\limits_{x\to 0}\frac{\cos x-1}{x^2}$；　　（2）$\lim\limits_{x\to+\infty}\frac{(\ln x)^n}{x}$；　　（3）$\lim\limits_{x\to+\infty}\frac{x^n}{e^x}$.

解 由洛必达法则

（1）$\lim\limits_{x\to 0}\frac{\cos x-1}{x^2}=\lim\limits_{x\to 0}\frac{-\sin x}{2x}=\lim\limits_{x\to 0}\frac{-\cos x}{2}=\frac{-\cos 0}{2}=-\frac{1}{2}.$

(2) $\lim\limits_{x\to\infty}\dfrac{(\ln x)^n}{x}=\lim\limits_{x\to\infty}\dfrac{\dfrac{n(\ln x)^{n-1}}{x}}{1}=\lim\limits_{x\to\infty}\dfrac{n(\ln x)^{n-1}}{x}=\lim\limits_{x\to\infty}\dfrac{n(n-1)(\ln x)^{n-2}}{x}$

$$=\cdots=\lim_{x\to\infty}\frac{n(n-1)\cdots2\cdot1\cdot(\ln x)^{n-n}}{x}=\lim_{x\to\infty}\frac{n!}{x}=0.$$

(3) $\lim\limits_{x\to+\infty}\dfrac{x^n}{e^x}=\lim\limits_{x\to+\infty}\dfrac{nx^{n-1}}{e^x}=n\lim\limits_{x\to+\infty}\dfrac{x^{n-1}}{e^x}=n(n-1)\lim\limits_{x\to+\infty}\dfrac{x^{n-2}}{e^x}$

$$=\cdots=n!\lim_{x\to+\infty}\frac{1}{e^x}=0.$$

二、其他未定型极限的求法

洛必达法则只适用于$\dfrac{0}{0}$型和$\dfrac{\infty}{\infty}$型未定式，其他类型的未定式，如$0\cdot\infty$，$\infty-\infty$，1^∞，∞^0，0^0型，都可以利用代数变换将其转化成$\dfrac{0}{0}$型或$\dfrac{\infty}{\infty}$型，然后利用洛必达法则求解.

例 4 求下列极限：

(1) $\lim\limits_{x\to0}\left(\dfrac{1}{\sin x}-\dfrac{1}{x}\right)$； (2) $\lim\limits_{x\to1^-}\ln x\ln(1-x)$； (3) $\lim\limits_{x\to0^+}x^x$.

解 (1) $\lim\limits_{x\to0}\left(\dfrac{1}{\sin x}-\dfrac{1}{x}\right)=\lim\limits_{x\to0}\dfrac{x-\sin x}{x\sin x}=\lim\limits_{x\to0}\dfrac{1-\cos x}{\sin x+x\cos x}$

$$=\lim_{x\to0}\frac{\sin x}{2\cos x-x\sin x}=\frac{0}{2-0}=0.$$

(2) $\lim\limits_{x\to1^-}\ln x\ln(1-x)=\lim\limits_{x\to1^-}\dfrac{\ln(1-x)}{(\ln x)^{-1}}=\lim\limits_{x\to1^-}\dfrac{\dfrac{-1}{1-x}}{(-1)\cdot\dfrac{1}{x}\cdot(\ln x)^{-2}}$

$$=\lim_{x\to1^-}\frac{x\cdot\ln^2x}{1-x}=\lim_{x\to1^-}\frac{\ln^2x+2\ln x}{-1}=\frac{0}{-1}=0.$$

(3) 令 $y=x^x$，则 $\ln y=x\ln x$，所以

$$\lim_{x\to0^+}\ln y=\lim_{x\to0^+}x\ln x=\lim_{x\to0^+}\frac{\ln x}{\dfrac{1}{x}}=\lim_{x\to0^+}\frac{\dfrac{1}{x}}{-\dfrac{1}{x^2}}=\lim_{x\to0^+}(-x)=0,$$

因此

$$\lim_{x\to0^+}x^x=\lim_{x\to0^+}y=\lim_{x\to0^+}e^{\ln y}=e^0=1.$$

例 5 求极限：$\lim\limits_{x\to0}\left(\dfrac{a^x+b^x}{2}\right)^{\frac{1}{x}}$ $(a>0,\ b>0)$.

解 令 $y=\left(\frac{a^x+b^x}{2}\right)^{\frac{1}{x}}$，则 $\ln y=\frac{1}{x}\ln\left(\frac{a^x+b^x}{2}\right)$，于是

$$\lim_{x\to 0}\ln y=\lim_{x\to 0}\left(\frac{1}{x}\ln\left(\frac{a^x+b^x}{2}\right)\right)=\lim_{x\to 0}\frac{\frac{2}{a^x+b^x}\cdot\frac{1}{2}\cdot(a^x\ln a+b^x\ln b)}{1}$$
$$=\frac{1}{2}(\ln a+\ln b)=\ln\sqrt{ab},$$

即

$$\lim_{x\to 0}\left(\frac{a^x+b^x}{2}\right)^{\frac{1}{x}}=\lim_{x\to 0}y=\lim_{x\to 0}\mathrm{e}^{\ln y}=\mathrm{e}^{\lim_{x\to 0}\ln y}=\mathrm{e}^{\ln\sqrt{ab}}=\sqrt{ab}.$$

3.3 函数性态的研究

本节将利用导数来研究函数的单调性、极值、函数图像的凹凸性和拐点，然后讨论函数曲线的渐近线，并作出给定函数的图像.

一、函数的单调性

第一章已经讨论过函数在某一区间内的单调性，但是没有研究如何判别函数的单调性. 下面就利用导数来解决这个问题.

从函数图像认识函数 $f(x)$ 的单调性就是：单调增加（减少）是一条曲线沿 x 轴正向上升（下降）. 当闭区间 $[a, b]$ 上的连续函数 $y=f(x)$ 单调增加（减少）时，曲线 $f(x)$ 上每一点 x 处的切线斜率都大于（小于）零，即 $k=\tan\alpha=f'(x)>0$ (<0)，其中 α 是曲线在点 x 处的切线倾角. 这就说明，函数的单调性可以由函数导数的符号决定.

定理 3.5 **（单调性判别法）** 对于 $\forall x\in(a, b)$，若 $f'(x)>0$，则函数 $f(x)$ 在 (a, b) 内单调增加，记为 $f(x)\uparrow$；若 $f'(x)<0$，则函数 $f(x)$ 在 (a, b) 内单调减少，记为 $f(x)\downarrow$. 反之，若 $f(x)$ 在 (a, b) 内单调增加且 $f'(x)\neq 0$，则 $f'(x)>0$；若 $f(x)$ 在 (a, b) 内单调减少且 $f'(x)\neq 0$，则 $f'(x)<0$.

证明 这里只证明单调增加的情况，单调减少的情况留给读者自己完成.

对 $\forall x_1, x_2\in(a, b)$，假定 $x_1<x_2$，则在 $[x_1, x_2]$ 上应用拉格朗日中值定理，有

$$f(x_2)-f(x_1)=f'(\xi)(x_2-x_1)(x_1<\xi<x_2).$$

由于 $f'(x)>0$，所以 $f'(\xi)>0$；又 $x_2-x_1>0$，因此 $f(x_2)-f(x_1)>0$，即 $f(x_2)>f(x_1)$. 这说明，在 (a, b) 内，当自变量的值较大时，对应的函数值也较大，故 $f(x)$ 单调增加.

反之，若 $f(x)\uparrow$，对 $\forall x\in(a, b)$，$x+\Delta x\in(a, b)$，若 $\Delta x>0$，则 $f(x+\Delta x)-f(x)>0$. 若 $\Delta x<0$，则 $f(x+\Delta x)-f(x)<0$，因此，恒有 $\frac{f(x+\Delta x)-f(x)}{\Delta x}>0$，于是

$$f'(x)=\lim_{\Delta x\to 0}\frac{\Delta f(x)}{\Delta x}=\lim_{\Delta x\to 0}\frac{f(x+\Delta x)-f(x)}{\Delta x}\geqslant 0.$$

又 $f'(x)\neq 0$，所以 $f'(x)>0$.

需要说明的是，若将判别法中的区间换成其他各种类型的区间，结论仍然成立.

例 6 讨论函数 $y=e^x-x-1$ 的单调性.

解 函数的定义域为 $(-\infty, +\infty)$，且 $y'=e^x-1$. 当 $x<0$ 时，$y'<0$，故 y 在 $(-\infty, 0)$ 内单调减少；而当 $x>0$ 时，$y'>0$，所以 y 在 $(0, +\infty)$ 内单调增加；显然 $x=0$ 时，$f'(0)=0$.

例 7 讨论函数 $y=|x|$ 的单调性.

解 函数的定义域为 $(-\infty, +\infty)$，且 $y=\begin{cases}x, & x\geqslant 0\\ -x, & x<0\end{cases}$，所以 $y'=\begin{cases}1, & x\geqslant 0\\ -1, & x<0\end{cases}$；于是，当 $x\in(-\infty, 0)$ 时，$y'<0$，则函数在 $(-\infty, 0)$ 内单调减少；当 $x\in(0, +\infty)$ 时，$y'>0$，则函数在 $(0, +\infty)$ 内单调增加. 但是函数 $y=|x|$ 在点 $x=0$ 处不可导，如图 3-3 所示.

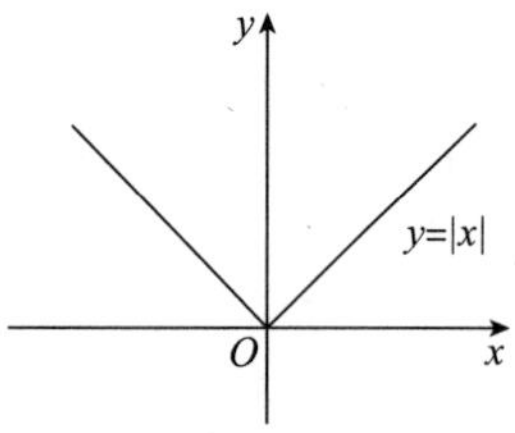

图 3-3

因此，通过求解函数的一阶导数等于 0（或不存在）的点，将函数的定义域划分成若干个部分区间，然后判定函数的一阶导数在这些部分区间上的符号，继而确定函数在这些区间上的单调性.

例 8 试确定函数 $y=2x+\frac{8}{x}$ 的单调区间.

解 函数的定义域为 $(-\infty, 0)\cup(0, +\infty)$，且

$$y'=2-\frac{8}{x^2}=\frac{2}{x^2}(x^2-4)=\frac{2}{x^2}(x+2)(x-2).$$

令 $y'=0$，则 $x=\pm 2$. 于是点 $x=-2, 0, 2$ 将函数定义域分成了四个区间：

$$(-\infty, -2), (-2, 0), (0, 2), (2, +\infty).$$

为了简洁，现将函数在这四个区间上的单调性列于下表.

x	$(-\infty, -2)$	$(-2, 0)$	$(0, 2)$	$(2, +\infty)$
y'	+	−	−	+
y 的性态	$y\uparrow$	$y\downarrow$	$y\downarrow$	$y\uparrow$

例 9 试证明：当 $x>1$ 时，恒有

$$\frac{\ln(1+x)}{\ln x}>\frac{x}{1+x}.$$

解 令 $f(x)=x\ln x$，则 $f'(x)=\ln x+1$. 当 $x\geqslant 1$ 时 $f'(x)\geqslant 1>0$，故 $f(x)\uparrow$，

于是

$$f(1+x)>f(x),$$

即

$$(1+x)\ln(1+x)>x\ln x,$$

整理得

$$\frac{\ln(1+x)}{\ln x}>\frac{x}{1+x}.$$

二、函数的极值和最值

1. 函数的极值

函数的极值就是函数在变化过程中其图像表现出来的低谷或者高峰.

定义 3.1 设函数 $y=f(x)$ 在 (a, b) 内有定义，点 $x_0\in(a, b)$. 如果存在点 x_0 的某邻域 $U(x_0, \delta)$，对于 $U(x_0, \delta)$ 内任何不同于 x_0 的点 x，若恒有 $f(x_0)>f(x)$ 成立，则称 $f(x_0)$ 是 $f(x)$ 的**极大值**，点 $(x_0, f(x_0))$ 称为 $f(x)$ 的**极大值点**；若恒有 $f(x_0)<f(x)$ 成立，则称 $f(x_0)$ 为 $f(x)$ 的**极小值**，点 $(x_0, f(x_0))$ 称为 $f(x)$ 的**极小值点**.

函数的极大值与极小值统称为函数的**极值**；使函数取得极值的点称为**极值点**.

注 (1) 函数的极值是一个局部概念. 当 $f(x_0)$ 是 $f(x)$ 的一个极大值时，只是对 x_0 的一个局部范围来说，$f(x_0)$ 是 $f(x)$ 的一个最大值，但是对函数的整个定义域来说，$f(x_0)$ 就不一定是最大值了. 关于极小值也有类似结论.

(2) 极小值可能比极大值大. 如图 3－4 所示，函数 $f(x)$ 在点x_1，x_3，x_5 处取得极大值，在点 x_2，x_4 处取得极小值，且 $f(x_1)<f(x_4)$，但 $f(x_1)$ 是极大值，而 $f(x_4)$ 是极小值.

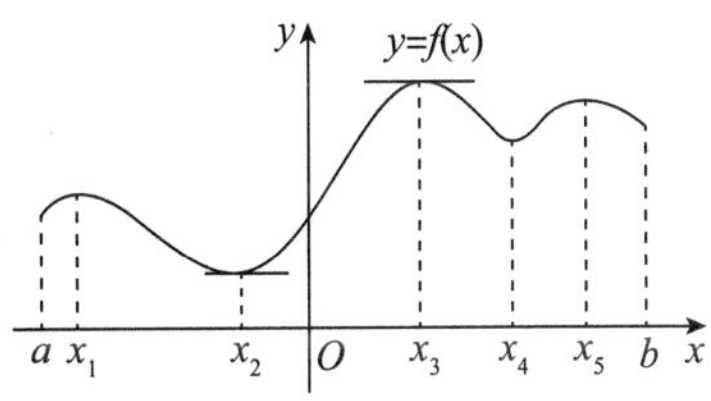

图 3－4

从图 3－4 还能看出，在函数取得极值之处，曲线具有水平切线. 换句话说：**可导函数在取得极值的点处的导数值为零.**

定理 3.6 设函数 $f(x)$ 在点 x_0 处取得极值，且在点 x_0 处可导，则 $f'(x_0)=0$.

证明 不妨设 $f(x_0)$ 是极大值. 根据极大值的定义，在点 x_0 的某邻域内，对异于点 x_0 的点 x，均有 $f(x_0)>f(x)$，因此 $f(x)-f(x_0)<0$. 当 $x<x_0$ 时，有 $\frac{\Delta y}{\Delta x}=\frac{f(x)-f(x_0)}{x-x_0}>0$，又 $f(x)$ 在点 x_0 处可导，故 $f'(x_0)=\lim\limits_{\Delta x\to 0^-}\frac{\Delta y}{\Delta x}\geqslant 0$；当 $x>x_0$ 时，有 $\frac{f(x)-f(x_0)}{x-x_0}<0$，于是 $f'(x_0)=\lim\limits_{\Delta x\to 0^+}\frac{\Delta y}{\Delta x}\leqslant 0$. 综上所述可得 $f'(x_0)=0$.

定义 3.2 使函数导数为零的点，即方程 $f'(x)=0$ 的实根，称为 $f(x)$ 的**驻点**. 定理 3.6 的结论可以换成另一种说法：**可导函数的极值点必定是驻点.**

但是反过来，函数的驻点并不一定是极值点，最多只是**可能的极值点.**

例如，函数 $y=x^3$ 在点 $x=0$ 处的导数是零，但是从图 3-5 可以清楚地看到，$x=0$ 不是函数 $y=x^3$ 的极值点，并且导数在点 $x=0$ 处的两侧符号相同.

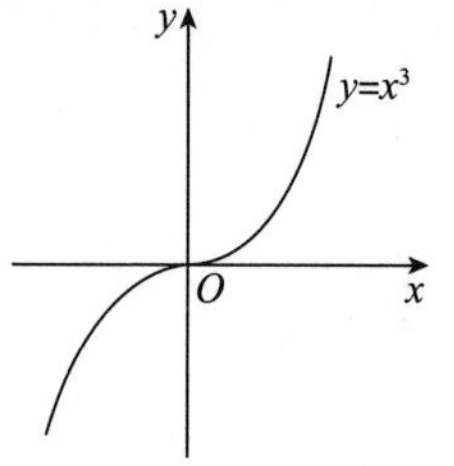

图 3-5

定理 3.7 设函数 $f(x)$ 在点 x_0 的某邻域内可导，且 $f'(x_0)=0$. 则下列结论恒成立：

(1) 当 x 从小到大经过 x_0 时，$f'(x)$ 由负变正，则 $f(x)$ 在点 x_0 处取得极小值；

(2) 当 x 从小到大经过 x_0 时，$f'(x)$ 由正变负，则 $f(x)$ 在点 x_0 处取得极大值；

(3) 当 x 在 x_0 左右两侧变化时，$f'(x)$ 恒正或恒负，则 $f(x)$ 在点 x_0 处没有极值.

定理 3.7 的各种情形如图 3-6 所示.

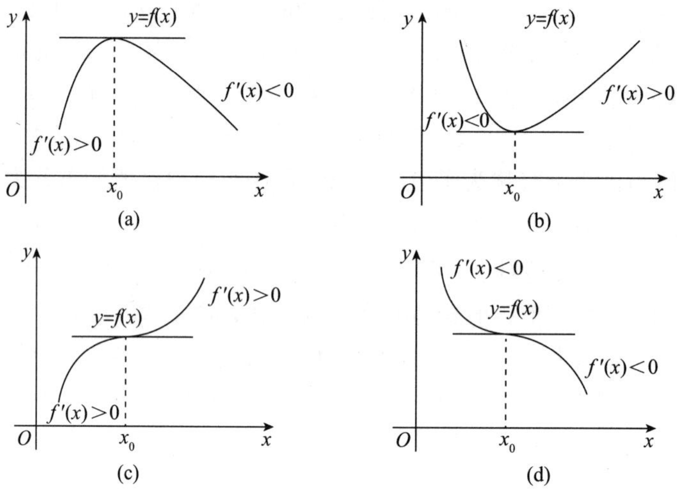

图 3-6

证明 (1) 在点 x_0 邻近，当 $x>x_0$ 时，$f'(x)>0$，则 $f(x)$ 单调增加，这时 $f(x)>f(x_0)$；当 $x<x_0$ 时，$f'(x)<0$，则 $f(x)$ 单调减少，这时 $f(x)>f(x_0)$. 综合上述两种情况：对于点 x_0 附近且异于 x_0 的 x，恒有 $f(x)>f(x_0)$，因此，$x=x_0$ 为 $f(x)$ 的极小值点.

(2) 和 (3) 可仿此证明.

有时确定函数一阶导数的符号变化比较困难，这时可以用二阶导数的符号作出判别.

定理 3.8 设函数 $f(x)$ 在点 x_0 处有一、二阶导数，并且 $f'(x_0)=0$，则

(1) 当 $f''(x_0)<0$ 时，函数 $f(x)$ 在点 x_0 处取得极大值；

(2) 当 $f''(x_0)>0$ 时，函数 $f(x)$ 在点 x_0 处取得极小值；

(3) 当 $f''(x_0)=0$ 时，不能确定函数 $f(x)$ 在点 x_0 处是否取得极值.

只对情形（1）给出证明，情形（2）的证明完全类似，由读者来完成.

证明 由于 $f''(x_0)<0$，因此

$$f''(x_0)=\lim_{x\to x_0}\frac{f'(x)-f'(x_0)}{x-x_0}<0.$$

根据函数极限的性质，存在 x_0 的一个充分小的邻域，当 $x\neq x_0$ 时，恒有

$$\frac{f'(x)-f'(x_0)}{x-x_0}<0.$$

因为 $f'(x_0)=0$，所以 $\frac{f'(x)}{x-x_0}<0$. 于是，对于该邻域内不同于 x_0 的 x 来说，$f'(x)$ 与 $x-x_0$ 符号相反，即当 $x-x_0<0$（$x<x_0$）时，$f'(x)>0$（$f(x)\uparrow$），即 $f(x)<f(x_0)$；当 $x-x_0>0$（$x>x_0$）时，$f'(x)<0$（$f(x)\downarrow$），即 $f(x_0)>f(x)$. 根据极大值的定义，$f(x)$ 在点 x_0 处取得极大值.

例 10 试求函数 $f(x)=x^3-6x^2+9x+5$ 的极值.

解 求导数，有

$$f'(x)=3x^2-12x+9=3(x-1)(x-3)=0,\quad f''(x)=6(x-2).$$

令 $f'(x)=0$，得驻点 $x=1$，3；根据定理 3.8，由于 $f''(1)=-6<0$，故 $f(1)=9$ 是极大值；又 $f''(3)=6>0$，所以 $f(3)=5$ 为极小值.

注 （1）上述对函数极值的讨论都假定函数在极值点处可导. 事实上，在不可导的个别点 x_0 处函数也可能取得极值. 只要函数在不可导点处是连续的，就仍然可用定理 3.7 进行讨论. 例如，$f(x)=|x|$ 在点 $x=0$ 处不可导，但是根据定理 3.7，函数在此点取得极小值.

（2）对于二阶可导函数 $f(x)$，根据它在驻点 x_0 处的二阶导数 $f''(x_0)$ 的符号，可判定函数值 $f(x_0)$ 是何种极值. 若 $f'(x_0)=f''(x_0)=0$，则定理 3.8 失效. 请看图 3-7 的三个图例，这三个函数在原点处的一阶、二阶导数均为零，但它们分别有极小值、有极大值、无极值.

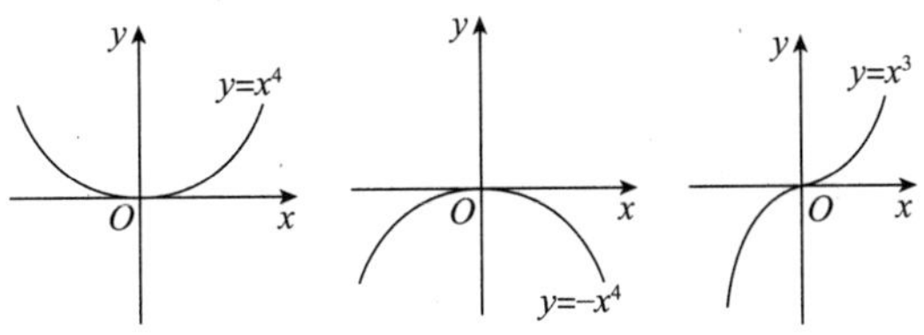

图 3-7

（3）结论：求函数在某区间上的极值时，先找出函数在该区间上的可能极值点（使函数一阶导数为零或导数不存在的点），再运用极值的判定定理 3.7 或定理 3.8，对这些可能的极值点进行判定，以确定其是否确实是极值点.

2. 函数的最值

前面详细介绍了函数的极值，但是在实际中需要解决的往往不是极值问题，而是函数

的最大（小）值问题. 第一章讨论了闭区间 $[a, b]$ 上的连续函数必然存在最大（小）值，它们可能是区间内的极大（小）值，也可能是区间端点的函数值. 函数的最值是在整个给定闭区间上讨论的，而函数的极值只是在某一点的邻域内讨论的. 因此，当求解函数的最大（小）值时，首先计算出函数的极大（小）值以及区间端点处的函数值，然后比较它们就能得到函数的最大（小）值. 甚至于简化为求函数的驻点、导数不存在的点以及区间端点处的函数值，然后比较它们的大小即可获得函数的最大（小）值.

例 11 求函数 $f(x)=x^5-5x^4+5x^3+1$ 在区间 $[-1, 2]$ 上的最大值、最小值.

解 求导数，有

$$f'(x)=5x^4-20x^3+15x^2=5x^2(x-1)(x-3),$$

令 $f'(x)=0$，得 $x=0, 1, 3$. 在 $[-1, 2]$ 上 $f(x)$ 的驻点只有 $x=0, 1$. 又因为 $f(0)=1$，$f(1)=2$，$f(-1)=-10$，$f(2)=-7$. 故 $f(x)$ 在 $[-1, 2]$ 上的最大值是 $f(1)=2$，最小值为 $f(-1)=-10$.

例 12 在单位球内，求其最大内接圆锥体的高 h 和该圆锥体的体积 V.

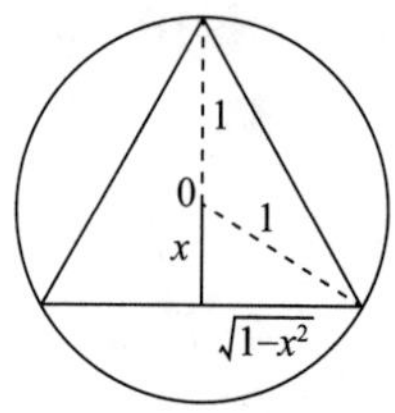

图 3-8

解 假设球心到圆锥底面的垂线长为 x $(0<x<1)$，那么圆锥的高为 $1+x$，圆锥底面半径为 $\sqrt{1-x^2}$（如图 3-8 所示）. 于是，圆锥体的体积为

$$V(x)=\frac{1}{3}\pi\left(\sqrt{1-x^2}\right)^2(1+x)=\frac{\pi}{3}(1-x^2)(1+x).$$

由 $V'(x)=\frac{\pi}{3}(1+x)(1-3x)=0$，得 $x_0=\frac{1}{3}$，$x=-1$（不符合实际，舍去）. 当 $0<x<\frac{1}{3}$ 时，$V'(x)>0$，$V(x)\uparrow$；当 $\frac{1}{3}<x<1$ 时，$V'(x)<0$，$V(x)\downarrow$. 故在 $x_0=\frac{1}{3}$ 处 $V(x)$ 取得最大值

$$V\left(\frac{1}{3}\right)=\frac{\pi}{3}\left(1-\left(\frac{1}{3}\right)^2\right)\left(1+\frac{1}{3}\right)=\frac{32}{81}\pi.$$

这时圆锥的高为

$$h=1+\frac{1}{3}=\frac{4}{3}.$$

三、曲线的凹凸与拐点

知道了函数的单调性和极值，仍然不能准确确定函数曲线的形状. 虽然图 3-9 所示的两条曲线弧都是单调上升，但是其形状明显不同. 若只知道曲线的单调性，而不清楚其弯曲方向，画出的图形就会有很大偏差. 在几何上曲线的弯曲方向是用曲线的凹凸性描述的. 为了准确描绘函数图像的主要特征，下面研究曲线的弯曲方向以及曲线弯曲方向发生改变的点.

1. 曲线的凹凸

曲线的凹凸特性可以由图 3－10 所示的几何图形所反映出的事实给出.

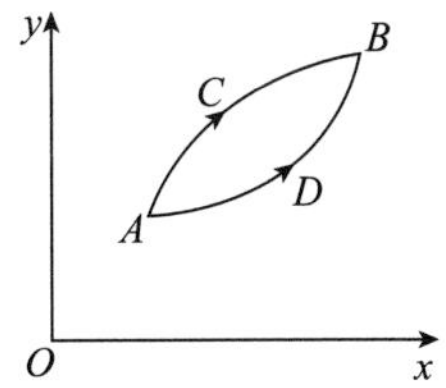

图 3－9

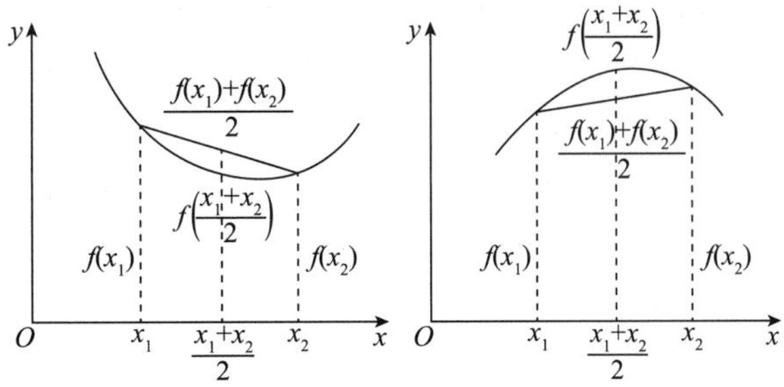

图 3－10

定义 3.3 设函数 $f(x)$ 在 $(a,\ b)$ 内连续，x_1，x_2 是 $(a,\ b)$ 内的任意两点，如果

$$f\left(\frac{x_1+x_2}{2}\right)<\frac{f(x_1)+f(x_2)}{2} \quad 或 \quad f\left(\frac{x_1+x_2}{2}\right)>\frac{f(x_1)+f(x_2)}{2},$$

则称 $f(x)$ 在 $(a,\ b)$ 内是**凹的**（**凹弧或凹函数**）或**凸的**（**凸弧或凸函数**）.

函数 $f(x)$ 的一阶导数的符号可以判断函数的单调性，其二阶导数的符号又能确定函数的何种属性呢？先来研究二次函数 $y=ax^2$，虽然它很简单，但是它能给我们以启迪.

抛物线 $y=ax^2$ 的二阶导数为 $y''=2a$. 当 $a>0$，即 $y''>0$ 时，抛物线是开口向上的**凹弧**；当 $a<0$，即 $y''<0$ 时，抛物线是开口向下的**凸弧**. 受此启发，我们得到定理 3.9.

定理 3.9 设函数 $f(x)$ 在 $[a,\ b]$ 上连续，在 $(a,\ b)$ 内具有一阶和二阶导数，那么

(1) 在 $(a,\ b)$ 内，若 $f''(x)>0$，则函数 $f(x)$ 在 $(a,\ b)$ 内的图形是凹的；

(2) 在 $(a,\ b)$ 内，若 $f''(x)<0$，则函数 $f(x)$ 在 $(a,\ b)$ 内的图形是凸的.

证明 仅证 (2)，$\forall x_1,\ x_2\in(a,\ b)$，且 $x_1<x_2$，记 $x_0=\dfrac{x_1+x_2}{2}$，$x_2-x_0=x_0-x_1=h>0$，则 $x_2=x_0+h$，$x_1=x_0-h$；在 $[x_0,\ x_2]$ 和 $[x_1,\ x_0]$ 上，由拉格朗日中值定理，有

$$f(x_0+h)-f(x_0)=f'(\xi_1)h,\ f(x_0)-f(x_0-h)=f'(\xi_2)h,$$

其中 $\xi_1\in(x_0,\ x_2)$，$\xi_2\in(x_1,\ x_0)$，且 $\xi_2<\xi_1$. 上述两式相减，有

$$f(x_0+h)-2f(x_0)+f(x_0-h)=[f'(\xi_1)-f'(\xi_2)]h.$$

又因为 $f'(x)$ 在 $[\xi_2,\ \xi_1]$ 上可导，在 $[\xi_2,\ \xi_1]$ 上再次使用拉格朗日中值公式，得

$$f'(\xi_1)-f'(\xi_2)=f''(\xi)(\xi_1-\xi_2)\ (\xi_2<\xi<\xi_1).$$

依照定理 3.9 的条件 (2)：$f''(\xi)<0$，则 $f'(\xi_1)-f'(\xi_2)=f''(\xi)(\xi_1-\xi_2)<0$，因此

$$f(x_0+h)-2f(x_0)+f(x_0-h)<0\Rightarrow f(x_0+h)+f(x_0-h)<2f(x_0).$$

于是

$$\frac{f(x_0+h)+f(x_0-h)}{2}<f(x_0).$$

代入 $x_2=x_0+h$，$x_1=x_0-h$，有

$$\frac{f(x_1)+f(x_2)}{2}<f\left(\frac{x_1+x_2}{2}\right),$$

所以函数 $f(x)$ 在 (a,b) 内是凸的.

2. 曲线的拐点

我们业已知道，函数的一阶导数 $f'(x)$ 为零或不存在的点 x_0 是 $f(x)$ 单调区间的分界点，且 $f(x)$ 在点 x_0 左右两侧的导数符号往往相反，即单调性也相反，此时 $f(x)$ 在点 x_0 处取得极值. 现在猜想：函数的二阶导数 $f''(x)$ 为零或不存在的点 x_0 所对应的曲线上的点 $(x_0,f(x_0))$ 是否为曲线弧 $f(x)$ 的凹弧与凸弧的分界点？

定义 3.4 连续曲线 $y=f(x)$ 上的凹弧与凸弧的分界点称为 $y=f(x)$ 的**拐点**.

按照上述定义，不难给出判定曲线拐点的方法：

(1) 假设 $f(x)$ 在区间 I 上连续，二阶可导；求出 $f''(x)$ 在 I 上为零或者不存在的点.

(2) 讨论这些点如何将 I 划分成若干个部分区间.

(3) 考察 $f''(x)$ 在每个部分区间上的符号，确定曲线 $f(x)$ 的凹凸性.

(4) 若在两个相邻的部分区间上，$f''(x)$ 的符号相反，即曲线的凹凸性相反，则这个分界点就是拐点；若在两个相邻的部分区间上，曲线的凹凸性相同，则此分界点就不是拐点.

例 13 讨论曲线 $y=3x^4-4x^3+1$ 的凹凸区间与拐点.

解 函数的定义域是 $(-\infty,+\infty)$，因为 $y'=12x^3-12x^2$，$y''=36x\left(x-\frac{2}{3}\right)$，令 $y''=0$，得 $x=0$，$\frac{2}{3}$. 它们将 $(-\infty,+\infty)$ 一分为三，即 $(-\infty,0)$，$\left(0,\frac{2}{3}\right)$，$\left(\frac{2}{3},+\infty\right)$. 在 $(-\infty,0)$ 和 $\left(\frac{2}{3},+\infty\right)$ 内，$y''>0$，则 $(-\infty,0)$ 和 $\left(\frac{2}{3},+\infty\right)$ 都是曲线的凹区间；在 $\left(0,\frac{2}{3}\right)$ 内，$y''<0$，则 $\left(0,\frac{2}{3}\right)$ 是曲线的凸区间. 在点 $x=0$（这时 $y=1$）的两侧，y'' 符号相反，故点 $(0,1)$ 是已知曲线的一个拐点；同理，$x=\frac{2}{3}$ $\left(这时\ y=\frac{11}{27}\right)$，即点 $\left(\frac{2}{3},\frac{11}{27}\right)$ 是曲线的另一个拐点.

四、函数图像的描绘

1. 曲线的渐近线

前面详细讨论了函数的单调区间和极值、凹凸区间和拐点，若再给出曲线的渐近线就可以准确地作出函数的图像了.

中学数学已经学过水平渐近线（或垂直渐近线），现在用极限概念重新描述它们.

定义 3.5 如果 $\lim\limits_{x\to\infty}f(x)=c$ 或 $\lim\limits_{x\to-\infty}f(x)=c$ 或 $\lim\limits_{x\to+\infty}f(x)=c$，则称直线 $y=c$ 是曲线 $y=f(x)$ 的**水平渐近线**. 如果 $\lim\limits_{x\to x_0}f(x)=\infty$ 或 $\lim\limits_{x\to x_0^+}f(x)=\infty$ 或 $\lim\limits_{x\to x_0^-}f(x)=\infty$，则称直线 $x=x_0$ 是曲线 $y=f(x)$ 的**垂直渐近线**.

例如 $y=\dfrac{1}{x}$，根据上面叙述 $y=0$ 是 $y=\dfrac{1}{x}$ 的水平渐近线；$x=0$ 是 $y=\dfrac{1}{x}$ 的垂直渐近线.

下面再讨论曲线 $y=f(x)$ 的斜渐近线.

如果当 $x\to\infty$（或 $x\to+\infty$ 或 $x\to-\infty$）时，曲线 $y=f(x)$ 上的点到直线 $y=ax+b$ 的距离趋于零，则称直线 $y=ax+b$ 是曲线 $y=f(x)$ 的**斜渐近线**，如图 3-11 所示.

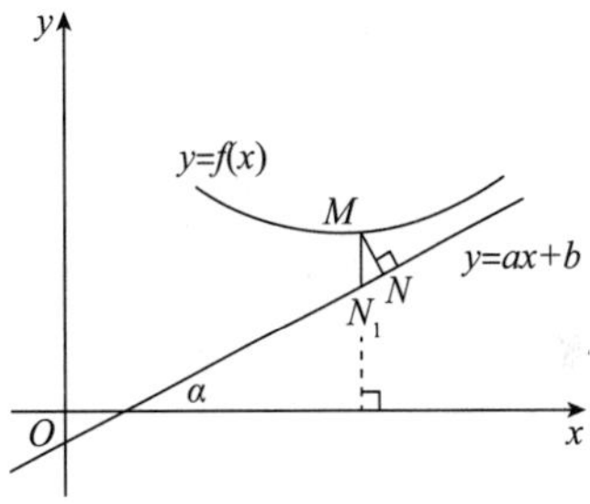

图 3-11

如果 $y=f(x)$ 有斜渐近线 $y=ax+b$，如何求出它呢？事实上，只要能确定系数 a，b 就可以了. 设 $y=ax+b$ 与 x 轴正向的交角是 α，$MN_1\perp x$ 轴，$|MN|$ 是曲线上的点 M 到 $y=ax+b$ 的距离，则 $|MN_1|\cos\alpha=|MN|$. 由于 $\lim\limits_{x\to\infty}|MN|=0$，$|MN_1|=f(x)-(ax+b)$，故

$$\lim_{x\to\infty}|MN|=0\Leftrightarrow\lim_{x\to\infty}|MN_1|=\lim_{x\to\infty}[f(x)-ax-b]=0.$$

根据极限的性质，有

$$\lim_{x\to\infty}[f(x)-ax]=b.$$

因此，若 $\lim\limits_{x\to\infty}[f(x)-ax]$ 存在，则其极限就是系数 b；显然，$\lim\limits_{x\to\infty}\dfrac{f(x)-ax}{x}=0$，于是

$$\lim_{x\to\infty}\frac{f(x)}{x}=a.$$

如果上述求解得不到 a 或 b，即 a 或 b 不存在，则说明 $y=f(x)$ 没有斜渐近线.

例 14 试求曲线 $f(x)=\dfrac{(x-3)^2}{4(x-1)}$ 的渐近线，如图 3-12 所示.

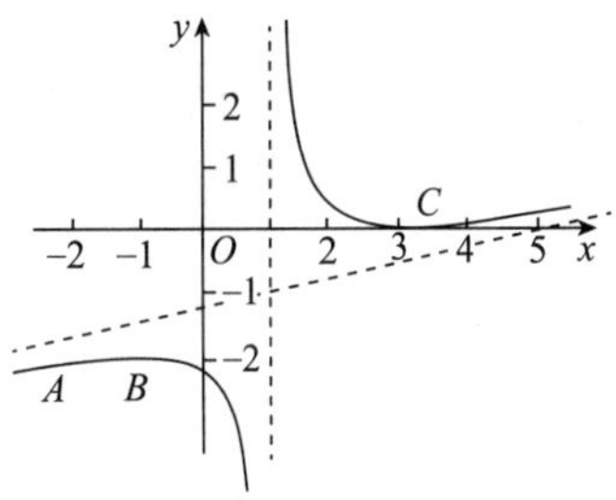

图 3-12

解 函数的定义域为 $(-\infty,1)\cup(1,+\infty)$. 由于 $\lim\limits_{x\to1}\dfrac{(x-3)^2}{4(x-1)}=\infty$，所以 $x=1$ 是曲线的一条垂直渐近线. 又因为

$$a=\lim_{x\to\infty}\frac{f(x)}{x}=\lim_{x\to\infty}\frac{(x-3)^2}{4x(x-1)}=\frac{1}{4},$$

$$b=\lim_{x\to\infty}(f(x)-ax)=\lim_{x\to\infty}\left(\frac{(x-3)^2}{4(x-1)}-\frac{x}{4}\right)=-\frac{5}{4},$$

所以原曲线的另一条渐近线是

$$y=\frac{1}{4}x-\frac{5}{4}.$$

例 15 试求曲线 $y=x+\arctan x$ 的渐近线.

解 按照 $x\to-\infty$，$x\to+\infty$ 两种情况讨论. 因为

$$a=\lim_{x\to\infty}\frac{y}{x}=\lim_{x\to\infty}\frac{x+\arctan x}{x}=1,$$

$$b_1=\lim_{x\to-\infty}(y-ax)=\lim_{x\to-\infty}(x+\arctan x-x)=-\frac{\pi}{2},$$

$$b_2=\lim_{x\to+\infty}(y-ax)=\lim_{x\to+\infty}(x+\arctan x-x)=\frac{\pi}{2},$$

所以，当 $x\to+\infty$ 或 $x\to-\infty$ 时，曲线的渐近线分别为（如图 3－13 所示）

$$y=x+\frac{\pi}{2}\quad 和\quad y=x-\frac{\pi}{2}.$$

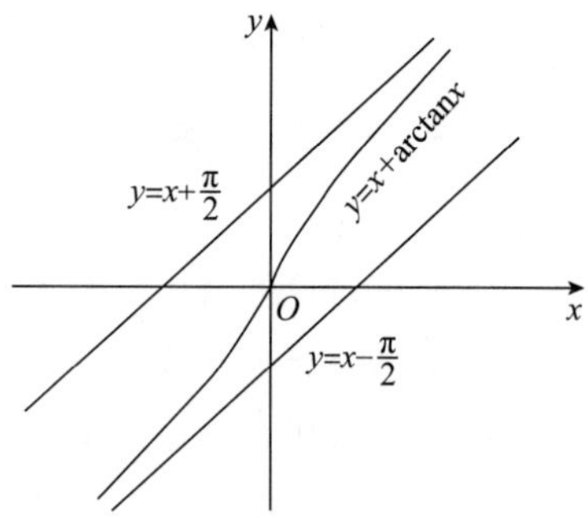

图 3－13

2. 函数图像的描绘

函数的图像能直观反映函数的各种性态. 对于函数 $y=f(x)$，初等数学是用描点法作出其图像，但是如此作出的图像很粗糙，既不能准确反映一些关键点附近的情况，又不能精确反映函数的变化状态. 现在我们利用前面学过的一、二阶导数及其性质，能准确描述函数的各种性态并作出其图像.

描绘函数图像的具体步骤如下：

（1）确定函数 $y=f(x)$ 的定义域；

（2）确定函数 $y=f(x)$ 的对称性、周期性等；

（3）计算一阶和二阶导数，并求出 $f'(x)=0$，$f''(x)=0$ 的根和不可导的点；

（4）确定函数的单调区间、极值、凹凸区间和拐点，并把这些情况列入一个表格中；

（5）如果有渐近线，求出函数的渐近线；

（6）在平面坐标系 xOy 中描绘出上述步骤求出的关键点，必要时可以补充一些适当的点，如曲线和坐标轴的交点，最后根据上述讨论结果，即可作出函数的图像.

例 16 描绘函数 $f(x)=\dfrac{(x-3)^2}{4(x-1)}$ 的图像.

解 （1）函数的定义域为 $(-\infty,1)\cup(1,+\infty)$.

（2）求导数：

$$f'(x)=\frac{(x-3)(x+1)}{4(x-1)^2},\quad f''(x)=\frac{2}{(x-1)^3}.$$

令 $f'(x)=0$，得 $x=-1$，$x=3$. 因为 $f''(-1)<0$，故 $f(-1)=-2$ 是极大值；又 $f''(3)>0$，故 $f(3)=0$ 是极小值.

(3) 由例 14，$x=1$ 是垂直渐近线，$y=\frac{1}{4}x-\frac{5}{4}$ 是斜渐近线.

(4) 将上述结果列于下表，再补充几个特殊点 $A\left(-2,\ -\frac{25}{12}\right)$，$B\left(0,\ -\frac{9}{4}\right)$，$C\left(2,\ \frac{1}{4}\right)$.

x	$(-\infty,\ -1)$	-1	$(-1,\ 1)$	1	$(1,\ 3)$	3	$(3,\ +\infty)$
$f'(x)$	+	0	−	无	−	0	+
$f''(x)$	−	−	−	无	+	+	+
$f(x)$	凸 $f(x)\uparrow$	极大值-2	凸 $f(x)\downarrow$		凹 $f(x)\downarrow$	极小值 0	凹 $f(x)\uparrow$

(5) 描绘图像. 如图 3－12 所示.

例 17 作出函数 $y=f(x)=e^{-x^2}$ 的图像.

解 (1) 函数的定义域为 $(-\infty,\ +\infty)$.

(2) 因为 $f(-x)=f(x)$，所以 $f(x)$ 是偶函数，其图像关于 y 轴对称.

(3) 求 $f'(x)=-2xe^{-x^2}$，$f''(x)=(4x^2-2)e^{-x^2}$. 令 $f'(x)=0$，得 $x=0$，又 $f''(0)<0$，所以 $f(0)=1$ 是极大值. 再令 $f''(x)=0$，则 $x=\pm\frac{1}{\sqrt{2}}$；当 x 随着变化经过 $x=\pm\frac{1}{\sqrt{2}}$点时，$f''(x)$ 改变符号，所以$\left(-\frac{1}{\sqrt{2}},\ e^{-\frac{1}{2}}\right)$，$\left(\frac{1}{\sqrt{2}},\ e^{-\frac{1}{2}}\right)$都是拐点.

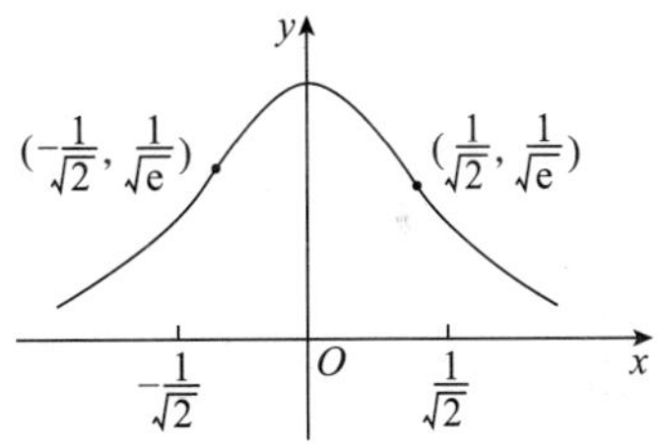

图 3－14

(4) 因为 $\lim\limits_{x\to\infty}e^{-x^2}=0$，所以 $y=0$ 是水平渐近线，无斜渐近线.

(5) 把上述各结果列于下表中，这里只列出 $x\in(0,\ +\infty)$ 的右半部分（函数关于 y 轴对称）. 最后描绘出函数的图像. 该曲线称作概率（高斯）曲线，如图 3－14 所示.

x	0	$\left(0,\ \frac{1}{\sqrt{2}}\right)$	$\frac{1}{\sqrt{2}}$	$\left(\frac{1}{\sqrt{2}},\ +\infty\right)$
$f'(x)$	0	−	−	−
$f''(x)$	−	−	0	+
$y=f(x)$	极大值 1	凸 $f(x)\downarrow$	拐点$\left(\frac{1}{\sqrt{2}},\ \frac{1}{\sqrt{e}}\right)$	凹 $f(x)\downarrow$

例 18 医药学上很多药物都是口服药. 某一病人口服某药后体内的血药浓度 $C(t)$ 随时间 t 的变化关系是 $C(t)=A(e^{-k_e t}-e^{-k_a t})$，其中 A，k_e，k_a（$k_e>0$，$k_a>0$）均为生理参数.

下面分析这条反映体内血药浓度变化规律的 $C-t$ 曲线.

(1) 函数 $C-t$ 曲线的定义域为 $[0,\ +\infty)$.

（2）$C(t)$ 的导数为

$$C'(t)=A(-k_e\mathrm{e}^{-k_et}+k_a\mathrm{e}^{-k_at}),\ C''(t)=A(k_e^2\mathrm{e}^{-k_et}-k_a^2\mathrm{e}^{-k_at}),$$

令 $C'(t)=0$，得

$$T_m=\frac{\ln\frac{k_a}{k_e}}{k_a-k_e};$$

又因为 $C''(t)=0$，故

$$T_0=2\cdot\frac{\ln\frac{k_a}{k_e}}{k_a-k_e}=2T_m.$$

（3）因为 $\lim\limits_{t\to\infty}C(t)=0$，所以 $C=0$ 是曲线的水平渐近线，无斜渐近线.

（4）列出 $C(t)$ 的性态特征如下表所示. 最后描绘 $C(t)$ 的曲线，如图 3-15 所示.

t	$[0,\ T_m)$	T_m	$(T_m,\ T_0)$	T_0	$(T_0,\ +\infty)$
$C'(t)$	$+$	0	$-$	$-$	$-$
$C''(t)$	$-$	$-$	$-$	0	$+$
$C(t)$的性态	凸 $C(t)\uparrow$	最大值 C_m	凸 $C(t)\downarrow$	拐点	凹 $C(t)\downarrow$

从上面的分析可以得到如下结论：

（1）这个病人服药后，体内血药浓度的变化规律是：从 0 到 T_m 这段时间内体内药物浓度不断增高，到达 T_m 时刻以后逐渐减小.

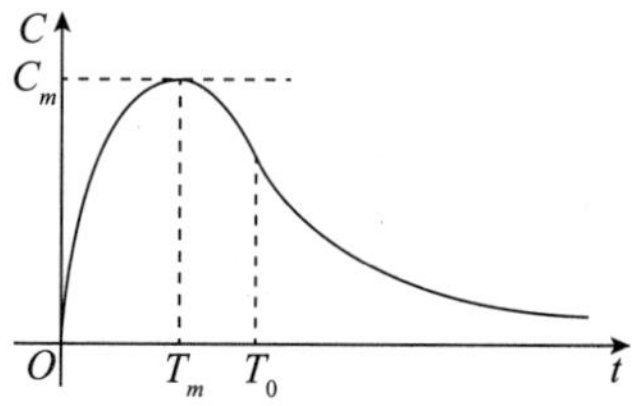

图 3-15

（2）此人服药后在 T_m 时刻体内血药浓度达到最大值 $C_m=C(T_m)$，通常称它为峰浓度，T_m 称为峰时. 若 T_m 小而 C_m 又大，则反映该药物吸收快、吸收好，有速效之优点.

（3）此人服药后至 T_0 这段时间内，曲线是凸的，其后便是凹的. 这说明体内的药物浓度在 T_0 前变化的**速度**在不断减慢，而在 T_0 之后变化的**速度**在不断加快，在 $t=T_0$ 处血药浓度的变化速度达到最小值. 又因为在 T_0 后整个血药浓度在不断减少，所以血药浓度在加速减少，这说明药物在体内的主要特征是药物的消除. 医学上通常把 $t=T_0$ 后这段时间内的体内过程称为药物的**消除相**，$t=T_0$ 是药物消除相的标志和起点.

（4）当 $t\to\infty$ 时，$C(t)\to 0$（说明时间轴是渐近线），表明药物最终从体内全部消除.

课后读物

著名科学家的故事

约瑟夫·路易斯·拉格朗日（Joseph Louis Lagrange，1736—1813），法国数学家、

物理学家.

1736 年 1 月 25 日拉格朗日出生于意大利西北部的都灵. 父亲是法国陆军骑兵的一名军官，后来由于经商破产，家道中落. 据拉格朗日本人回忆，如果幼年家境富裕，他就不会做数学研究了，因为父亲一心想把他培养成一名律师，而他本人对法律却毫无兴趣.

到了青年时期，在数学家雷维里的教导下，拉格朗日喜爱上了几何学. 17 岁时，他读了英国天文学家哈雷介绍牛顿微积分成就的短文《论分析方法的优点》后，感觉到“分析才是自己最热爱的学科”，从此他就迷上了数学分析，开始专攻当时迅速发展起来的数学分析。

18 岁时，拉格朗日用意大利语写了第一篇论文，介绍用牛顿二项式定理处理两个函数乘积的高阶微商. 他又将论文用拉丁语书写并寄给了当时在柏林科学院任职的大数学家欧拉. 不久之后，他获知这一成果早在半个世纪之前就被莱布尼茨证明. 这个并不幸运的开端并未使拉格朗日灰心，相反，更坚定了他投身数学分析领域的信心. 1755 年，拉格朗日 19 岁，在探讨数学难题“等周问题”的过程中，他以欧拉的思路和结果为依据，用纯分析的方法求出变分极值. 第一篇论文《极大和极小的方法研究》发展了欧拉所开创的变分法，为变分法奠定了理论基础. 变分法的创立使拉格朗日在都灵声名大振，并使他在 19 岁就当上了都灵皇家炮兵学校教授，成为当时公认的一流数学家. 1756 年，受欧拉举荐，拉格朗日被任命为普鲁士科学院通讯院士. 1764 年，法国科学院悬赏征文，要求用万有引力解释月球天平动问题，他的研究获奖. 接着，他又成功运用微分方程理论和近似解法研究了科学院提出的一个复杂六体问题（木星的四个卫星运动问题），因此他又一次于 1766 年获奖. 1766 年德国腓特烈大帝向拉格朗日发出邀请时说，“欧洲最大的王”的宫廷中应有“欧洲最大的数学家”. 于是他应邀前往柏林，任普鲁士科学院数学部主任，居住达 20 年之久，开始了他一生科学研究的鼎盛时期. 在此期间，他完成了《分析力学》一书，这是牛顿之后的一部重要经典力学著作. 书中运用变分原理和分析方法，建立了完整和谐的力学体系，使力学得以分析化. 他在序言中宣称：力学已经成为分析的一个分支. 1783 年，拉格朗日的故乡建立了“都灵科学院”，他被任命为名誉院长. 1786 年腓特烈大帝去世以后，拉格朗日接受了法国国王路易十六的邀请，离开柏林，定居巴黎，直至去世. 在这期间他参加了巴黎科学院成立的研究法国度量衡统一问题的委员会，并出任法国米制委员会主任. 1799 年，法国完成统一度量衡工作，制定了被世界公认的长度、面积、体积、质量等单位，拉格朗日为此作出了巨大努力.

1791 年，拉格朗日当选为英国皇家学会会员，又先后在巴黎高等师范学院和巴黎综合工科学校任数学教授. 1795 年法国最高学术机构——法兰西研究院建立，拉格朗日当选为科学院数理委员会主席. 此后，他又重新进行研究工作，编写了一批重要著作——《论任意阶数值方程的解法》《解析函数论》《函数计算讲义》，总结了那个时期特别是他本人的一系列研究工作. 1813 年 4 月 3 日，拿破仑授予他帝国大十字勋章，但此时拉格朗日已卧床不起. 4 月 11 日早晨，拉格朗日与世长辞.

习题三

1. 验证函数 $f(x)=\ln\cos x$ 在区间 $\left[-\frac{\pi}{3}, \frac{\pi}{3}\right]$ 上满足罗尔定理的条件，并求出其中的 ξ.

2. 利用罗尔定理，在不求出函数 $f(x)=x(x^2-1)$ 的导数的情况下，指出方程 $f'(x)=0$ 有几个实根，并指出它们所在的区间.

3. 利用拉格朗日中值定理证明：当 $0<a<b$ 时，不等式 $\frac{b-a}{b}<\ln\frac{b}{a}<\frac{b-a}{a}$ 恒成立.

4. 试指出下列极限式是何种类型的不定型，然后求极限.

(1) $\lim\limits_{x\to a}\frac{x^m-a^m}{x^n-a^n}$；　(2) $\lim\limits_{x\to 0}\frac{e^{x^2}-1}{\cos x-1}$；　(3) $\lim\limits_{x\to 0}\frac{a^x-b^x}{x}$；

(4) $\lim\limits_{y\to 0}\frac{e^y+\sin y-1}{\ln(1+y)}$；　(5) $\lim\limits_{x\to+\infty}\frac{x^n}{e^x}(n\in\mathbf{N})$；　(6) $\lim\limits_{x\to+\infty}\left(\frac{2}{\pi}\arctan x\right)^x$.

5. 试求下列函数的单调区间.

(1) $y=x^3-3x+2$；　(2) $y=(x-1)(x+1)^3$；　(3) $y=x-\ln(1+x)$.

6. 试求下列函数的极值.

(1) $y=2x^3-3x^2$　(2) $y=x+\frac{a^2}{x}(a>0)$；　(3) $y=(x-1)^3(2x+3)^2$；

(4) $y=x-\ln(1+x^2)$；　(5) $y=x^4-8x^2+2$；　(6) $y=2-(x-1)^{\frac{2}{3}}$.

7. 试求下列函数在所给区间上的最大值和最小值.

(1) $y=x^4-2x^2+5$，$x\in[-2, 2]$；　(2) $y=x^5-5x^4+5x^3+1$，$x\in[-1, 2]$；

(3) $y=\sqrt{100-x^2}$，$x\in[-6, 8]$；　(4) $y=3^x$，$x\in[-1, 4]$.

8. 试求下列函数的凹凸区间和拐点.

(1) $y=x^3-5x^2+3x-5$；　(2) $y=xe^{-x}$.

9. 试求曲线 $y=\frac{3x^2-2x+3}{x-1}$ 的渐近线.

10. 试讨论下列函数的单调区间、极值、凹凸区间和拐点，并分别画出它们的图像.

(1) $y=2x^3-3x^2$；　(2) $y=x^4-2x^2-5$；　(3) $y=x+\frac{1}{x}$；　(4) $y=xe^{-x}$.

11. 肌肉或皮下注射以后，血液中药物的浓度 y 与时间 t 的函数关系是

$$y=\frac{A}{a_2-a_1}(e^{-a_1t}-e^{-a_2t})\ (A>0, 0<a_1<a_2).$$

问 t 为何值时，血液中药物的浓度 y 达到最大值？

12. 某地有一个防空洞，其截面是一个矩形上面再加一个半圆形，矩形的一个边和半圆形面的直径重合，已知该防空洞的截面积是 25 m^2. 问当底宽为多少时，才能使截面的

周长最小，即最节省材料？

13. 从一块半径为 R 的圆铁片上挖去一个扇形，然后将其做成漏斗. 问留下来的扇形的中心角 φ 是多大时，做成的漏斗的容积最大？

14. 试证明曲线 $y=\dfrac{x-1}{x^2+1}$ 有三个拐点位于同一条直线上.

*15. 写出函数 $y=\ln x$ 在 $x=2$ 处的 n 阶泰勒公式.

第四章 不定积分

微积分包括微分和积分两个部分，前面几章讨论了微分学的基本内容，从现在开始研究积分学. 积分学包括不定积分和定积分两部分. 本章先由微分学的反问题——求原函数引出不定积分，然后详细讨论不定积分的性质及其计算.

4.1 不定积分的概念与性质

一、原函数和不定积分

1. 原函数

微分学所研究的基本问题是：已知某个函数 $f(x)$，然后求出其导数 $f'(x)$ 或微分 $f'(x)\mathrm{d}x$.

例如，已知质点 m 做变速直线运动，运动方程是 $s=s(t)$，那么其导数 $s'(t)$ 就是质点 m 的运动速度 $v(t)=s'(t)$.

但是，在解决实际问题时，还会遇到与此相反的问题：已知质点 m 以速度 $v=v(t)$ 做变速直线运动，求质点 m 的运动方程 $s=s(t)$，即求路程函数 $s=s(t)$，使 $s'(t)=v(t)$.

另一个实际问题与切线有关. 已知平面上曲线 C 通过点 $P(1,\ 2)$，且 C 上任意一点 $P(x,\ y)$ 处的切线斜率等于 P 点横坐标 x 的两倍，求曲线 C 的方程，即求一个函数 $y=F(x)$，使得 $F'(x)=2x$.

上述两个实际问题具有一个共同特点：已知一个函数 $f(x)$，要求寻找另一个函数 $F(x)$，使得 $F'(x)=f(x)$. 这里，$F(x)$ 就是下面我们要讨论的原函数.

定义 4.1 设 $F(x)$ 与 $f(x)$ 是定义在某区间 I 上的两个函数，如果在区间 I 上，恒有

$$F'(x)=f(x)\ (\text{或 } \mathrm{d}F(x)=f(x)\mathrm{d}x),$$

则称函数 $F(x)$ 是 $f(x)$ 的一个**原函数**.

例如，在 $(-\infty,\ +\infty)$ 上，$(x^2)'=2x$，所以 x^2 是 $2x$ 的一个原函数；同理，函数 $\ln x$ 是 $\frac{1}{x}$ 在 $(0,\ +\infty)$ 上的一个原函数；函数 $\sin x$ 是 $\cos x$ 在 $(-\infty,\ +\infty)$ 上的一个原

函数. 不难验证，$\sin x+16$，$\sin x-5$ 也是 $\cos x$ 在 $(-\infty, +\infty)$ 上的原函数.

读者会问，哪些函数有原函数？如果 $f(x)$ 有原函数，那么原函数一共有多少个呢？

一般地，一个连续函数一定会有原函数. 同时，若 $F(x)$ 是 $f(x)$ 的一个原函数，则 $F'(x)=f(x)$，又因为 $(F(x)+C)'=f(x)$，所以 $F(x)+C$ 也是 $f(x)$ 的原函数. 因此，如果 $f(x)$ 有一个原函数 $F(x)$，则 $f(x)$ 就有无穷多个原函数 $F(x)+C$.

事实上，若 $\Phi(x)$ 是 $f(x)$ 的任意一个原函数，则 $\Phi'(x)=f(x)$；又因为 $F'(x)=f(x)$，所以 $\Phi'(x)=F'(x)$，于是 $\Phi(x)=F(x)+C$. 因此，若 $F(x)$ 是 $f(x)$ 的一个原函数，则 $F(x)+C$ 包含了所有原函数，它们之间只相差一个常数. 这样就引出了不定积分的概念.

2. 不定积分的定义

定义 4.2 在区间 I 上，函数 $f(x)$ 的原函数全体 $F(x)+C$ 称为 $f(x)$ 的**不定积分**，记为 $\int f(x)\mathrm{d}x$，其中 $\int$ 为**积分符号**，是英文单词 Sum 中第一个字母 S 的变形，它表示**积分运算**，$f(x)\mathrm{d}x$ 称为**被积表达式**，$f(x)$ 是**被积函数**，x 是**积分变量**.

根据定义 4.2，如果 $F(x)$ 是 $f(x)$ 的一个原函数，那么 $f(x)$ 的不定积分 $\int f(x)\mathrm{d}x$ 为

$$\int f(x)\mathrm{d}x=F(x)+C,$$

其中 C 是任意常数，又称为积分常数.

求 $f(x)$ 的不定积分时只要求出其任何一个原函数，然后加上任意常数 C 即可.

例如

$$\int \cos x\,\mathrm{d}x=\sin x+C,\ \int x^n\mathrm{d}x=\frac{1}{n+1}x^{n+1}+C,\ \int\frac{1}{1+x^2}\mathrm{d}x=\arctan x+C.$$

求解函数 $f(x)$ 的原函数的方法称为**不定积分法**，简称**积分法**. 因为求原函数与求导数是两种互逆的运算，因此有时积分法也称为微分法的逆运算.

3. 不定积分的几何解释

假设 $f(x)$ 有一个原函数 $F(x)$，$F(x)$ 的图像为平面上的一条曲线，称为 $f(x)$ 的**积分曲线**，如图 4-1 所示. 而不定积分 $\int f(x)\mathrm{d}x=F(x)+C$ 的图像就是 $f(x)$ 的全部积分曲线，又称为函数 $f(x)$ 的**积分曲线簇**. 其中任一条曲线都能由另一条积分曲线沿 y 轴方向上下平移得到，即曲线 $y=F(x)+C$ 可以由 $y=F(x)$ 平移 $|C|$ 单位得到，当 $C>0$ 时向上平移，当 $C<0$ 时向下平移. 而且这群曲线 $y=F(x)+C$ 在点 $x=x_0$ 处的切线斜率都相等，即 $(F(x)+C)'=f(x)$，亦即它们在任一点处的切线都相互平行.

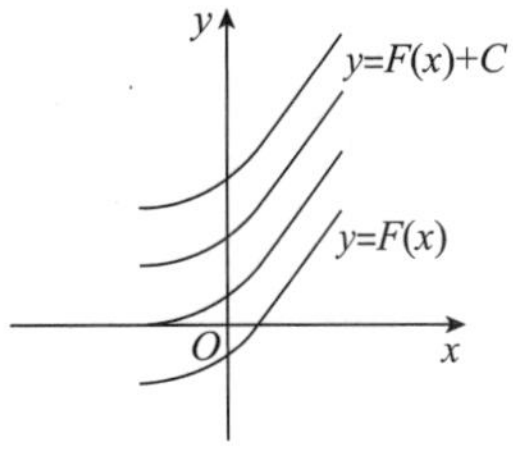

图 4-1

二、不定积分的性质

利用不定积分的定义不难推出不定积分具有下列性质.

性质 1 $\frac{\mathrm{d}}{\mathrm{d}x}\int f(x)\mathrm{d}x=f(x)$ 或 $\mathrm{d}\int f(x)\mathrm{d}x=f(x)\mathrm{d}x$.

性质 1 说明，一个函数积分后再求导数等于这个函数.

性质 2 $\int f'(x)\mathrm{d}x=f(x)+C$ 或 $\int \mathrm{d}f(x)=f(x)+C$.

性质 2 说明，一个函数微分后再积分等于这个函数加上任意常数.

性质 3 如果 $\int f(x)\mathrm{d}x=F(x)+C$，设 u 是 x 的任意一个可导函数，则

$$\int f(u)\mathrm{d}u=F(u)+C.$$

性质 4 $\int[f(x)\pm g(x)]\mathrm{d}x=\int f(x)\mathrm{d}x\pm\int g(x)\mathrm{d}x$.

证明 对上式右边求导，得

$$\left\{\int f(x)\mathrm{d}x\pm\int g(x)\mathrm{d}x\right\}'=\left\{\int f(x)\mathrm{d}x\right\}'\pm\left\{\int g(x)\mathrm{d}x\right\}'=f(x)\pm g(x),$$

它表明 $\int f(x)\mathrm{d}x\pm\int g(x)\mathrm{d}x$ 是 $f(x)\pm g(x)$ 原函数的全体，于是

$$\int[f(x)\pm g(x)]\mathrm{d}x=\int f(x)\mathrm{d}x\pm\int g(x)\mathrm{d}x.$$

性质 4 说明，两个函数代数和的不定积分等于它们不定积分的代数和.

性质 5 $\int kf(x)\mathrm{d}x=k\int f(x)\mathrm{d}x$，其中 k 是一个常数，且 $k\neq0$.

性质 5 说明，不定积分中的常数因子可从积分号内提出来，但该常数不能为零.

三、基本积分公式

因为求不定积分可以看作求导数的逆运算，因此把过去求微分的基本公式倒过来，即得不定积分的基本公式.

(1) $\int k\mathrm{d}x=kx+C$ (k 是常数)；

(2) $\int \mathrm{e}^x\mathrm{d}x=\mathrm{e}^x+C$；

(3) $\int x^{\lambda}\mathrm{d}x=\frac{1}{\lambda+1}x^{\lambda+1}+C$ ($\lambda\neq-1$)；

(4) $\int a^x\mathrm{d}x=\frac{a^x}{\ln a}+C$；

(5) $\int \cos x\mathrm{d}x=\sin x+C$；

(6) $\int \sin x\mathrm{d}x=-\cos x+C$；

(7) $\int \frac{1}{x}\mathrm{d}x=\ln|x|+C$；

(8) $\int \frac{1}{\cos^2 x}\mathrm{d}x=\tan x+C$；

(9) $\int \frac{1}{\sin^2 x}\mathrm{d}x=-\cot x+C$；

(10) $\int \frac{\mathrm{d}x}{\sqrt{1-x^2}}=\arcsin x+C$；

(11) $\int \frac{1}{1+x^2}dx = \arctan x + C$；　　(12) $\int \frac{\tan x}{\cos x}dx = \frac{1}{\cos x} + C$.

4.2 不定积分的计算

一、直接积分法

直接积分法就是直接利用基本积分公式和不定积分的性质求出不定积分.

例 1 试求下列不定积分：

(1) $\int \frac{(x-1)^3}{x^2}dx$；　(2) $\int \frac{x^4}{1+x^2}dx$；　(3) $\int \frac{1+2x^2}{x^2(1+x^2)}dx$；

(4) $\int \frac{1}{\sin^2 x\cos^2 x}dx$；　(5) $\int \sin^2\frac{t}{2}dt$.

解 (1) $\int \frac{(x-1)^3}{x^2}dx = \int \frac{x^3-3x^2+3x-1}{x^2}dx = \int\left(x-3+\frac{3}{x}-\frac{1}{x^2}\right)dx$

$$= \int x\,dx - 3\int dx + 3\int \frac{1}{x}dx - \int \frac{1}{x^2}dx$$

$$= \frac{1}{2}x^2 - 3x + 3\ln|x| + \frac{1}{x} + C.$$

(2) $\int \frac{x^4}{1+x^2}dx = \int \frac{x^4-1+1}{1+x^2}dx = \int (x^2-1)dx + \int \frac{1}{1+x^2}dx$

$$= \frac{1}{3}x^3 - x + \arctan x + C.$$

(3) $\int \frac{1+2x^2}{x^2(1+x^2)}dx = \int \frac{1+x^2+x^2}{x^2(1+x^2)}dx = \int \frac{1}{x^2}dx + \int \frac{1}{1+x^2}dx$

$$= -\frac{1}{x} + \arctan x + C.$$

(4) $\int \frac{1}{\sin^2 x\cos^2 x}dx = \int \frac{\sin^2 x+\cos^2 x}{\sin^2 x\cos^2 x}dx = \int \frac{1}{\cos^2 x}dx + \int \frac{1}{\sin^2 x}dx$

$$= \tan x - \cot x + C.$$

(5) $\int \sin^2\frac{t}{2}dt = \int \frac{1}{2}(1-\cos t)dt = \frac{1}{2}\int dt - \frac{1}{2}\int \cos t\,dt = \frac{1}{2}t - \frac{1}{2}\sin t + C.$

若想检验所求不定积分的结果是否正确，只要把不定积分结果再求导，看看其导数是否等于被积函数就可以了. 若相等，则不定积分正确；否则就不正确. 例如，

$$\int \cos x\,dx = \sin x + C,$$

因为 $(\sin x + C)' = \cos x$，正好等于被积函数，故结果正确.

二、换元积分法

利用不定积分的基本公式及其性质，虽然能求出许多函数的不定积分，但毕竟有限，

还有很多不定积分问题不能用直接积分法解决.

例如，$\int\cos 2x\,\mathrm{d}x$，$\int x\mathrm{e}^{x^2}\mathrm{d}x$，$\int\sqrt{1-x^2}\,\mathrm{d}x$，$\int\ln x\,\mathrm{d}x$ 等，用直接积分法求解则无效. 因此需要进一步研究其他积分方法，以便解决更多初等函数的积分问题.

下面将介绍两种常用的积分法——换元积分法和分部积分法；换元积分法又细分为第一类换元积分法（凑微分法）和第二类换元积分法（变量代换法）.

1. 第一类换元积分法（凑微分法）

利用基本积分公式求不出积分 $\int\cos 2x\,\mathrm{d}x$，但是

$$\begin{aligned}\int\cos 2x\,\mathrm{d}x&=\int\cos 2x\cdot\frac{1}{2}\mathrm{d}(2x)=\frac{1}{2}\int\cos 2x\,\mathrm{d}(2x)\ (u=2x)\\&=\frac{1}{2}\int\cos u\,\mathrm{d}u=\frac{1}{2}\sin u+C=\frac{1}{2}\sin 2x+C.\end{aligned}$$

这种先"凑"微分，再作变换的积分法叫作**凑微分法**. 一般来说，有如下定理.

定理 4.1（凑微分法） 设 $f(x)$ 的原函数为 $F(x)$，且 $u=\varphi(x)$ 可导，则下列公式成立

$$\int f(\varphi(x))\varphi'(x)\mathrm{d}x=\int f(u)\mathrm{d}u=F(u)+C=F(\varphi(x))+C.$$

例 2 试求下列不定积分：

(1) $\int\sin(5x+9)\mathrm{d}x$；　(2) $\int\frac{\mathrm{d}x}{a^2+x^2}$；　(3) $\int\frac{\mathrm{d}x}{\sqrt{a^2-x^2}}$；　(4) $\int\frac{1}{x^2-a^2}\mathrm{d}x$.

解 (1)
$$\begin{aligned}\int\sin(5x+9)\mathrm{d}x&=\frac{1}{5}\int\sin(5x+9)\mathrm{d}(5x)\\&=\frac{1}{5}\int\sin(5x+9)\mathrm{d}(5x+9)\ (u=5x+9)\\&=\frac{1}{5}\int\sin u\,\mathrm{d}u=-\frac{1}{5}\cos u+C=-\frac{1}{5}\cos(5x+9)+C.\end{aligned}$$

(2) $$\int\frac{\mathrm{d}x}{a^2+x^2}=\int\frac{1}{a^2}\frac{1}{1+\left(\frac{x}{a}\right)^2}\mathrm{d}x=\frac{1}{a}\int\frac{1}{1+\left(\frac{x}{a}\right)^2}\mathrm{d}\left(\frac{x}{a}\right)=\frac{1}{a}\arctan\left(\frac{x}{a}\right)+C.$$

(3) $$\int\frac{\mathrm{d}x}{\sqrt{a^2-x^2}}=\int\frac{1}{a\sqrt{1-\left(\frac{x}{a}\right)^2}}\mathrm{d}x=\int\frac{1}{\sqrt{1-\left(\frac{x}{a}\right)^2}}\mathrm{d}\left(\frac{x}{a}\right)=\arcsin\frac{x}{a}+C.$$

(4)
$$\begin{aligned}\int\frac{1}{x^2-a^2}\mathrm{d}x&=\int\frac{1}{(x-a)(x+a)}\mathrm{d}x=\frac{1}{2a}\int\left(\frac{1}{x-a}-\frac{1}{x+a}\right)\mathrm{d}x\\&=\frac{1}{2a}\left(\int\frac{\mathrm{d}x}{x-a}-\int\frac{\mathrm{d}x}{x+a}\right)=\frac{1}{2a}\left[\int\frac{\mathrm{d}(x-a)}{x-a}-\int\frac{\mathrm{d}(x+a)}{x+a}\right]\\&=\frac{1}{2a}(\ln|x-a|-\ln|x+a|)+C=\frac{1}{2a}\ln\left|\frac{x-a}{x+a}\right|+C.\end{aligned}$$

例 3 计算下列不定积分：

(1) $\int x\sqrt{1-x^2}\,\mathrm{d}x$； (2) $\int \frac{\cos\sqrt{x}}{\sqrt{x}}\mathrm{d}x$.

解 (1) $$\int x\sqrt{1-x^2}\,\mathrm{d}x=\frac{1}{2}\int\sqrt{1-x^2}\,\mathrm{d}x^2=-\frac{1}{2}\int(1-x^2)^{\frac{1}{2}}\mathrm{d}(-x^2)$$
$$=-\frac{1}{2}\int(1-x^2)^{\frac{1}{2}}\mathrm{d}(1-x^2)$$
$$=-\frac{1}{2}\cdot\frac{1}{\frac{1}{2}+1}(1-x^2)^{\frac{1}{2}+1}+C$$
$$=-\frac{1}{3}(1-x^2)\sqrt{1-x^2}+C.$$

(2) $$\int\frac{\cos\sqrt{x}}{\sqrt{x}}\mathrm{d}x=\int\cos\sqrt{x}\cdot\frac{\mathrm{d}x}{\sqrt{x}}=2\int\cos\sqrt{x}\,\mathrm{d}\sqrt{x}=2\sin\sqrt{x}+C.$$

在求解不定积分的过程中，熟记下面的微分式非常有用.

$$\alpha x^{\alpha-1}\mathrm{d}x=\mathrm{d}x^{\alpha},\ \mathrm{e}^x\mathrm{d}x=\mathrm{d}\mathrm{e}^x,\ \cos x\,\mathrm{d}x=\mathrm{d}\sin x,\ -\sin x\,\mathrm{d}x=\mathrm{d}\cos x,$$
$$\sec^2x\,\mathrm{d}x=\mathrm{d}\tan x,\ \frac{1}{x}\mathrm{d}x=\mathrm{d}\ln x,\ \frac{1}{1+x^2}\mathrm{d}x=\mathrm{d}\arctan x,$$
$$\frac{1}{\sqrt{1-x^2}}\mathrm{d}x=\mathrm{d}\arcsin x,\ \frac{x}{\sqrt{a^2\pm x^2}}\mathrm{d}x=\pm\mathrm{d}\sqrt{a^2\pm x^2}.$$

例 4 计算下列不定积分：

(1) $\int\tan x\,\mathrm{d}x$； (2) $\int\sec x\,\mathrm{d}x$； (3) $\int\frac{1}{x\ln x}\mathrm{d}x$； (4) $\int\frac{\mathrm{e}^x}{1+\mathrm{e}^{2x}}\mathrm{d}x$.

解 (1) $$\int\tan x\,\mathrm{d}x=\int\frac{\sin x\,\mathrm{d}x}{\cos x}=-\int\frac{\mathrm{d}\cos x}{\cos x}=-\ln|\cos x|+C=\ln|\sec x|+C.$$

(2) $$\int\sec x\,\mathrm{d}x=\int\frac{1}{\cos x}\mathrm{d}x=\int\frac{\cos x}{\cos^2x}\mathrm{d}x=-\int\frac{\mathrm{d}\sin x}{\sin^2x-1}=-\frac{1}{2}\ln\left|\frac{\sin x-1}{\sin x+1}\right|+C$$
$$=\frac{1}{2}\ln\left|\frac{1+\sin x}{1-\sin x}\right|+C=\frac{1}{2}\ln\left|\frac{(1+\sin x)^2}{1-\sin^2x}\right|+C$$
$$=\frac{1}{2}\ln\left|\frac{(1+\sin x)^2}{\cos^2x}\right|+C$$
$$=\ln\left|\frac{1+\sin x}{\cos x}\right|+C=\ln|\tan x+\sec x|+C.$$

(3) $$\int\frac{1}{x\ln x}\mathrm{d}x=\int\frac{1}{\ln x}\cdot\frac{\mathrm{d}x}{x}=\int\frac{\mathrm{d}\ln x}{\ln x}=\ln|\ln x|+C.$$

(4) $$\int\frac{\mathrm{e}^x}{1+\mathrm{e}^{2x}}\mathrm{d}x=\int\frac{\mathrm{d}\mathrm{e}^x}{1+(\mathrm{e}^x)^2}=\arctan\mathrm{e}^x+C.$$

例 5 试求下列不定积分：

(1) $\int \sin^2 x\,dx$； (2) $\int \sin 5x\cos 3x\,dx$； (3) $\int \frac{x^2-x-2}{1+x^2}dx$；

(4) $\int \frac{x-4}{x^2-2x+5}dx$； (5) $\int \frac{dx}{\sqrt{2+6x-9x^2}}$.

解 (1) $$\int \sin^2 x\,dx=\int \frac{1-\cos 2x}{2}dx=\frac{1}{2}x-\frac{1}{2}\int \cos 2x\,dx=\frac{1}{2}x-\frac{1}{4}\int \cos 2x\,d(2x)$$
$$=\frac{1}{2}x-\frac{1}{4}\sin 2x+C.$$

(2) $$\int \sin 5x\cos 3x\,dx=\frac{1}{2}\int(\sin 8x+\sin 2x)dx=\frac{1}{2}\int \sin 8x\,dx+\frac{1}{2}\int \sin 2x\,dx$$
$$=\frac{1}{16}\int \sin 8x\,d(8x)+\frac{1}{4}\int \sin 2x\,d(2x)=-\frac{1}{16}\cos 8x-\frac{1}{4}\cos 2x+C.$$

(3) $$\int \frac{x^2-x-2}{1+x^2}dx=\int \frac{x^2+1-x-3}{1+x^2}dx=\int\left(1-\frac{x}{1+x^2}-\frac{3}{1+x^2}\right)dx$$
$$=x-\frac{1}{2}\int \frac{dx^2}{x^2+1}-3\int \frac{dx}{1+x^2}$$
$$=x-\frac{1}{2}\ln(x^2+1)-3\arctan x+C.$$

(4) $$\int \frac{x-4}{x^2-2x+5}dx=\frac{1}{2}\int \frac{dx^2}{x^2-2x+5}-\int \frac{4dx}{x^2-2x+5}$$
$$=\frac{1}{2}\int \frac{d(x^2-2x+2x)}{x^2-2x+5}-\int \frac{4dx}{(x-1)^2+4}$$
$$=\frac{1}{2}\int \frac{d(x^2-2x)}{x^2-2x+5}-\int \frac{3d(x-1)}{(x-1)^2+4}$$
$$=\frac{1}{2}\ln(x^2-2x+5)-\frac{3}{2}\arctan\frac{x-1}{2}+C.$$

(5) $$\int \frac{dx}{\sqrt{2+6x-9x^2}}=\int \frac{dx}{\sqrt{3-(3x-1)^2}}=\frac{1}{3}\int \frac{d(3x-1)}{\sqrt{3-(3x-1)^2}}$$
$$=\frac{1}{3}\arcsin\frac{3x-1}{\sqrt{3}}+C.$$

根据上述几个例子，我们可以总结出如下几个常用的凑微分法公式：

(1) $\int f(ax+b)dx=\frac{1}{a}\int f(ax+b)d(ax+b)\ (a\neq 0)$；

(2) $\int f(x^n)x^{n-1}dx=\frac{1}{n}\int f(x^n)dx^n=\frac{1}{n}F(x^n)+C$；

(3) $\int f(\sin x)\cos x\,dx=\int f(\sin x)d\sin x$；

(4) $\int \frac{f(\arctan x)}{1+x^2}dx=\int f(\arctan x)d\arctan x$；

(5) $\int \frac{f(\arcsin x)}{\sqrt{1-x^2}}\mathrm{d}x=\int f(\arcsin x)\mathrm{d}\arcsin x$.

2. 第二类换元法

前面介绍的第一类换元法就是凑出微分 $\varphi'(x)\mathrm{d}x=\mathrm{d}\varphi(x)$，在已知 $\int f(u)\mathrm{d}x=F(u)+C$ 的情况下，求出积分 $\int f(\varphi(x))\varphi'(x)\mathrm{d}x=F(\varphi(x))+C$.

一般地，积分式 $\int f(\varphi(x))\varphi'(x)\mathrm{d}x$ 并不会显式给出，需要拼凑才能得到，故称凑微分法.

但是，很多不定积分的求解并不能用凑微分法解决，必须使用变量代换，再利用上述各种积分法求出变换后的不定积分，最后利用反变换得到原问题的解答. 详细过程如下.

选择适当的变量代换 $x=\psi(t)$，将积分 $\int f(x)\mathrm{d}x$ 化成 $\int f(\psi(t))\psi'(t)\mathrm{d}t$，即

$$\int f(x)\mathrm{d}x=\int f(\psi(t))\psi'(t)\mathrm{d}t,$$

假如

$$\int f(\psi(t))\psi'(t)\mathrm{d}t=F(t)+C,$$

那么

$$\int f(x)\mathrm{d}x=F(\psi^{-1}(x))+C.$$

上述讨论只有在 $x=\psi(t)$ 有反变换 $t=\psi^{-1}(x)$ 和 $\int f(\psi(t))\psi'(t)\mathrm{d}t$ 有解 $F(t)+C$ 时才有效. 综上所述，可得定理 4.2.

定理 4.2 设函数 $x=\psi(t)$ 单调可导，且 $\psi'(t)\neq 0$，又设 $f(\psi(t))\psi'(t)$ 有原函数 $F(t)$，则换元积分公式

$$\int f(x)\mathrm{d}x=\int f(\psi(t))\psi'(t)\mathrm{d}t=F(t)+C=F(\psi^{-1}(x))+C$$

成立，其中 $t=\psi^{-1}(x)$ 是 $x=\psi(t)$ 的反函数.

例 6 试求下列不定积分：

(1) $\int \frac{\mathrm{d}x}{1+\sqrt{x}}$； (2) $\int \frac{\mathrm{d}x}{\sqrt{x}(1+\sqrt[3]{x})}$； (3) $\int \sqrt{a^2-x^2}\,\mathrm{d}x$； (4) $\int \frac{\mathrm{d}x}{\sqrt{x^2+a^2}}$；

(5) $\int \frac{3x-2}{x^2-2x+10}\mathrm{d}x$； (6) $\int \frac{\mathrm{d}x}{\sqrt{x^2+2x-15}}$； (7) $\int \frac{\mathrm{d}x}{x\sqrt{3x^2-2x-1}}$.

解 (1) 令 $\sqrt{x}=u$，则 $x=u^2$，$\mathrm{d}x=2u\mathrm{d}u$，于是

$$\int \frac{\mathrm{d}x}{1+\sqrt{x}}=\int \frac{2u\mathrm{d}u}{1+u}=2\int \frac{1+u-1}{1+u}\mathrm{d}u=2\int\left(1-\frac{1}{1+u}\right)\mathrm{d}u$$

$$=2(u-\ln|1+u|)+C=2(\sqrt{x}-\ln|1+\sqrt{x}|)+C.$$

(2) 令 $x=u^6$，则 $\mathrm{d}x=6u^5\mathrm{d}u$，$\sqrt{x}=u^3$，$\sqrt[3]{x}=u^2$，于是

$$\begin{aligned}\int\frac{\mathrm{d}x}{\sqrt{x}(1+\sqrt[3]{x})}&=\int\frac{6u^5\mathrm{d}u}{u^3(1+u^2)}=6\int\frac{u^2\mathrm{d}u}{1+u^2}=6\int\frac{1+u^2-1}{1+u^2}\mathrm{d}u\\&=6\int\left(1-\frac{1}{1+u^2}\right)\mathrm{d}u=6(u-\arctan u)+C\\&=6(\sqrt[6]{x}-\arctan\sqrt[6]{x})+C.\end{aligned}$$

(3) 如图 4－2 所示，令 $x=a\sin u\left(-\frac{\pi}{2}\leqslant u\leqslant\frac{\pi}{2}\right)$，则 $\sqrt{a^2-x^2}=a\cos u$，$\mathrm{d}x=a\cos u\mathrm{d}u$，则

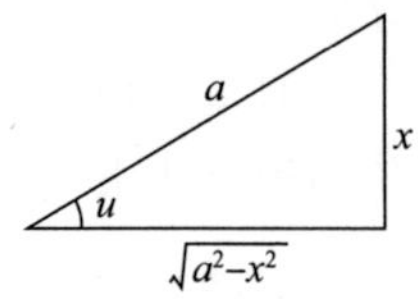

图 4－2

$$\begin{aligned}\int\sqrt{a^2-x^2}\mathrm{d}x&=\int a\cos u\cdot a\cos u\mathrm{d}u=a^2\int\cos^2u\mathrm{d}u\\&=a^2\int\frac{1+\cos 2u}{2}\mathrm{d}u=\frac{a^2}{2}\left[\int\mathrm{d}u+\frac{1}{2}\int\cos 2u\mathrm{d}(2u)\right]\\&=\frac{a^2}{2}u+\frac{a^2}{4}\sin 2u+C=\frac{a^2}{2}u+\frac{a^2}{4}\cdot 2\sin u\cos u+C\\&=\frac{a^2}{2}\arcsin\frac{x}{a}+\frac{a^2}{2}\cdot\frac{x}{a}\cdot\frac{\sqrt{a^2-x^2}}{a}+C\\&=\frac{a^2}{2}\arcsin\frac{x}{a}+\frac{1}{2}x\sqrt{a^2-x^2}+C.\end{aligned}$$

(4) 利用欧拉变换 $\sqrt{x^2+a^2}=u-x$，两边平方，得 $a^2=u^2-2ux$，再两边微分，得

$$0=2u\mathrm{d}u-2u\mathrm{d}x-2x\mathrm{d}u\quad\text{或}\quad u\mathrm{d}x=(u-x)\mathrm{d}u,$$

即

$$\frac{\mathrm{d}x}{u-x}=\frac{\mathrm{d}u}{u},$$

于是

$$\int\frac{\mathrm{d}x}{\sqrt{x^2+a^2}}=\int\frac{\mathrm{d}x}{u-x}=\int\frac{\mathrm{d}u}{u}=\ln|u|+C=\ln\left|x+\sqrt{x^2+a^2}\right|+C.$$

若将 $\int\frac{\mathrm{d}x}{\sqrt{a^2+x^2}}$ 中 a^2 前的“＋”号改为“－”号，则上式仍然成立，即

$$\int\frac{\mathrm{d}x}{\sqrt{x^2-a^2}}=\ln\left|x+\sqrt{x^2-a^2}\right|+C.$$

(5) 令 $x-1=t$，则 $x=t+1$，$\mathrm{d}x=\mathrm{d}t$，于是

$$\int\frac{3x-2}{x^2-2x+10}\mathrm{d}x=\int\frac{3x-2}{(x-1)^2+3^2}\mathrm{d}x=\int\frac{3t+1}{t^2+3^2}\mathrm{d}t=\frac{3}{2}\int\frac{\mathrm{d}t^2}{t^2+3^2}+\int\frac{\mathrm{d}t}{t^2+3^2}$$

$$=\frac{3}{2}\ln|t^2+9|+\frac{1}{3}\arctan\frac{t}{3}+C$$

$$=\frac{3}{2}\ln|x^2-2x+10|+\frac{1}{3}\arctan\frac{x-1}{3}+C.$$

(6) $\displaystyle\int\frac{\mathrm{d}x}{\sqrt{x^2+2x-15}}=\int\frac{\mathrm{d}(x+1)}{\sqrt{(x+1)^2-4^2}}=\ln\left|x+1+\sqrt{(x+1)^2-4^2}\right|+C$

$$=\ln\left|x+1+\sqrt{x^2+2x-15}\right|+C.$$

(7) 令 $x=\frac{1}{t}$，则 $\mathrm{d}x=-\frac{1}{t^2}\mathrm{d}t$，于是

$$\int\frac{\mathrm{d}x}{x\sqrt{3x^2-2x-1}}=\int\frac{1}{\frac{1}{t}\sqrt{\frac{3}{t^2}-\frac{2}{t}-1}}\left(-\frac{\mathrm{d}t}{t^2}\right)$$

$$=\int\frac{-\mathrm{d}t}{\sqrt{3-2t-t^2}}=-\int\frac{\mathrm{d}(t+1)}{\sqrt{4-(t+1)^2}}$$

$$=-\arcsin\frac{t+1}{2}+C=-\arcsin\frac{x+1}{2x}+C.$$

三、分部积分法

前面讨论的直接积分法和换元积分法确实能解决一大类求解不定积分的问题，但是，还有一部分不定积分用这些方法无法处理. 例如，$\int\ln x\,\mathrm{d}x$，$\int\mathrm{e}^x\sin x\,\mathrm{d}x$，$\int x^2\mathrm{e}^x\,\mathrm{d}x$ 等，这种积分的被积函数是两种不同类型函数的乘积. 既然积分法是微分法的逆运算，能否将函数乘积的微分公式转化为函数乘积的积分公式？答案是肯定的，这就是下面的定理 4.3.

定理 4.3 设函数 $u=u(x)$ 及 $v=v(x)$ 具有连续的导数，则 $\mathrm{d}(uv)=u\mathrm{d}v+v\mathrm{d}u$，于是

$$u\mathrm{d}v=\mathrm{d}(uv)-v\mathrm{d}u.$$

两边积分，得

$$\int u\mathrm{d}v=\int\mathrm{d}(uv)-\int v\mathrm{d}u,$$

整理后可得下面的**分部积分公式**

$$\int u\mathrm{d}v=uv-\int v\mathrm{d}u.$$

单从上述公式形式，似乎看不出它会带来什么好处，然而，当$\int u\mathrm{d}v$ 和$\int v\mathrm{d}u$ 中有一个比较容易求得时，通过该公式就很容易求出另一个，所以说它起到了化难为易的作用.

例 7 求解下列不定积分：

(1) $\int\ln x\,\mathrm{d}x$； (2) $\int\sin^2\sqrt{u}\,\mathrm{d}u$； (3) $\int x\mathrm{e}^x\,\mathrm{d}x$； (4) $\int x\ln x\,\mathrm{d}x$.

解 (1) $\int \ln x\,dx = x\ln x - \int x\,d(\ln x) = x\ln x - \int dx = x\ln x - x + C.$

(2) 令$\sqrt{u}=t$，则 $u=t^2$，$du=2t\,dt$，于是

$$\begin{aligned}\int \sin^2\sqrt{u}\,du &= \int \sin^2 t\cdot 2t\,dt = 2\int t\sin^2 t\,dt = 2\int \frac{t(1-\cos 2t)}{2}dt\\ &= \int (t - t\cos 2t)dt = \frac{1}{2}t^2 - \int t\cos 2t\,dt = \frac{1}{2}t^2 - \frac{1}{2}\int t\,d\sin 2t\\ &= \frac{1}{2}t^2 - \frac{1}{2}\left(t\sin 2t - \int \sin 2t\,dt\right) = \frac{1}{2}t^2 - \frac{1}{2}t\sin 2t - \frac{1}{4}\cos 2t + C\\ &= \frac{1}{2}u - \frac{1}{2}\sqrt{u}\sin 2\sqrt{u} - \frac{1}{4}\cos 2\sqrt{u} + C.\end{aligned}$$

(3) $\int x e^x\,dx = \int x\,de^x = xe^x - \int e^x\,dx = xe^x - e^x + C.$

(4) $\int x\ln x\,dx = \frac{1}{2}\int \ln x\,dx^2 = \frac{1}{2}x^2\ln x - \frac{1}{2}\int x\,dx = \frac{1}{2}x^2\ln x - \frac{1}{4}x^2 + C.$

综上所述，如果被积函数是幂函数和正（余）弦函数的乘积，或者是幂函数和指数函数的乘积，或者是幂函数和对数函数的乘积，或者是幂函数和反三角函数的乘积，都可以考虑用分部积分法，并设定幂函数为 u. 这样使用一次分部积分公式即可将幂函数的幂次降低一次. 当然，假定这里的幂指数都是正整数.

例 8 试求如下不定积分：

(1) $\int e^x\sin x\,dx$； (2) $\int \sqrt{x^2\pm a^2}\,dx$； (3) $\int (x+1)\sqrt{x^2-2x+5}\,dx$.

解 (1) 令 $I=\int e^x\sin x\,dx$，则

$$\begin{aligned}I &= -\int e^x\,d\cos x = -e^x\cos x + \int e^x\cos x\,dx = -e^x\cos x + \int e^x\,d\sin x\\ &= -e^x\cos x + e^x\sin x - \int e^x\sin x\,dx = -e^x\cos x + e^x\sin x - I.\end{aligned}$$

于是

$$\int e^x\sin x\,dx = I = \frac{1}{2}(-e^x\cos x + e^x\sin x) + C = \frac{1}{2}e^x(\sin x - \cos x) + C.$$

该题也可以把 $\sin x$ 看作 u，写成 $\sin x\,de^x$，所得结果与上式一样.

$$\begin{aligned}(2)\int \sqrt{x^2\pm a^2}\,dx &= x\sqrt{x^2\pm a^2} - \int x\,d\sqrt{x^2\pm a^2} = x\sqrt{x^2\pm a^2} - \int x\cdot\frac{1}{2}\cdot\frac{2x\,dx}{\sqrt{x^2\pm a^2}}\\ &= x\sqrt{x^2\pm a^2} - \int \frac{x^2\,dx}{\sqrt{x^2\pm a^2}} = x\sqrt{x^2\pm a^2} - \int \frac{(x^2\pm a^2\mp a^2)dx}{\sqrt{x^2\pm a^2}}\\ &= x\sqrt{x^2\pm a^2} - \int \sqrt{x^2\pm a^2}\,dx \pm a^2\int \frac{dx}{\sqrt{x^2\pm a^2}},\end{aligned}$$

所以

$$2\int\sqrt{x^2\pm a^2}\,dx=x\sqrt{x^2\pm a^2}\pm a^2\int\frac{dx}{\sqrt{x^2\pm a^2}}\left(\int\frac{dx}{\sqrt{x^2\pm a^2}}=\ln|x+\sqrt{x^2\pm a^2}|+C\right),$$

$$\int\sqrt{x^2\pm a^2}\,dx=\frac{x}{2}\sqrt{x^2\pm a^2}\pm\frac{a^2}{2}\ln|x+\sqrt{x^2\pm a^2}|+C.$$

(3) $\int(x+1)\sqrt{x^2-2x+5}\,dx$

$=\frac{1}{2}\int\sqrt{x^2-2x+5}\,dx^2+\int\sqrt{x^2-2x+5}\,dx$

$=\frac{1}{2}\int\sqrt{x^2-2x+5}\,d(x^2-2x+2x)+\int\sqrt{x^2-2x+5}\,dx$

$=\frac{1}{2}\int\sqrt{x^2-2x+5}\,d(x^2-2x+5)+2\int\sqrt{x^2-2x+5}\,dx$

$=\frac{1}{3}\sqrt{(x^2-2x+5)^3}+2\int\sqrt{(x-1)^2+2^2}\,d(x-1)$

$=\frac{1}{3}\sqrt{(x^2-2x+5)^3}+2\left(\frac{x-1}{2}\sqrt{x^2-2x+5}+\frac{4}{2}\ln|x-1+\sqrt{x^2-2x+5}|\right)+C$

$=\frac{1}{3}\sqrt{(x^2-2x+5)^3}+(x-1)\sqrt{x^2-2x+5}+4\ln|x-1+\sqrt{x^2-2x+5}|+C$

$=\frac{1}{3}(x^2+x+2)\sqrt{x^2-2x+5}+4\ln|x-1+\sqrt{x^2-2x+5}|+C.$

从上面的例子可以清楚地看到，在不定积分的计算中，若把换元法和分部积分法结合起来使用，则能解决非常复杂的不定积分问题.

本节中所求出的 8 个典型不定积分式都可以作为积分基本公式使用，它们分别是：

(1) $\int\frac{dx}{x^2-a^2}=\frac{1}{2a}\ln\left|\frac{x-a}{x+a}\right|+C$；

(2) $\int\frac{dx}{x^2+a^2}=\frac{1}{a}\arctan\frac{x}{a}+C$；

(3) $\int\frac{dx}{\sqrt{a^2-x^2}}=\arcsin\frac{x}{a}+C$；

(4) $\int\sqrt{a^2-x^2}\,dx=\frac{x}{2}\sqrt{a^2-x^2}+\frac{a^2}{2}\arcsin\frac{x}{a}+C$；

(5) $\int\frac{dx}{\sqrt{x^2\pm a^2}}=\ln|x+\sqrt{x^2\pm a^2}|+C$；

(6) $\int\frac{dx}{\cos x}=\ln|\sec x+\tan x|+C$；

(7) $\int\frac{dx}{\sin x}=\ln\left|\tan\frac{x}{2}\right|+C=\ln|\csc x-\cot x|+C$；

(8) $\int\sqrt{x^2\pm a^2}\,dx=\frac{x}{2}\sqrt{x^2\pm a^2}\pm\frac{a^2}{2}\ln|x+\sqrt{x^2\pm a^2}|+C.$

关于不定积分，请大家注意如下两点：

（1）我们知道初等函数的导数还是初等函数，积分运算是微分运算的逆运算，但初等函数的不定积分并不一定是初等函数. 也就是说，某些初等函数的原函数不一定能用初等函数表示，有可能超出初等函数的范围. 因此积分运算远比微分运算复杂得多，甚至有些初等函数的不定积分用一般积分法不能求解. 例如，如下积分就不能用初等函数表示：

$$\int e^{-x^2}dx, \int \frac{\sin x}{x}dx, \int \sin x^2 dx, \int \frac{dx}{\ln x}, \int \sqrt{1-k\sin^2 x}\,dx.$$

（2）许多微积分（或高等数学）专著都附有常用初等函数的不定积分表供查阅.

*四、有理分式函数的不定积分

这一部分将讨论有理分式函数的不定积分. 求这类函数的不定积分需经过适当的变换，转化为有理真分式，然后求不定积分.

有理分式函数就是两个多项式的商所表示的函数，即

$$R(x)=\frac{P(x)}{Q(x)}=\frac{a_nx^n+a_{n-1}x^{n-1}+\cdots+a_1x+a_0}{b_mx^m+b_{m-1}x^{m-1}+\cdots+b_1x+b_0},$$

其中 m，n 都是正整数，a_0，a_1，…，a_n 和 b_0，b_1，…，b_m 都是实数，并且 $a_n\neq 0$，$b_m\neq 0$. 当 $n<m$ 时，称有理式 $R(x)$ 是真分式；当 $n\geqslant m$ 时，称有理式 $R(x)$ 是假分式.

利用多项式的除法，总可以将一个假分式化成一个多项式和一个真分式的和，例如，

$$\frac{x^3+2x+1}{x^2+1}=x+\frac{x+1}{x^2+1}.$$

多项式的不定积分不难求出，而计算真分式的不定积分还需了解真分式的下列性质.

性质 1 任意一个多项式 $Q(x)=b_mx^m+b_{m-1}x^{m-1}+\cdots+b_1x+b_0$ （$b_m\neq 0$）在实数域内都能分解成一次因式和二次质因式的乘积，且所有这些因式的总次数之和等于 m，即

$$Q(x)=b_m(x-\lambda_1)^{l_1}\cdots(x-\lambda_k)^{l_k}(x^2+\alpha_1x+\beta_1)^{s_1}\cdots(x^2+\alpha_tx+\beta_t)^{s_t},$$

其中 $\sum\limits_{i=1}^{k}l_i+2\left(\sum\limits_{j=1}^{t}s_j\right)=m$，$\alpha_j^2-4\beta_j<0$.

性质 2 有理真分式 $R(x)=\dfrac{P(x)}{Q(x)}$ 能分解成如下部分真分式之和：

$$\begin{aligned}R(x)&=\frac{P(x)}{Q(x)}\\&=\left\{\frac{A_1^1}{x-\lambda_1}+\cdots+\frac{A_1^{l_1}}{(x-\lambda_1)^{l_1}}\right\}+\left\{\frac{A_2^1}{x-\lambda_2}+\cdots+\frac{A_2^{l_2}}{(x-\lambda_2)^{l_2}}\right\}+\cdots\\&\quad+\left\{\frac{A_k^1}{x-\lambda_k}+\cdots+\frac{A_k^{l_k}}{(x-\lambda_k)^{l_k}}\right\}+\left\{\frac{M_1^1x+N_1^1}{x^2+\alpha_1x+\beta_1}+\cdots+\frac{M_1^{s_1}x+N_1^{s_1}}{(x^2+\alpha_1x+\beta_1)^{s_1}}\right\}\\&\quad+\cdots+\left\{\frac{M_t^1x+N_t^1}{x^2+\alpha_tx+\beta_t}+\cdots+\frac{M_t^{s_t}x+N_t^{s_t}}{(x^2+\alpha_tx+\beta_t)^{s_t}}\right\},\end{aligned}$$

其中 A_j^i，M_u^v，N_u^v 都是待定常数. 例如，真分式

$$\frac{x+3}{x^2-5x+6}=\frac{x+3}{(x-2)(x-3)}$$

可以分解成

$$\frac{x+3}{(x-2)(x-3)}=\frac{A}{x-2}+\frac{B}{x-3},$$

这里 A，B 是待定常数. 根据两边相等容易求出 A，B，

$$x+3=A(x-3)+B(x-2)\Rightarrow x+3=(A+B)x-(3A+2B),$$

上式两边 x 的系数和常数项分别相等，则得 $A+B=1$，$-3A-2B=3$，从而

$$A=-5,\ B=6.$$

例 9 求下列不定积分：

(1) $\int\frac{\mathrm{d}x}{x(x-1)^2}$；　　(2) $\int\frac{\mathrm{d}x}{(1+2x)(1+x^2)}$.

解 (1) 因为 $\frac{1}{x(x-1)^2}=\frac{1}{x}-\frac{1}{x-1}+\frac{1}{(x-1)^2}$，所以

$$\int\frac{\mathrm{d}x}{x(x-1)^2}=\int\left[\frac{1}{x}-\frac{1}{x-1}+\frac{1}{(x-1)^2}\right]\mathrm{d}x=\int\frac{\mathrm{d}x}{x}-\int\frac{\mathrm{d}x}{x-1}+\int\frac{\mathrm{d}x}{(x-1)^2}$$

$$=\ln|x|-\ln|x-1|-\frac{1}{x-1}+C=\ln\left|\frac{x}{x-1}\right|-\frac{1}{x-1}+C.$$

(2) 因为

$$\frac{1}{(1+2x)(1+x^2)}=\frac{\frac{4}{5}}{1+2x}+\frac{-\frac{2}{5}x+\frac{1}{5}}{1+x^2}=\frac{4}{5(1+2x)}+\frac{-2x+1}{5(1+x^2)},$$

所以

$$\int\frac{\mathrm{d}x}{(1+2x)(1+x^2)}=\frac{2}{5}\int\frac{2\mathrm{d}x}{1+2x}-\frac{1}{5}\int\frac{2x\,\mathrm{d}x}{1+x^2}+\frac{1}{5}\int\frac{\mathrm{d}x}{1+x^2}$$

$$=\frac{2}{5}\ln|2x+1|-\frac{1}{5}\ln|x^2+1|+\frac{1}{5}\arctan x+C.$$

课后读物

著名科学家的故事

欧拉（Leonard Euler，1707—1783），18 世纪对微积分贡献最大的人.

欧拉在 1748 年出版的《无限小分析引论》以及他随后发表的《微分学》与《积分学》是微积分历史上里程碑式的著作，这三部著作中有欧拉本人在分析领域的大量创造，同时引进了一批标准符号. 比如，用 $\sin x$，

$\cos x$ 等表示正弦函数、余弦函数，用 $\sum$ 表示求和，用 e 表示自然对数的底，用 i 表示虚数，等等，这些对分析表述的规范性起到了重要作用．圆周率 π 虽然不是欧拉首创，但是经过欧拉的倡导才得以广泛流行．而且，欧拉还把 e，π，i，1 统一在一个令人叫绝的关系式 $e^{i\pi}=-1$ 中．欧拉的研究成果分散在数学的各个领域之中，几乎在数学的每个领域都可以看见欧拉的名字，以欧拉命名的定理、公式、函数等不计其数，如欧拉公式、欧拉常数、欧拉函数、欧拉定理、欧拉变换、欧拉图，等等．

欧拉出生在瑞士巴塞尔一个牧师家庭，13 岁进入巴塞尔大学．他聪明好学，与数学老师伯努利建立了极其亲密的关系．伯努利在给欧拉的一封信中这样称赞自己的学生在分析方面青出于蓝而胜于蓝的才华："我介绍高等分析时，它（指微积分）还是个孩子，而你正在将它带大成人．"

欧拉主要的科学生涯是在俄国圣彼得堡科学院和德国柏林科学院度过的，他对圣彼得堡科学院有着特殊的感情，曾将自己的科学成就归功于"在那儿拥有的有利条件"．

欧拉是历史上最多产的数学家，他生前发表的著作有 560 余种，去世后留下了大量手稿．欧拉自己都说过，他未发表的论文足够圣彼得堡科学院用上 20 年，实际上直到 1862 年（即他去世后 80 年），圣彼得堡科学院院报上还在刊登欧拉的遗作．1911 年瑞士自然科学协会开始出版欧拉全集，现已出版 70 多卷．欧拉从 18 岁开始创作，28 岁左眼失明，56 岁双目失明，他完全依靠惊人的记忆和心算能力进行着科学研究与写作．

欧拉一生有过两次婚姻，是 13 个孩子的父亲．1783 年 9 月的一天，欧拉在与同事讨论完天王星轨道计算问题之后疾病发作，喃喃自语道："我要死了！"正如巴黎科学院秘书孔多塞（M.-J.-A.-N.C.de Condorcet）形容的那样，他"停止了计算，也停止了生命"．这位天才数学家就这样悄无声息地走了，他的逝世是人类科学、数学史上的重大损失．

习题四

1. 检查下列积分结果是否正确，并回答问题：

(1) $x>0$，a 为正常数，那么，$\int \frac{1}{x}dx=\ln x+C$，$\int \frac{1}{x}dx=\ln ax+C$；

(2) $\int \sin 2x\,dx=-\frac{1}{2}\cos 2x+C$，$\int \sin 2x\,dx=\sin^2 x+C$.

上面两个小题是用不同方法求得不定积分的结果，具有不同形式，这些结果矛盾吗？

2. 用直接积分法求解下列不定积分：

(1) $\int \sqrt[n]{x^m}\,dx$（m，n 为正整数）；　(2) $\int \frac{5}{\sqrt{1-x^2}}dx$；

(3) $\int x(4x^2-4x-1)dx$；　(4) $\int \frac{x^4}{1+x^2}dx$；

(5) $\int \frac{x^3-3x^2+2x+4}{x^2}dx$；　(6) $\int \frac{\sqrt{x}-x^3e^x+5x^2}{x^3}dx$；

(7) $\int (x^{\frac{1}{2}} - x^{-\frac{1}{2}})^2 \mathrm{d}x$;

(8) $\int \frac{x+5}{\sqrt{x}} \mathrm{d}x$;

(9) $\int (\cos x - a^x + \csc^2 x) \mathrm{d}x$;

(10) $\int \left(\sec^2 x + \frac{2}{1+x^2} + \sin x\right) \mathrm{d}x$;

(11) $\int \frac{x^3+1}{x+1} \mathrm{d}x$;

(12) $\int \frac{1+x+x^2}{x(1+x^2)} \mathrm{d}x$;

(13) $\int \frac{2x^2+1}{x^2(x^2+1)} \mathrm{d}x$;

(14) $\int (\sqrt{x}+1)(\sqrt{x^3}-1) \mathrm{d}x$;

(15) $\int \frac{\sqrt{1+x^2}}{\sqrt{1-x^4}} \mathrm{d}x$;

(16) $\int \frac{\cos 2x}{\cos x - \sin x} \mathrm{d}x$;

(17) $\int \frac{\cos 2x}{\sin^2 x} \mathrm{d}x$;

(18) $\int \cot^2 x \mathrm{d}x$;

(19) $\int \cos^2 \frac{t}{2} \mathrm{d}t$;

(20) $\int \left(\sin \frac{t}{2} - \cos \frac{t}{2}\right)^2 \mathrm{d}t$;

(21) $\int 3^x \mathrm{e}^x \mathrm{d}x$.

3. 填空使下列微分公式成为恒等式：

(1) $x^3 \sin x \mathrm{d}x = x^3 \mathrm{d}(\quad)$;

(2) $x^2 \mathrm{e}^{-x} \mathrm{d}x = x^2 \mathrm{d}(\quad)$;

(3) $\frac{1}{(3x+1)^2} \mathrm{d}x = \frac{1}{3} \frac{1}{(3x+1)^2} \mathrm{d}(\quad) = \mathrm{d}(\quad)$;

(4) $x \mathrm{e}^{-x^2} \mathrm{d}x = \mathrm{e}^{-x^2} \mathrm{d}(\quad) = \mathrm{d}(\quad)$;

(5) $\frac{x}{\sqrt{1-x^2}} \mathrm{d}x = \frac{1}{\sqrt{1-x^2}} \mathrm{d}(\quad) = \mathrm{d}(\quad)$;

(6) $\frac{\mathrm{d}x}{\tan x \cos^2 x} = \frac{1}{\tan x} \mathrm{d}(\quad) = \mathrm{d}(\quad)$.

4. 利用第一类换元法（凑微分法）求解下列不定积分：

(1) $\int \cos 2x \mathrm{d}x$;

(2) $\int (1+x)^6 \mathrm{d}x$;

(3) $\int \frac{1}{\sqrt{2x+1}} \mathrm{d}x$;

(4) $\int \frac{1}{1-x} \mathrm{d}x$;

(5) $\int x\sqrt{1+x^2} \mathrm{d}x$;

(6) $\int \frac{x \mathrm{d}x}{(2x^2-3)^{10}}$;

(7) $\int x \mathrm{e}^{x^2} \mathrm{d}x$;

(8) $\int \frac{1}{x} \ln^3 x \mathrm{d}x$;

(9) $\int \frac{\mathrm{d}x}{x \ln x}$;

(10) $\int \mathrm{e}^\theta \cos \mathrm{e}^\theta \mathrm{d}\theta$;

(11) $\int \mathrm{e}^{\sin x} \cos x \mathrm{d}x$;

(12) $\int \frac{\mathrm{d}x}{\mathrm{e}^x}$;

(13) $\int \frac{dx}{e^x + e^{-x}}$；　(14) $\int \frac{dx}{x\sqrt{1+\ln x}}$；

(15) $\int \frac{\sin x}{\cos^3 x}dx$；　(16) $\int \frac{e^{\arctan x} + x\ln(1+x^2)}{1+x^2}dx$；

(17) $\int \frac{\sin x\cos^3 x}{1+\cos^2 x}dx$；　(18) $\int \frac{1}{9-x^2}dx$；

(19) $\int \frac{dx}{x^2-6x+5}$；　(20) $\int \frac{3x-1}{x^2+9}dx$；

(21) $\int \frac{3x^3-4x+1}{x^2-2}dx$；　(22) $\int \frac{dt}{\sqrt{2-t^2}}$；

(23) $\int \frac{dx}{\sqrt{6x-9x^2}}$；　(24) $\int \frac{x\,dx}{x^2+4x+5}$.

5. 利用第二类换元法求解下列不定积分：

(1) $\int \frac{dx}{\sqrt{x}(1+x)}$；　(2) $\int \frac{\sin\sqrt{x}}{\sqrt{x}}dx$；　(3) $\int \frac{x}{\sqrt[3]{1-x}}dx$；

(4) $\int \frac{dx}{(1-x^2)^{3/2}}$；　(5) $\int \frac{x^2dx}{\sqrt{a^2-x^2}}$；　(6) $\int \frac{dx}{(x^2+a^2)^{3/2}}$；

(7) $\int \frac{\sqrt{x^2-9}}{x}dx$；　(8) $\int \frac{x^4dx}{\sqrt{(1-x^2)^3}}$；　(9) $\int \frac{x^3dx}{(1+x^2)^{3/2}}$；

(10) $\int x^3(1+x^2)^{\frac{1}{2}}dx$；　(11) $\int \sqrt{\frac{1-x}{1+x}}\cdot\frac{dx}{x}$；　(12) $\int \frac{\sqrt{x+1}-1}{\sqrt{x+1}+1}dx$.

6. 利用分部积分法求解下列不定积分：

(1) $\int \arccos x\,dx$；　(2) $\int \frac{x\,dx}{\cos^2 x}$；　(3) $\int x\sin 2x\,dx$；

(4) $\int xe^{-x}dx$；　(5) $\int x^5\ln x\,dx$；　(6) $\int \ln^2 x\,dx$；

(7) $\int x^2\sin x\,dx$；　(8) $\int \sin(\ln x)dx$；　(9) $\int (\arcsin x)^2dx$.

7. 试求下列不定积分：

(1) $\int \frac{\cot\theta}{\sqrt{\sin\theta}}d\theta$；　(2) $\int \frac{dx}{\cos^2 x\sqrt{\tan x}}$；　(3) $\int \frac{(\arctan x)^2}{1+x^2}dx$；

(4) $\int \frac{dx}{(\arcsin x)^2\sqrt{1-x^2}}$；　(5) $\int \sin^4 x\,dx$；　(6) $\int \sin 3x\sin 5x\,dx$；

(7) $\int \cos^3 x\,dx$；　(8) $\int \frac{e^x-e^{-x}}{e^x+e^{-x}}dx$；　(9) $\int \sin^2\sqrt{u}\,du$；

(10) $\int \frac{dx}{x(x^6+4)}$；　(11) $\int e^x\sin^2 x\,dx$；　(12) $\int \cos(\ln x)dx$.

*8. 试求下列有理函数和三角有理式函数的不定积分：

(1) $\int \frac{x^2+1}{x^3-5x^2+6x}\mathrm{d}x$；

(2) $\int \frac{2x+6}{(x^2-1)(x^2+1)}\mathrm{d}x$；

(3) $\int \frac{2x+1}{(x^2+1)(1-x+x^2)}\mathrm{d}x$；

(4) $\int \frac{1-x^7}{x(1+x^7)}\mathrm{d}x$；

(5) $\int \frac{\mathrm{d}x}{8-4\sin x+7\cos x}$；

(6) $\int \frac{\mathrm{d}x}{(2+\cos x)\sin x}$.

第五章 定积分

第四章讨论了积分学的不定积分问题，本章讨论积分学的另一个问题——定积分，它是一种和式的极限. 我们先解决几何学与运动学中的两个问题，引出定积分的概念，然后讨论定积分的性质和计算，最后研究如何应用定积分来解决一些实际问题.

5.1 定积分的概念

一、两个引例

1. 曲边梯形的面积

曲边梯形是指由三条直线 $x=a$，$x=b$，$y=0$ 和连续曲线 $y=f(x)(a\leqslant x\leqslant b)$ 围成的平面区域，这里假定 $f(x)>0$，如图 5－1 所示，四边形 $abNM$ 就是一个曲边梯形，其中曲边 MN 由函数 $y=f(x)$ 确定.

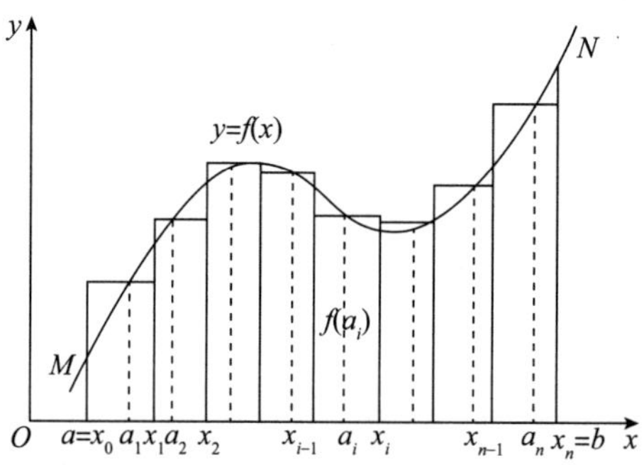

图 5－1

如何求出这个曲边梯形的面积 A 呢?

我们知道，矩形的面积等于底边长乘以高. 曲边梯形在底边上各点处的高 $f(x)$ 在 $[a,b]$ 上随 x 的变化而变化，因此面积 A 不能直接用矩形的面积公式来计算. 通过观察可知，虽然曲边梯形的高 $f(x)$ 在 $[a,b]$ 上连续变化，但是，在一段很小的区间上，例如在 $[x_{i-1},x_i]$ 上 $f(x)$ 变化很小，可近似看作不变. 这样，如果把 $[a,b]$ 划分成许多小区间，在每一个小区间上，用其中某一点处的高近似代替同一小区间上窄曲边梯形的变高，那么，每一个窄曲边梯形就可以近似看作一个窄矩形. 因此，以这些窄矩形的面积之和作为曲边梯形面积的近似值. 如果无限细分区间 $[a, b]$，让每一个小区间的窄（宽）度都趋于零，就会得到这些窄矩形面积之和的极限，这个极限值应该就是曲边梯形的面积，同时也给出了一种计算曲边梯形面积的方法.

现在就把上述思想方法归纳为如下四步（如图 5－1 所示）.

分割 首先把曲边梯形分割成 n 个小的曲边梯形. 在 $[a, b]$ 内任意插入 $n+1$ 个分点 $a=x_0<x_1<\cdots<x_{i-1}<x_i<\cdots<x_{n-1}<x_n=b$，它们把 $[a, b]$ 分成 n 个小区间 $[x_0, x_1]$，$[x_1, x_2]$，…，$[x_{i-1}, x_i]$，…，$[x_{n-1}, x_n]$，其中第 i 个小区间的长度记为 $\Delta x_i=x_i-x_{i-1}$（$i=1, 2, \cdots, n$），过每一个分点 x_i 作 x 轴的垂线，这些垂线都与曲线 $y=f(x)$ 相交，这样就将曲边梯形 $abNM$ 分成了 n 个小曲边梯形.

近似代替 在每一个小区间 $[x_{i-1}, x_i]$ 上任取一点 a_i，以函数值 $f(a_i)$ 为高、Δx_i 为底的第 i 个窄矩形的面积是 $f(a_i)\Delta x_i$，并用它近似代替第 i 个小曲边梯形的面积 ΔA_i，即

$$\Delta A_i \approx f(a_i)\Delta x_i, \quad i=1, 2, \cdots, n.$$

求和 把上面得到的 n 个窄矩形面积之和作为所求 $[a, b]$ 上曲边梯形面积的近似值，即

$$A=\sum_{i=1}^{n}\Delta A_i \approx \sum_{i=1}^{n} f(a_i)\Delta x_i.$$

求极限 为此，令 $\lambda=\max\{\Delta x_i \mid i=1, \cdots, n\}$，它表示 n 个小区间 $[x_{i-1}, x_i]$ 长度的最大值. 这时当 $\lambda\to 0$ 时，每一个小区间的长度都趋于零，此时 $n\to\infty$. 取上述和式的极限（只要 $f(x)$ 连续，极限就必定存在），得到曲边梯形的面积

$$A=\lim_{\lambda\to 0}\sum_{i=1}^{n} f(a_i)\Delta x_i.$$

2. 变速直线运动的路程

假设某物体 m 做直线运动，其运动速度 $v=v(t)$ 是时间 t 的连续函数，且 $v(t)\geqslant 0$. 如何求出物体 m 从初始时刻 T_0 到某一时刻 T 所经过的路程 S？

如果物体 m 做等速运动，即 $v(t)=v_0$ 是常数，那么它在时间间隔 $[T_0, T]$ 内所经过的路程可用公式 $S=v_0(T-T_0)$ 计算. 但是，这里的运动物体 m 并不等速，$v=v(t)$ 随时间 t 的变化而变化，因此物体 m 所经过的路程 S 不能直接用 $S=v_0(T-T_0)$ 来计算. 虽然物体 m 的速度函数 $v=v(t)$ 连续变化，但在很短的时间间隔内，速度变化很小，可近似看作等速运动. 因此，如果把时间间隔 $[T_0, T]$ 划分成 n 个很小的时间段，在每一个小时间段内，以等速运动代替变速运动，就能算出各小时间段内路程的近似值；然后求和，得到整个路程的近似值；最后，让每一个小时间段的长度都趋于零，各个小时间段内所走路程近似值的和的极限就是物体 m 在时间间隔 $[T_0, T]$ 内所经过的路程 S. 详细计算如下：

分割 用任意 $n+1$ 个分点 $T_0=t_0<t_1<t_2<\cdots<t_{i-1}<t_i<\cdots<t_{n-1}<t_n=T$，将时间间隔 $[T_0, T]$ 划分成 n 个小区间 $[t_0, t_1]$，$[t_1, t_2]$，…，$[t_{i-1}, t_i]$，…，$[t_{n-1}, t_n]$，其中第 i 个小区间的长度记为 $\Delta t_i=t_i-t_{i-1}$，物体 m 在第 i 个小区间 $[t_{i-1}, t_i]$ 内所经过的路程记为 Δs_i.

近似代替 在 $[t_{i-1}, t_i]$ 上任取一点 τ_i，因为物体 m 的速度 $v=v(t)$ 连续变化，在第 i 个小区间 $[t_{i-1}, t_i]$ 内，当 Δt_i 很小时，物体 m 的速度变化很小，近似等速，不妨设为 $v(\tau_i)$，那么物体 m 在第 i 个小区间 $[t_{i-1}, t_i]$ 内所走路程的近似值为

$$\Delta s_i \approx v(\tau_i)\Delta t_i.$$

求和 把物体 m 在各个小区间 $[t_{i-1}, t_i]$ 内所走路程的近似值相加，即

$$s=\sum_{i=1}^{n}\Delta s_i \approx \sum_{i=1}^{n} v(\tau_i)\Delta t_i.$$

求极限 记 $\lambda=\max\{\Delta t_i \mid i=1, \cdots, n\}$，那么当 $\lambda\to 0$ 时，$n\to\infty$，取上述和式的极限，就是物体 m 在时间间隔 $[T_0, T]$ 内所经过的路程 s：

$$s=\lim_{\lambda\to 0}\sum_{i=1}^{n} v(\tau_i)\Delta t_i.$$

曲边梯形的面积 $A=\lim\limits_{\lambda\to 0}\sum\limits_{i=1}^{n} f(a_i)\Delta x_i$ 和变速直线运动的路程 $s=\lim\limits_{\lambda\to 0}\sum\limits_{i=1}^{n} v(\tau_i)\Delta t_i$ 这两个问题的实际意义不同，前者是几何量，后者是物理量，但是它们都取决于一个连续函数及其自变量的变化区间. 而且，它们的计算方法和步骤完全相同，都是具有相同结构的特定和式的极限. 如果抛开这些问题的实际意义，抓住它们在数量关系上的本质与特性并加以概括，则可抽象出定积分的概念.

二、定积分的定义

定义 5.1 假设函数 $f(x)$ 在区间 $[a, b]$ 上连续，用分点 $a=x_0<x_1<\cdots<x_{i-1}<x_i<\cdots<x_{n-1}<x_n=b$ 把 $[a, b]$ 分成 n 个小区间 $[x_0, x_1]$，$[x_1, x_2]$，…，$[x_{i-1}, x_i]$，…，$[x_{n-1}, x_n]$，每个小区间的长度记为 $\Delta x_i=x_i-x_{i-1}$ $(i=1, 2, \cdots, n)$，令 $\lambda=\max\{\Delta x_i\}_{i=1}^{n}$；任取 $\xi_i\in[x_{i-1}, x_i]$，作 n 个乘积 $f(\xi_i)\Delta x_i$ 的代数和 $I=\sum\limits_{i=1}^{n} f(\xi_i)\Delta x_i$，则当 $\lambda\to 0$ 时，这个和式的极限就称为函数 $f(x)$ 在 $[a, b]$ 上的**定积分**，记为 $\int_a^b f(x)\mathrm{d}x$，即

$$\int_a^b f(x)\mathrm{d}x=\lim_{\lambda\to 0}\sum_{i=1}^{n} f(\xi_i)\Delta x_i,$$

其中 x 称为**积分变量**，$f(x)$ 称为**被积函数**，$f(x)\mathrm{d}x$ 称为**被积表达式**，$[a, b]$ 称为**积分区间**，a 与 b 分别称为积分**下限**和**上限**.

根据定义 5.1，前面讨论的两个实际问题现在就可以叙述为：曲边梯形的面积 A 等于表示曲边的函数 $f(x)$ 在底边区间 $[a, b]$ 上的定积分，即

$$A=\int_a^b f(x)\mathrm{d}x.$$

变速直线运动的物体 m 在时间间隔 $[T_0, T]$ 内所经过的路程 s 等于速度函数 $v=v(t)$ 在 $[T_0, T]$ 上的定积分，即

$$s=\int_{T_0}^{T} v(t)\mathrm{d}t.$$

注 (1) 定积分 $\int_a^b f(x)\mathrm{d}x$ 是一个数，它只取决于积分区间 $[a, b]$ 和被积函数 $f(x)$，与积分变量用什么字母表示无关. 例如前述的路程问题，可以把时间变量 t 记为 x，则

$$s=\int_{T_0}^{T} v(t)\mathrm{d}t=\int_{T_0}^{T} v(x)\mathrm{d}x.$$

(2) 可以证明：当 $f(x)$ 在 $[a, b]$ 上连续时，定义中和式的极限一定存在，即 $\int_a^b f(x)\mathrm{d}x$ 是一个唯一确定的有限值，并且它与各个小区间 $[x_{i-1}, x_i]$ 的分法以及 ξ_i 的选取无关. 因此，为了便于求出和式的极限，通常采用等分区间 $[a, b]$，并取 $[x_{i-1}, x_i]$ 的一个端点作为 ξ_i，这样不仅便于求出和式的极限，而且 $\lambda\to 0$ 和 $n\to\infty$ 可以相互推出.

例 1 计算 $y=x^2$，$y=0$，$x=1$ 所围成的曲边梯形（三角形）的面积（如图 5－2 所示）.

解 因为 $f(x)=x^2$ 在 $[0, 1]$ 上连续，故定积分存在. 将 $[0, 1]$ 分成 n 等份，分点记为 $x_i=\frac{i}{n}$ $(i=0, 1, 2, \cdots, n)$，且各小区间 $[x_{i-1}, x_i]=\left[\frac{i-1}{n}, \frac{i}{n}\right]$的长度为 $\Delta x_i=\frac{1}{n}$，取 $\xi_i=x_i=\frac{i}{n}$，则

$$\begin{aligned}\sum_{i=1}^{n} f(\xi_i)\Delta x_i&=\sum_{i=1}^{n}\left(\frac{i}{n}\right)^2\cdot\frac{1}{n}=\sum_{i=1}^{n} i^2\cdot\frac{1}{n^3}=\frac{1}{n^3}\sum_{i=1}^{n} i^2\\&=(1^2+2^2+\cdots+n^2)\cdot\frac{1}{n^3}\\&=\frac{n(n+1)(2n+1)}{6}\cdot\frac{1}{n^3}=\frac{1}{6}\left(1+\frac{1}{n}\right)\left(2+\frac{1}{n}\right),\end{aligned}$$

当 $n\to\infty$ 时，有 $\lambda=\Delta x=\frac{1}{n}\to 0$，于是

$$S=\int_0^1 x^2\mathrm{d}x=\lim_{n\to\infty}\sum_{i=1}^{n}\left(\frac{i}{n}\right)^2\cdot\frac{1}{n}=\lim_{n\to\infty}\frac{1}{6}\cdot\left(1+\frac{1}{n}\right)\left(2+\frac{1}{n}\right)=\frac{1}{3}.$$

(3) 如果函数 $f(x)$ 在 $[a, b]$ 上的定积分存在，则称 $f(x)$ 在 $[a, b]$ 上**可积**.

(4) 可以证明：若 $f(x)$ 在 $[a, b]$ 上可积，则 $f(x)$ 在 $[a, b]$ 上有界. 若函数 $f(x)$在 $[a, b]$ 上有界，且只有有限个间断点，那么 $f(x)$ 在 $[a, b]$ 上也可积.

(5) 为了应用方便，我们规定

$$\int_a^b f(x)\mathrm{d}x = -\int_b^a f(x)\mathrm{d}x, \int_a^a f(x)\mathrm{d}x = 0.$$

（6）**定积分的几何解释** 在闭区间 $[a, b]$ 上，当 $f(x)>0$ 时，函数曲线在 x 轴的上方，$\int_a^b f(x)\mathrm{d}x$ 表示曲边梯形的面积；当 $f(x)<0$ 时，曲线在 x 轴的下方，$\int_a^b f(x)\mathrm{d}x$ 是一个负值，其绝对值也是对应曲边梯形的面积. 当函数 $f(x)$ 在闭区间 $[a, b]$ 上可正可负时，函数图像的某些部分在 x 轴的上方，某些部分在 x 轴的下方，所以函数 $f(x)$ 的定积分就是 $f(x)$ 在 x 轴的上方部分和下方部分相对应的曲边梯形面积的代数和，如图 5-3 所示.

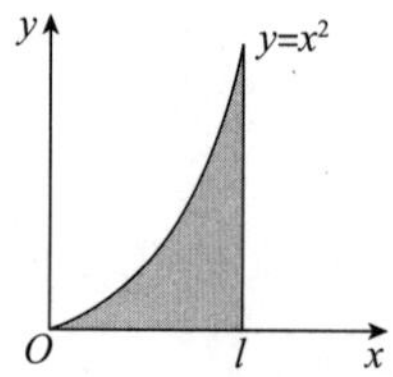

图 5-2

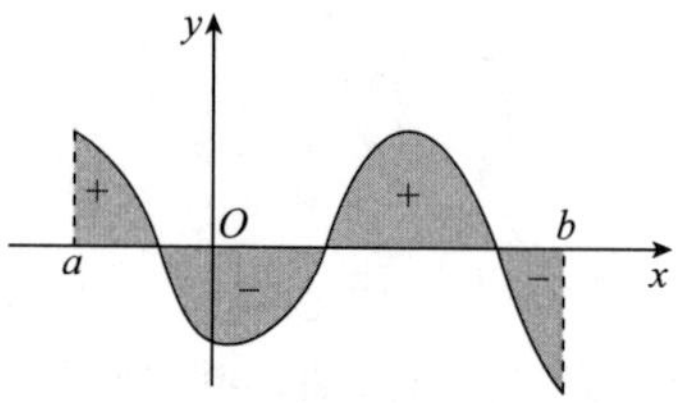

图 5-3

5.2 定积分的性质

根据定积分的定义容易推出定积分 $\int_a^b f(x)\mathrm{d}x$ 的如下性质.

性质 1 $\int_a^b kf(x)\mathrm{d}x = k\int_a^b f(x)\mathrm{d}x$（$k$ 是常数）.

由定积分的定义，有

$$\begin{aligned}\int_a^b kf(x)\mathrm{d}x &= \lim_{\lambda\to 0}\sum_{i=1}^n kf(\xi_i)\Delta x_i = \lim_{\lambda\to 0}k\sum_{i=1}^n f(\xi_i)\Delta x_i = k\lim_{\lambda\to 0}\sum_{i=1}^n f(\xi_i)\Delta x_i \\ &= k\int_a^b f(x)\mathrm{d}x.\end{aligned}$$

性质 1 说明，常数因子可以提到积分号的前面.

性质 2 $\int_a^b (f(x)\pm g(x))\mathrm{d}x = \int_a^b f(x)\mathrm{d}x \pm \int_a^b g(x)\mathrm{d}x.$

它说明，两个函数代数和的定积分等于它们定积分的代数和. 这是因为

$$\begin{aligned}\int_a^b (f(x)\pm g(x))\mathrm{d}x &= \lim_{\lambda\to 0}\sum_{i=1}^n (f(\xi_i)\pm g(\xi_i))\Delta x_i \\ &= \lim_{\lambda\to 0}\left(\sum_{i=1}^n f(\xi_i)\Delta x_i \pm \sum_{i=1}^n g(\xi_i)\Delta x_i\right) \\ &= \lim_{\lambda\to 0}\sum_{i=1}^n f(\xi_i)\Delta x_i \pm \lim_{\lambda\to 0}\sum_{i=1}^n g(\xi_i)\Delta x_i\end{aligned}$$

$$=\int_a^b f(x)\mathrm{d}x \pm \int_a^b g(x)\mathrm{d}x.$$

性质 3 对于 $\forall x \in [a, b]$，若 $f(x) \equiv k$，则 $\int_a^b f(x)\mathrm{d}x = \int_a^b k\mathrm{d}x = k(b-a)$.

由定积分的定义，有

$$\begin{aligned}\int_a^b k\mathrm{d}x &= \lim_{\lambda\to 0}\sum_{i=1}^n k\Delta x_i = k\lim_{\lambda\to 0}\sum_{i=1}^n \Delta x_i = k\lim_{\lambda\to 0}\sum_{i=1}^n (x_i - x_{i-1}) \\ &= k[(x_1-x_0)+(x_2-x_1)+\cdots+(x_n-x_{n-1})] \\ &= k(x_n-x_0) = k(b-a).\end{aligned}$$

特别地，当 $f(x)\equiv 1$ 时，$\int_a^b f(x)\mathrm{d}x = \int_a^b \mathrm{d}x = b-a$.

性质 4 对于 $\forall c \in [a, b]$，即 $a \leqslant c \leqslant b$，有 $\int_a^b f(x)\mathrm{d}x = \int_a^c f(x)\mathrm{d}x + \int_c^b f(x)\mathrm{d}x$.

由定积分的定义，在作积分和时，因为无论如何划分 $[a, b]$，积分和的极限值都不变，所以在划分 $[a, b]$ 时，不妨让 c 总是其中一个分点，这样可得如下和式：

$$\sum_{[a,b]} f(\xi_i)\Delta x_i = \sum_{[a,c]} f(\xi_i)\Delta x_i + \sum_{[c,b]} f(\xi_i)\Delta x_i.$$

在区间 $[a, b]$ 上，当 $\lambda\to 0$ 时，在区间 $[a, c]$ 和 $[c, b]$ 上，同样有 $\lambda\to 0$. 因此，

$$\int_a^b f(x)\mathrm{d}x = \int_a^c f(x)\mathrm{d}x + \int_c^b f(x)\mathrm{d}x.$$

推论 1 若函数 $f(x)$ 在 $[a, b]$ 上只有有限个间断点且有界，则 $f(x)$ 在 $[a, b]$ 上可积.

性质 5 如果在 $[a, b]$ 上，恒有 $f(x) \leqslant g(x)$，则

$$\int_a^b f(x)\mathrm{d}x \leqslant \int_a^b g(x)\mathrm{d}x.$$

证明 因为 $f(x) \leqslant g(x)$，所以 $f(\xi_i) \leqslant g(\xi_i)$；又因为 $\Delta x_i > 0$，故

$$f(\xi_i)\Delta x_i \leqslant g(\xi_i)\Delta x_i,\ i=1, \cdots, n,$$

从而

$$\sum_{i=1}^n f(\xi_i)\Delta x_i \leqslant \sum_{i=1}^n g(\xi_i)\Delta x_i \Rightarrow \lim_{\lambda\to 0}\sum_{i=1}^n f(\xi_i)\Delta x_i \leqslant \lim_{\lambda\to 0}\sum_{i=1}^n g(\xi_i)\Delta x_i,$$

即

$$\int_a^b f(x)\mathrm{d}x \leqslant \int_a^b g(x)\mathrm{d}x.$$

推论 2 如果在 $[a, b]$ 上，恒有 $f(x) \geqslant 0$，则

$$\int_a^b f(x)\mathrm{d}x \geqslant 0.$$

推论 3 若函数 $f(x)$ 在 $[a, b]$ 上连续，则 $\left|\int_a^b f(x)\mathrm{d}x\right| \leqslant \int_a^b |f(x)|\mathrm{d}x$.

证明 因为

$$-|f(x)| \leqslant f(x) \leqslant |f(x)|,$$

所以

$$-\int_a^b |f(x)|\mathrm{d}x \leqslant \int_a^b f(x)\mathrm{d}x \leqslant \int_a^b |f(x)|\mathrm{d}x,$$

即

$$\left|\int_a^b f(x)\mathrm{d}x\right| \leqslant \int_a^b |f(x)|\mathrm{d}x.$$

性质 6 假设 M 和 m 是连续函数 $f(x)$ 在 $[a, b]$ 上的最大值和最小值，则

$$m(b-a) \leqslant \int_a^b f(x)\mathrm{d}x \leqslant M(b-a).$$

证明 因为 $m \leqslant f(x) \leqslant M$，故根据性质 5，有

$$\int_a^b m\mathrm{d}x \leqslant \int_a^b f(x)\mathrm{d}x \leqslant \int_a^b M\mathrm{d}x,$$

再由性质 3，得

$$m(b-a) \leqslant \int_a^b f(x)\mathrm{d}x \leqslant M(b-a).$$

通过性质 6，立刻知道闭区间 $[a, b]$ 上连续函数 $f(x)$ 的定积分所在的大致范围.

性质 7（积分中值定理） 若 $f(x)$ 在 $[a, b]$ 上连续，则在 (a, b) 上至少存在一点 ξ，使得

$$\int_a^b f(x)\mathrm{d}x = f(\xi)(b-a),$$

或写为

$$f(\xi) = \frac{1}{b-a}\int_a^b f(x)\mathrm{d}x.$$

证明 由性质 6，$m(b-a) \leqslant \int_a^b f(x)\mathrm{d}x \leqslant M(b-a)$，所以 $m \leqslant \frac{1}{b-a}\int_a^b f(x)\mathrm{d}x \leqslant M$. 又 $f(x)$ 在 $[a, b]$ 上连续，根据介值定理，必有 $\xi \in (a, b)$，使得

$$f(\xi) = \frac{1}{b-a}\int_a^b f(x)\mathrm{d}x,$$

即

$$\int_a^b f(x)\mathrm{d}x = f(\xi)(b-a).$$

定义 5.2 在性质 7（积分中值定理）中，$f(\xi)$ 称为 $f(x)$ 在 $[a, b]$ 上的**平均值**.

5.3 定积分的计算

根据定积分的定义计算定积分的方法过于复杂，因此必须寻找简便的方法来计算定积分. 在这里，我们将通过定积分和不定积分的关系，找出计算定积分的一般方法.

一、牛顿-莱布尼茨公式

我们知道闭区间 $[a, b]$ 上连续函数 $f(x)$ 的定积分 $\int_a^b f(x)\mathrm{d}x$ 是一个确定的数值，即 $f(x)$ 一旦确定，$\int_a^b f(x)\mathrm{d}x$ 就由积分区间 $[a, b]$ 决定. 这样对 $\forall x \in [a, b]$，有 $[a, x] \subseteq [a, b]$. 又因为 $f(t)$ 在 $[a, b]$ 上连续，所以 $f(t)$ 在 $[a, x]$ 上也连续，因此 $f(t)$ 在 $[a, x]$ 上可积，令

$$\Phi(x) = \int_a^x f(t)\mathrm{d}t, \ a \leqslant x \leqslant b.$$

显然，$\Phi(x)$ 是 x 的函数，我们把它称为 $f(x)$ 的**积分上限函数**，如图 5-4 所示.

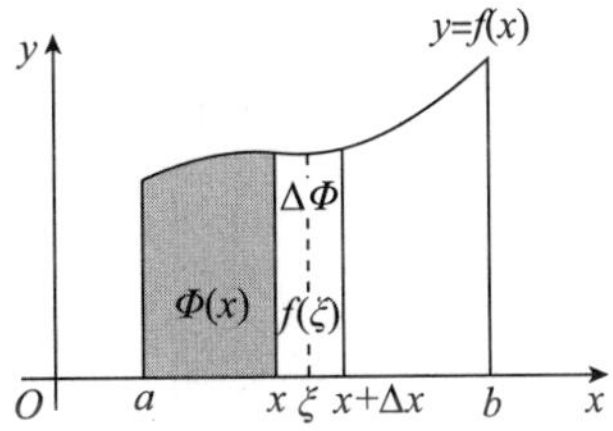

图 5-4

定理 5.1 积分上限函数 $\Phi(x)$ 在 x 点可导（$x \in [a, b]$），且 $\Phi'_x(x) = f(x)$.

证明 在点 x 处给 x 一个增量 Δx，则积分上限函数 $\Phi(x)$ 在点 x 处的增量为

$$\Delta\Phi = \Phi(x + \Delta x) - \Phi(x) = \int_a^{x+\Delta x} f(t)\mathrm{d}t - \int_a^x f(t)\mathrm{d}t.$$

根据定积分的性质，有

$$\Delta\Phi = \int_a^{x+\Delta x} f(t)\mathrm{d}t + \int_x^a f(t)\mathrm{d}t = \int_x^{x+\Delta x} f(t)\mathrm{d}t.$$

再由积分中值定理，得

$$\Delta\Phi = \int_x^{x+\Delta x} f(t)\mathrm{d}t = f(\xi)\Delta x, \ x < \xi < x + \Delta x.$$

两边同时除以 Δx，令 $\Delta x \to 0$，这时 $\xi \to x$，于是

$$\lim_{\Delta x\to 0}\frac{\Delta\Phi}{\Delta x}=\lim_{\Delta x\to 0}\frac{f(\xi)\Delta x}{\Delta x}=\lim_{\Delta x\to 0}f(\xi)=\lim_{\xi\to x}f(\xi)=f(x),$$

即

$$\Phi_x'(x)=f(x).$$

由此可知，$\Phi(x)=\int_a^x f(t)\mathrm{d}t$ 是 $f(x)$ 的一个原函数，即 $\left(\int_a^x f(t)\mathrm{d}t\right)_x'=f(x)$.

设 $F(x)$ 是 $f(x)$ 的任一原函数，即 $F'(x)=f(x)$，则 $F_x'(x)=f(x)$，于是

$$\Phi(x)=F(x)+C,$$

其中 C 是积分常数. 因此

$$\int_a^x f(t)\mathrm{d}t=F(x)+C.$$

令 $x=a$，则 $0=F(a)+C$，即 $C=-F(a)$. 因此

$$\int_a^x f(t)\mathrm{d}t=F(x)-F(a).$$

再令 $x=b$，则

$$\int_a^b f(t)\mathrm{d}t=F(b)-F(a).$$

上式就是著名的牛顿-莱布尼茨公式，叙述如下.

定理 5.2 如果 $F(x)$ 是连续函数 $f(x)$ 的任意一个原函数（$x\in[a,b]$），则

$$\int_a^b f(x)\mathrm{d}x=F(b)-F(a)=F(x)\Big|_a^b.$$

定理 5.2 是微积分学的基本定理，由著名英国科学家牛顿（Newton）和德国数学家莱布尼茨（Leibniz）同时发现，因此得名牛顿-莱布尼茨公式，它揭示了定积分和不定积分（原函数）之间的联系，即 $[a,b]$ 上的连续函数 $f(x)$ 的定积分等于它的任一原函数 $F(x)$ 在 $[a,b]$ 上的增量，即

$$\int_a^b f(x)\mathrm{d}x=F(b)-F(a)=F(x)\Big|_a^b.$$

下面举例说明牛顿-莱布尼茨公式的应用.

例 2 计算定积分：

(1) $\int_0^1 x^2\mathrm{d}x$；　　(2) $\int_0^\pi \sin x\,\mathrm{d}x$.

解 (1) $\int_0^1 x^2\mathrm{d}x=\frac{1}{3}x^3\Big|_0^1=\frac{1}{3}\cdot 1^3-\frac{1}{3}\cdot 0^3=\frac{1}{3}$.

(2) $$\int_0^\pi \sin x\,\mathrm{d}x=-\cos x\Big|_0^\pi=-\cos\pi-(-\cos 0)$$
$$=-(-1)-(-1)=2.$$

例 2（2）表示，$y=\sin x$ 和 x 轴上的区间段 $[0,\pi]$ 所围区域的面积正好是 2（如

图 5-5 所示).

根据牛顿-莱布尼茨公式的推理过程，可得如下推论.

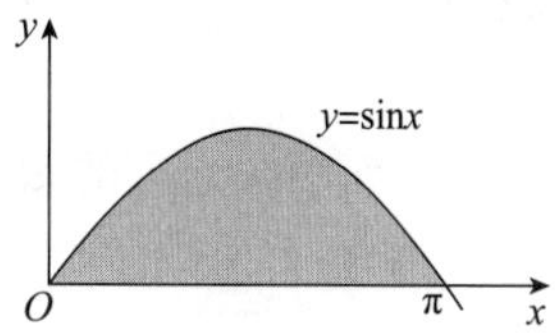

图 5-5

推论 1 若 $f(x)$ 在 $[a,b]$ 上连续，则积分上限函数 $\Phi(x)=\int_a^x f(t)\mathrm{d}t$ 在 $[a,b]$ 上连续可导，且 $\Phi'(x)=f(x)$，即 $\Phi(x)$ 是 $f(x)$ 的原函数，且

$$\left(\int_a^x f(t)\mathrm{d}t\right)'=f(x).$$

推论 2 若 $f(x)$ 在 $[a,b]$ 上连续，则积分下限函数 $\Psi(x)=\int_x^b f(t)\mathrm{d}t$ 在 $[a,b]$ 上连续可导，且 $\Psi'(x)=-f(x)$，即

$$\left(\int_x^b f(t)\mathrm{d}t\right)'=-f(x).$$

推论 3 若 $f(x)$ 在 $[a,b]$ 上连续，$\varphi(x)$ 在 $[\alpha,\beta]$ 上连续可导，$\varphi(x)$ 满足 $a\leqslant\varphi(x)\leqslant b$，则积分上限函数 $\Phi(x)=\int_a^{\varphi(x)} f(t)\mathrm{d}t$ 在 $[\alpha,\beta]$ 上也连续可导，且 $\Phi'(x)=f(\varphi(x))\varphi'(x)$，即

$$\left[\int_a^{\varphi(x)} f(t)\mathrm{d}t\right]'=f(\varphi(x))\varphi'(x).$$

例 3 求下列极限：

(1) $\lim\limits_{x\to 0}\dfrac{\int_0^x \cos t^2\mathrm{d}t}{x}$；　　(2) $\lim\limits_{x\to 0}\dfrac{\int_{\cos x}^1 \mathrm{e}^{-t^2}\mathrm{d}t}{x^2}$.

解 (1) 由洛必达法则，有

$$\lim_{x\to 0}\frac{\int_0^x \cos t^2\mathrm{d}t}{x}=\lim_{x\to 0}\frac{\left(\int_0^x \cos t^2\mathrm{d}t\right)'_x}{(x)'_x}=\lim_{x\to 0}\frac{\cos x^2}{1}=1.$$

(2) 根据洛必达法则，有

$$\lim_{x\to 0}\frac{\int_{\cos x}^1 \mathrm{e}^{-t^2}\mathrm{d}t}{x^2}=\lim_{x\to 0}\frac{\left(\int_{\cos x}^1 \mathrm{e}^{-t^2}\mathrm{d}t\right)'_x}{(x^2)'_x}=\lim_{x\to 0}\frac{-\mathrm{e}^{-\cos^2 x}(-\sin x)}{2x}$$

$$=\lim_{x\to 0}\left(\frac{1}{2}\mathrm{e}^{-\cos^2 x}\cdot\frac{\sin x}{x}\right)=\frac{1}{2}\mathrm{e}^{-1}\cdot 1=\frac{1}{2\mathrm{e}}.$$

二、定积分的换元积分法和分部积分法

利用牛顿-莱布尼茨公式，可把定积分 $\int_a^b f(x)\mathrm{d}x$ 的计算转化为求 $f(x)$ 的原函数 $F(x)$ 及其增量的问题. 在第四章中，我们用换元积分法和分部积分法求出了很多函数的

原函数（不定积分）. 因此，不难设想，能否直接应用换元积分法和分部积分法来计算定积分？

下面两个定理的叙述给出了肯定的回答.

定理 5.3 设 $f(x)$ 在 $[a, b]$ 上连续，$x=\varphi(t)$ 在 $[\alpha, \beta]$ 上连续可导且单值. 当 $\alpha \leqslant t \leqslant \beta$ 时，有 $a \leqslant \varphi(t) \leqslant b$，且 $\varphi(\alpha)=a$，$\varphi(\beta)=b$，则

$$\int_a^b f(x)\mathrm{d}x=\int_\alpha^\beta f(\varphi(t))\varphi'(t)\mathrm{d}t.$$

证明 设 $F(x)$ 是连续函数 $f(x)$ 在 $[a, b]$ 上的一个原函数，则 $F'(x)=f(x)$. 由复合函数的求导法则，$F(\varphi(t))$ 是 $f(\varphi(t))\varphi'(t)$ 的一个原函数. 由牛顿-莱布尼茨公式，有

$$\int_\alpha^\beta f(\varphi(t))\varphi'(t)\mathrm{d}t=F(\varphi(t))\Big|_\alpha^\beta=F(\varphi(\beta))-F(\varphi(\alpha))=F(b)-F(a),$$

于是

$$\int_a^b f(x)\mathrm{d}x=\int_\alpha^\beta f(\varphi(t))\varphi'(t)\mathrm{d}t=F(\varphi(\beta))-F(\varphi(\alpha))=F(b)-F(a).$$

例 4 试求下列定积分：

(1) $\int_0^a \sqrt{a^2-x^2}\,\mathrm{d}x$； (2) $\int_0^4 \frac{\mathrm{d}x}{1+\sqrt{x}}$.

解 (1) 令 $x=a\sin t$，当 $x=0$ 时 $t=0$，当 $x=a$ 时 $t=\frac{\pi}{2}$，于是

$$\begin{aligned}\int_0^a \sqrt{a^2-x^2}\,\mathrm{d}x&=\int_0^{\frac{\pi}{2}}\sqrt{a^2-a^2\sin^2 t}\cdot a\cos t\,\mathrm{d}t=a^2\int_0^{\frac{\pi}{2}}\cos^2 t\,\mathrm{d}t\\&=a^2\int_0^{\frac{\pi}{2}}\frac{1+\cos 2t}{2}\mathrm{d}t=\frac{a^2}{2}\int_0^{\frac{\pi}{2}}(1+\cos 2t)\mathrm{d}t\\&=\frac{a^2}{2}\left[t+\frac{1}{2}\sin 2t\right]\Big|_0^{\frac{\pi}{2}}=\frac{\pi}{4}a^2.\end{aligned}$$

(2) 令 $\sqrt{x}=t$，则 $x=t^2$，$t\geqslant 0$. 当 $x=0$ 时 $t=0$，当 $x=4$ 时 $t=2$. 于是

$$\int_0^4\frac{\mathrm{d}x}{1+\sqrt{x}}=2\int_0^2\frac{t\,\mathrm{d}t}{1+t}=2\int_0^2\left(1-\frac{1}{1+t}\right)\mathrm{d}t=2[t-\ln|1+t|]\Big|_0^2=4-2\ln 3.$$

定理 5.4 设函数 $u(x)$，$v(x)$ 在闭区间 $[a, b]$ 上连续可导，则

$$\int_a^b u(x)\mathrm{d}v(x)=u(x)v(x)\Big|_a^b-\int_a^b v(x)\mathrm{d}u(x).$$

证明 由于函数 $u(x)$，$v(x)$ 在 $[a, b]$ 上连续可导，故利用导数的乘积公式，有

$$[u(x)v(x)]'=u'(x)v(x)+u(x)v'(x),$$

两边求定积分，有

$$\int_a^b [u(x)v(x)]'\mathrm{d}x = u(x)v(x)\Big|_a^b = \int_a^b [u'(x)v(x)+u(x)v'(x)]\mathrm{d}x,$$

即

$$\int_a^b u(x)v'(x)\mathrm{d}x = u(x)v(x)\Big|_a^b - \int_a^b v(x)u'(x)\mathrm{d}x,$$

也可写为

$$\int_a^b u(x)\mathrm{d}v(x) = u(x)v(x)\Big|_a^b - \int_a^b v(x)\mathrm{d}u(x).$$

上述公式称为定积分的分部积分公式.

例 5 试求下列定积分:

(1) $\int_0^1 x\mathrm{e}^x\mathrm{d}x$; (2) $\int_0^{\frac{\pi}{2}} x^2\sin x\mathrm{d}x$.

解 (1) $\int_0^1 x\mathrm{e}^x\mathrm{d}x = \int_0^1 x\mathrm{d}\mathrm{e}^x = x\mathrm{e}^x\Big|_0^1 - \int_0^1 \mathrm{e}^x\mathrm{d}x = \mathrm{e} - \mathrm{e}^x\Big|_0^1 = 1.$

(2)
$$\begin{aligned}\int_0^{\frac{\pi}{2}} x^2\sin x\mathrm{d}x &= -\int_0^{\frac{\pi}{2}} x^2\mathrm{d}\cos x = -x^2\cos x\Big|_0^{\frac{\pi}{2}} + 2\int_0^{\frac{\pi}{2}} x\cos x\mathrm{d}x \\ &= 0 + 2\int_0^{\frac{\pi}{2}} x\cos x\mathrm{d}x = 2\int_0^{\frac{\pi}{2}} x\mathrm{d}\sin x = 2\left(x\sin x\Big|_0^{\frac{\pi}{2}} - \int_0^{\frac{\pi}{2}}\sin x\mathrm{d}x\right) \\ &= 2\left(\frac{\pi}{2} + \cos x\Big|_0^{\frac{\pi}{2}}\right) = \pi - 2.\end{aligned}$$

注 在应用分部积分公式计算定积分时，如果将积分上限和积分下限代入运算过程中已经被积出的部分，则未被积出的部分仍然是一个定积分，且积分上限和积分下限不变，这样可使整个计算过程清晰简洁、一目了然.

5.4 定积分的应用

定积分是有效解决科学技术与工程问题最重要的数学工具之一，在医药学上也得到了广泛应用. 本节将利用定积分方法分析和解决几何、物理中所遇到的一些问题. 通过这些问题的解决，不仅能建立计算它们的公式，更重要的是，还能学会应用微元法来解决很多实际问题，给出将一个目标量表示成定积分的方法.

一、几何学上的应用

1. 微元法

当求函数 $f(x)$ 在 $[a, b]$ 上的定积分时，根据定积分的定义，对 $\forall x\in[a, b]$，在点 x 处给 x 一个增量 $\mathrm{d}x$，$f(x)$ 在 x 处的积分元素为 $\mathrm{d}A = f(x)\mathrm{d}x$，将这些积分元素从 a 到 b 累加起来（微分的积累），即得 $f(x)$ 在 $[a, b]$ 上的定积分. 通常 $f(x)$ 是实际问题中的一个目标量，而 $[a, b]$ 是自变量的变化范围，它指出实际问题中要讨论的范围.

在实际问题中直接建立函数的定积分常常很困难，而找出函数的微分较容易，因此这种方法称为**微分法**. 微分法的关键在于找出微元 $dA=f(x)dx$，求定积分相对简单.

2. 直角坐标系下平面图形的面积

我们知道，曲边梯形的面积就是曲边 $y=f(x)$ 在底边 $[a, b]$ 上的定积分，由此可以求出任意平面图形的面积. 具体计算过程为：首先画出所求平面图形的草图，以判定其边界，找出平面图形由哪些曲边梯形构成；然后写出每个曲边梯形面积的积分式；最后列出这些积分式的代数和，以求出平面图形的面积.

例 6 计算由两条抛物线 $y=x^2$ 和 $x=y^2$ 围成的平面图形的面积 S.

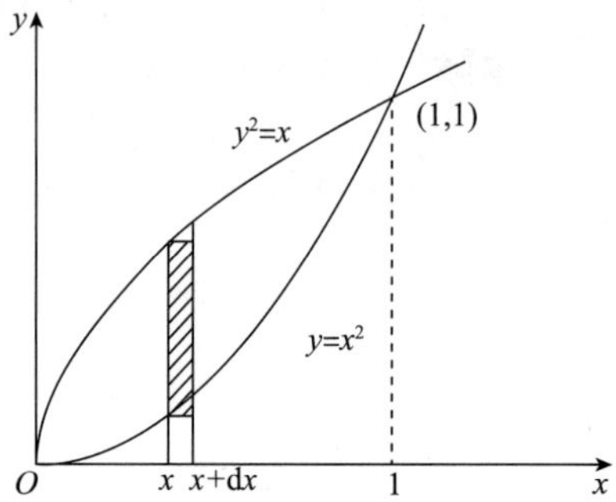

图 5-6

解 抛物线 $y=x^2$ 和 $x=y^2$ 所围成的平面图形如图 5-6 所示. 两条抛物线的交点就是方程组$\begin{cases}y=x^2\\y^2=x\end{cases}$的解，它有两组解$\begin{cases}x=0\\y=0\end{cases}$和$\begin{cases}x=1\\y=1\end{cases}$，即两条抛物线的交点为 (0, 0) 和 (1, 1).

取 x 作为积分变量，对于 $\forall x\in[0, 1]$，求出对应于小区间 $[x, x+dx]$ 的平面图形的面积微元，即长为 $\sqrt{x}-x^2$、宽为 dx 的小窄条的面积 $(\sqrt{x}-x^2)dx$，然后把这些小窄条的面积从点 0 到点 1 累加起来就是所求平面图形的面积 S. 即

$$S=\int_0^1(\sqrt{x}-x^2)dx=\int_0^1 x^{\frac{1}{2}}dx-\int_0^1 x^2dx=\frac{2}{3}x^{\frac{3}{2}}\Big|_0^1-\frac{1}{3}x^3\Big|_0^1=\frac{1}{3},$$

其中 $\int_0^1 x^{\frac{1}{2}}dx$ 是抛物线 $x=y^2$ 与底边 $[0, 1]$ 所围曲边梯形的面积，而 $\int_0^1 x^2dx$ 是抛物线 $y=x^2$ 与底边 $[0, 1]$ 所围曲边梯形的面积.

例 7 计算抛物线 $y^2=2x$ 和直线 $y=x-4$ 所围平面图形的面积 S.

解 抛物线 $y^2=2x$ 和直线 $y=x-4$ 所围成的平面图形如图 5-7 所示，其交点由这两条曲线所形成的方程组$\begin{cases}y^2=2x\\y=x-4\end{cases}$决定. 它有两组解$\begin{cases}x=2\\y=-2\end{cases}$和$\begin{cases}x=8\\y=4\end{cases}$，即交点为 (2, −2) 和 (8, 4). 从图形上看，选 y 作为积分变量较合适，变化区间是 $[-2, 4]$. 对于 $\forall y\in[-2, 4]$，对应于小区间 $[y, y+dy]$ 的窄条面积的高是 dy、宽是 $(y+4)-\frac{1}{2}y^2$，则面积微元为

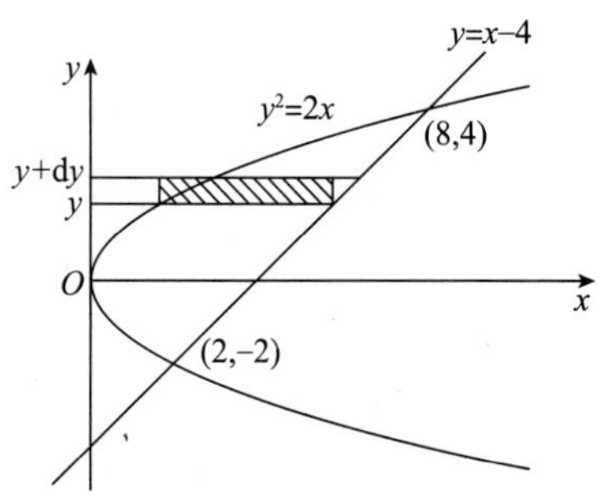

图 5-7

$$dS=\left[(y+4)-\frac{1}{2}y^2\right]dy.$$

把这些面积微元从-2到4累加起来，就是平面图形的面积S，即

$$S=\int_{-2}^{4}\left((y+4)-\frac{1}{2}y^2\right)\mathrm{d}y=\left[\frac{y^2}{2}+4y-\frac{y^3}{6}\right]\Bigg|_{-2}^{4}=18.$$

例 8 求椭圆$\frac{x^2}{a^2}+\frac{y^2}{b^2}=1$所围平面图形的面积$S$.

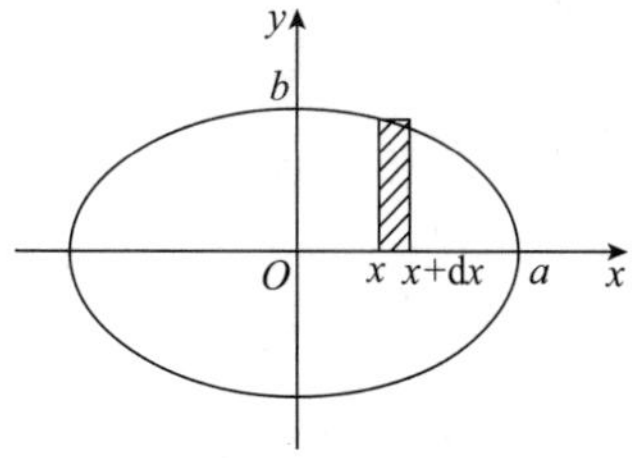

图 5-8

解 因为椭圆关于两坐标轴对称，如图 5-8 所示，设S_1是椭圆在第一象限的部分与两坐标轴所围成的面积，则$S=4S_1$，而

$$S_1=\int_0^a y\mathrm{d}x=\int_0^a\frac{b}{a}\sqrt{a^2-x^2}\mathrm{d}x=\frac{b}{a}\int_0^a\sqrt{a^2-x^2}\mathrm{d}x$$

$$=\frac{b}{a}\cdot\frac{\pi}{4}a^2=\frac{\pi}{4}ab,$$

所以

$$S=4S_1=\pi ab.$$

另一种解法，对于$S_1=\int_0^a y\mathrm{d}x$，代入椭圆的参数方程$\begin{cases}x=a\cos t\\y=b\sin t\end{cases}$，同样推出$S=4S_1=\pi ab$.

当$a=b$时，上述面积S就是大家所熟悉的圆面积公式$S=\pi a^2$.

当计算曲边梯形的面积$A=\int_a^b y\mathrm{d}x$时，若曲边为参数方程$\begin{cases}x=\varphi(t)\\y=\gamma(t)\end{cases}(\alpha\leqslant t\leqslant\beta)$，则可以直接利用换元法将积分式化成对参数$t$的定积分，即

$$A=\int_a^b y\mathrm{d}x=\int_\alpha^\beta\gamma(t)\varphi'(t)\mathrm{d}t.$$

3. 极坐标系中平面图形的面积

我们知道，某些平面图形使用极坐标方程表示比较方便，因此有必要讨论极坐标系中平面图形面积的计算方法.

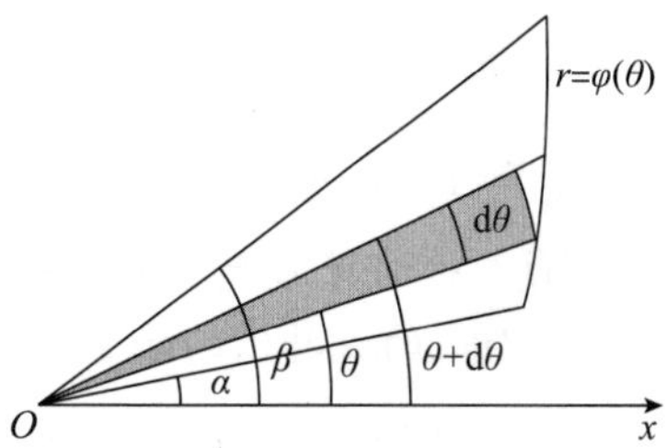

图 5-9

假设曲线的极坐标方程为$r=r(\theta)(\alpha\leqslant\theta\leqslant\beta)$，如图 5-9 所示. 下面求解这条曲线与射线$\theta=\alpha$，$\theta=\beta$所围成的曲边扇形的面积$S$.

对于$\forall\theta\in[\alpha,\beta]$，有小区间$[\theta,\theta+\mathrm{d}\theta]$，它与$r=r(\theta)$所围成的小曲边扇形的面积是

$$\mathrm{d}S=\frac{1}{2}r(\theta)\cdot r(\theta)\mathrm{d}\theta=\frac{1}{2}r^2(\theta)\mathrm{d}\theta.$$

因此，当θ从α变化到β时，这些扇形面积微元的累加和就是整个曲边扇形的面积S，即

$$S=\frac{1}{2}\int_{\alpha}^{\beta}r^{2}(\theta)\mathrm{d}\theta.$$

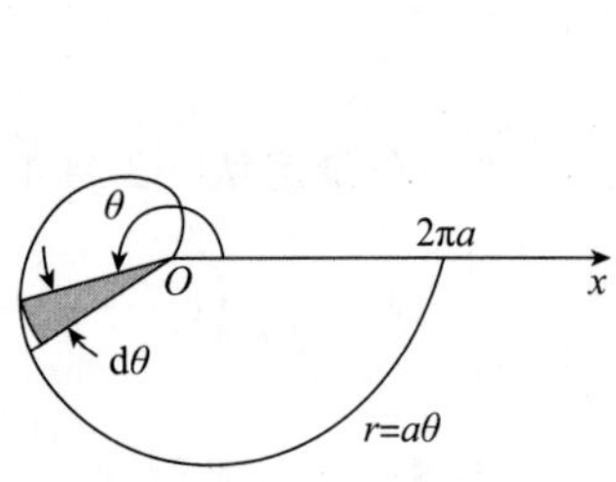

图 5-10

例 9 计算阿基米德螺线 $r=a\theta$（$a>0$）上对应于区间 $0\leqslant\theta\leqslant 2\pi$ 的一段弧与极轴所围平面图形的面积 S.

解 阿基米德螺线如图 5-10 所示，由于 $\alpha=0$，$\beta=2\pi$，因此，所求平面图形的面积 S 是

$$S=\frac{1}{2}\int_{0}^{2\pi}(a\theta)^{2}\mathrm{d}\theta=\frac{a^{2}}{2}\cdot\frac{1}{3}\theta^{3}\Big|_{0}^{2\pi}=\frac{4}{3}\pi^{3}a^{2}.$$

4. 旋转体的体积

所谓**旋转体**，就是由平面上的曲线 $y=f(x)$，直线 $x=a$，$x=b$ 和 x 轴围成的曲边梯形绕 x 轴旋转一周形成的，如图 5-11 所示．下面就求出这个旋转体的体积 V.

任取 $x\in[a,b]$，有小区间 $[x,x+\mathrm{d}x]$，与其对应的窄曲边梯形绕 x 轴旋转一周形成的小旋转体的体积就是以 $f(x)$ 为底面半径、高为 $\mathrm{d}x$ 的扁圆柱体的体积——体积微元：

$$\mathrm{d}V=\pi f^{2}(x)\mathrm{d}x.$$

这样，当 x 从 a 变化到 b 时，这些体积微元的累加和就是所求旋转体的体积 V：

$$V=\pi\int_{a}^{b}f^{2}(x)\mathrm{d}x.$$

如果旋转体是由平面曲线 $x=\varphi(y)$，直线 $y=c$，$y=d$ 和 y 轴围成的曲边梯形绕 y 轴旋转而成的，如图 5-12 所示，则仿照前面的做法，任取 $y\in[c,d]$，有小区间 $[y,y+\mathrm{d}y]$，这时体积微元是 $\mathrm{d}V=\pi\cdot\varphi^{2}(y)\mathrm{d}y$，故旋转体的体积 V 为

$$V=\pi\int_{c}^{d}\varphi^{2}(y)\mathrm{d}y.$$

例 10 计算椭圆 $\frac{x^{2}}{a^{2}}+\frac{y^{2}}{b^{2}}=1$ 所围图形绕 x 轴旋转而成的旋转体（椭球体）的体积 V（如图 5-13 所示）.

解 由于椭圆关于坐标轴对称，所以只要求出椭圆在第一象限对应的曲边梯形绕 x 轴旋转而成的旋转体的体积 V_1，再乘以 2 就是椭球体的体积 V. 于是

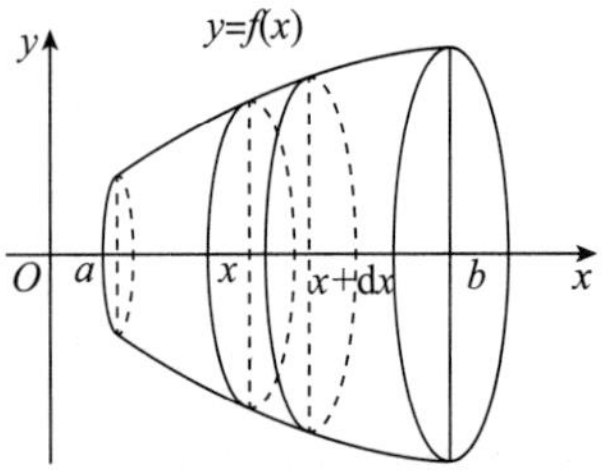

图 5-11

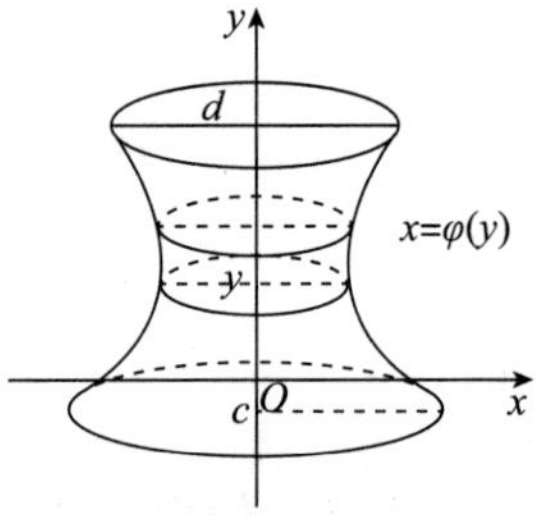

图 5-12

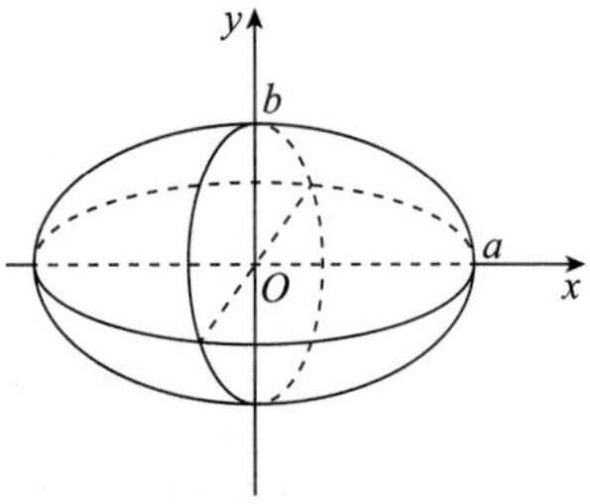

图 5-13

$$V=2V_1=2\pi\int_0^a f^2(x)\mathrm{d}x=2\pi\int_0^a b^2\left(1-\frac{x^2}{a^2}\right)\mathrm{d}x$$

$$=2\pi\cdot b^2\left[x-\frac{x^3}{3a^2}\right]_0^a=2\cdot\frac{2\pi}{3}ab^2=\frac{4\pi}{3}ab^2.$$

5. 平面曲线的弧长

定理 5.5 闭区间 $[a,b]$ 上的光滑曲线 $y=f(x)$（即可导函数）是可求长的.

（1）直角坐标方程的情形.

如图 5－14 所示，$y=f(x)$ 在 $[a,b]$ 上连续可导，对于 $x_0\in[a,b]$，首先求出对应于 $[x_0,x_0+\mathrm{d}x]$ 的弧长，即 $\Delta s=\overset{\frown}{M_0N}$，由 $\Delta s\approx M_0P=\sqrt{(\mathrm{d}x)^2+(\mathrm{d}y)^2}$，得

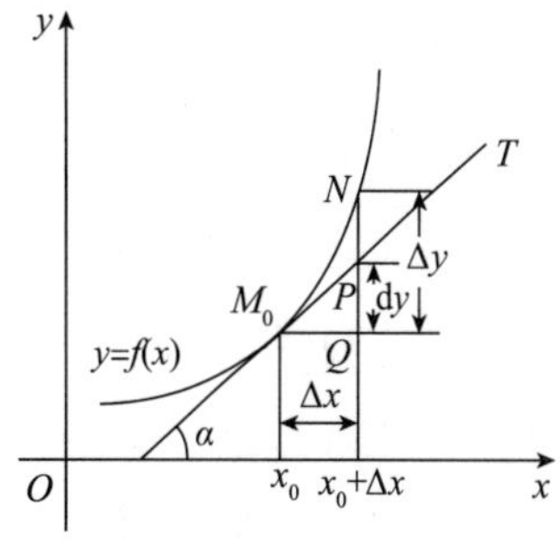

图 5－14

$$\mathrm{d}s=\sqrt{(\mathrm{d}x)^2+(\mathrm{d}y)^2}=\sqrt{1+(y'_x)^2}\,\mathrm{d}x.$$

这里 $\mathrm{d}s$ 称为点 x_0 处的**弧微分**，因此 $y=f(x)$ 在 $[a,b]$ 上的弧长为

$$s=\int_a^b\sqrt{1+(y'_x)^2}\,\mathrm{d}x.$$

例 11 计算圆 $x^2+y^2=a^2$ 的周长.

解 根据圆的对称性，只要求出第一象限的部分乘以 4 就可以了. 显然，上半圆的方程是 $y=\sqrt{a^2-x^2}$，从而

$$y'=\frac{1}{2\sqrt{a^2-x^2}}\cdot(-2x)=\frac{-x}{\sqrt{a^2-x^2}}.$$

故圆在第一象限部分的弧长为

$$l=\int_0^a\sqrt{1+(y')^2}\,\mathrm{d}x=\int_0^a\sqrt{1+\frac{x^2}{a^2-x^2}}\,\mathrm{d}x=\int_0^a\sqrt{\frac{a^2}{a^2-x^2}}\,\mathrm{d}x$$

$$=a\int_0^a\frac{1}{\sqrt{a^2-x^2}}\mathrm{d}x=a\arcsin\frac{x}{a}\Big|_0^a=a\arcsin 1-0=\frac{\pi a}{2}.$$

因此，圆的周长 L 为

$$L=4l=4\times\frac{\pi a}{2}=2\pi a.$$

*（2）参数方程的情形.

当曲线弧由参数方程 $\begin{cases}x=\varphi(t)\\y=\psi(t)\end{cases}$ $(\alpha\leqslant t\leqslant\beta)$ 给出时，弧微分为

$$\mathrm{d}s=\sqrt{(\mathrm{d}x)^2+(\mathrm{d}y)^2}=\sqrt{[\varphi'(t)]^2+[\psi'(t)]^2}\,\mathrm{d}t.$$

曲线所对应的弧长为

$$s=\int_{\alpha}^{\beta}\sqrt{(\varphi'(t))^2+(\psi'(t))^2}\,\mathrm{d}t.$$

例 12 图 5-15 为星形线，试求它的全长. 星形线的参数方程是

$$\begin{cases}x=a\cos^3 t\\ y=a\sin^3 t\end{cases}.$$

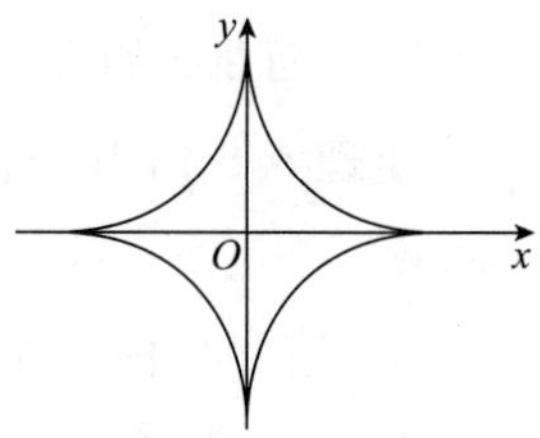

图 5-15

解 因为 $x'_t=-3a\cos^2 t\sin t$，$y'_t=3a\sin^2 t\cos t$，所以星形线的弧长为

$$\begin{aligned}s&=4\int_{\alpha}^{\beta}\sqrt{(\varphi'(t))^2+(\psi'(t))^2}\,\mathrm{d}t\\&=4\int_{0}^{\frac{\pi}{2}}3a\sin t\cos t\sqrt{\sin^2 t+\cos^2 t}\,\mathrm{d}t\\&=12a\int_{0}^{\frac{\pi}{2}}\sin t\cos t\,\mathrm{d}t=12a\int_{0}^{\frac{\pi}{2}}\sin t\,\mathrm{d}\sin t=6a\sin^2 t\Big|_{0}^{\frac{\pi}{2}}=6a.\end{aligned}$$

*(3) 极坐标方程的情形.

假设曲线弧 C 由极坐标方程式 $r=r(\theta)(\alpha<\theta<\beta)$ 给出，即

$$\begin{cases}x=r(\theta)\cos\theta\\ y=r(\theta)\sin\theta\end{cases}.$$

将它代入弧微分公式并化简，有

$$\mathrm{d}s=\sqrt{(x'_\theta)^2+(y'_\theta)^2}\,\mathrm{d}\theta=\sqrt{r^2+(r'_\theta)^2}\,\mathrm{d}\theta.$$

故

$$s=\int_{\alpha}^{\beta}\sqrt{r^2+(r'_\theta)^2}\,\mathrm{d}\theta.$$

例 13 试求心形线 $r=a(1+\cos\theta)(0\leqslant\theta\leqslant 2\pi)$ 的全长 s.

解 心形线如图 5-16 所示，因为 $r'_\theta=-a\sin\theta$，所以

$$\begin{aligned}s&=2\int_{0}^{\pi}\sqrt{r^2+(r'_\theta)^2}\,\mathrm{d}\theta\\&=2\int_{0}^{\pi}\sqrt{[a(1+\cos\theta)]^2+(-a\sin\theta)^2}\,\mathrm{d}\theta\\&=2\int_{0}^{\pi}a\sqrt{2(1+\cos\theta)}\,\mathrm{d}\theta=2\int_{0}^{\pi}2a\left|\cos\frac{\theta}{2}\right|\mathrm{d}\theta\\&=4a\int_{0}^{\pi}\cos\frac{\theta}{2}\,\mathrm{d}\theta=8a\sin\frac{\theta}{2}\Big|_{0}^{\pi}=8a.\end{aligned}$$

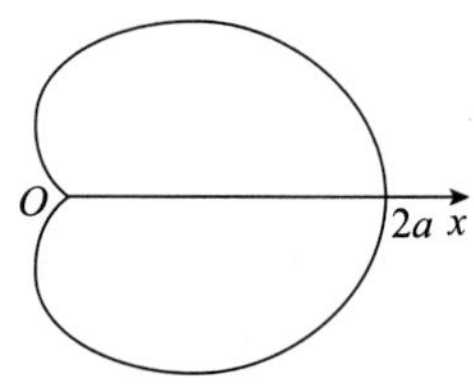

图 5-16

二、物理学上的应用

1. 变力做功

这里只讨论变力 $f=f(s)$ 沿直线运动的情况，且变力方向和运动方向一致. 对于变力方向和运动方向不一致的情况，只有学习了多元微积分后才能作出解答.

设物体 m 在变力 $f=f(s)$ 的作用下沿直线运动，s 是 m 的位移，$f=f(s)$ 是 m 在位移 s 处所受的力. 下面我们求出 m 从位移 s_1 处运动到 s_2 处变力 f 对 m 所做的功 A.

任取 $s\in[s_1, s_2]$，再取 s 处的小区间 $[s, s+\mathrm{d}s]$，这里 $\mathrm{d}s$ 是位移微元. 由物理学可知，在小区间 $[s, s+\mathrm{d}s]$ 上 f 对 m 所做的功微元是 $\mathrm{d}A=f(s)\mathrm{d}s$，从而物体 m 从 s_1 处运动到 s_2 处变力 f 对 m 所做的功 A 就是这些功微元的累加和，即

$$A=\int_{s_1}^{s_2} f(s)\mathrm{d}s.$$

例 14 在光滑平面上有一根弹簧，一端固定在墙壁上，另一端系着一个小球 m，现在用手拉小球 m，从平衡位置 O 到达 A 点所产生的位移为 s. 试计算拉力对小球 m 所做的功 W.

解 如图 5-17 所示. 以 OA 为轴建立坐标系 Ox，把小球 m 从 O 点拉到 A 点的过程中，在点 x 处的拉力是 $f=kx$，其中常数 k 是弹性系数. 对于 $\forall x\in[0, s]$，有小区间 $[x, x+\mathrm{d}x]$，在这个小区间上拉力 kx 所做的功微元为 $\mathrm{d}W=kx\mathrm{d}x$. 于是

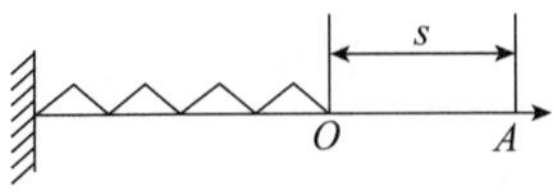

图 5-17

$$W=\int_0^s kx\,\mathrm{d}x=\frac{k}{2}x^2\Big|_0^s=\frac{k}{2}s^2.$$

力学中的弹簧振子就是上例中的小球 m 被拉到 A 点后放开，放开时开始计时，则小球 m 做自由振动. 振动过程中小球 m 离开平衡位置 O 的位移 $x=x(t)$ 随着时间 t 的变化而变化，振幅是 s. 小球 m 在振动过程中只受到弹簧力 $F=-kx$，其中 “$-$” 号说明 F 的方向与位移 x 相反. 由牛顿力学可知，小球 m 的加速度 x''_{tt} 在振动中所满足的方程为

$$m\frac{\mathrm{d}^2x}{\mathrm{d}t^2}=-kx \quad 或 \quad mx''_{tt}+kx=0 \quad 或 \quad x''_{tt}+\omega^2x=0\ (\omega^2=k/m).$$

它就是第六章将要讨论的二阶微分方程，其中 x 是 m 在时刻 t 所处的位置.

例 15 已知有一个均匀带电电棒 AB，长度是 a，带电量为 Q. 如图 5-18 所示. 试求在电棒 AB 的延长线上且与 B 端距离为 l 的点 P 处的电场强度 I.

图 5-18

解 以 A 为原点，AB 为 x 轴建立坐标系，则 AB 上的点 x 满足 $x\in[0, a]$，此时微区间为 $[x, x+\mathrm{d}x]$，其上带电量为 $\dfrac{Q\mathrm{d}x}{a}$，它在点 P 处产生的电场强度是

$$dI=h\frac{Q\mathrm{d}x}{a}\times\frac{1}{(a+l-x)^2}，h\text{ 是电学常数}.$$

因此，整个电棒 AB 在点 P 处所产生的电场强度 I 为

$$\begin{aligned}I&=\int_0^a\frac{hQ}{a\,(a+l-x)^2}\mathrm{d}x=-\frac{hQ}{a}\int_0^a\frac{1}{(a+l-x)^2}\mathrm{d}(a+l-x)\\&=-\frac{hQ}{a}\cdot\left[-\frac{1}{a+l-x}\right]_0^a=\frac{hQ}{a}\left(\frac{1}{l}-\frac{1}{a+l}\right)=\frac{hQ}{l(a+l)}.\end{aligned}$$

2. 液体的静压力

我们知道在液体表面下深度相同的地方，液体对各个方向的压强都相等，即 $P=\rho gx$，这里 P 为压强，x 为液体深度，ρ 是液体密度，g 是重力加速度.

例 16 在水面下 100 米处有一个半径为 1 米的铅垂圆形闸门，如图 5-19 所示. 试求此闸门所受水的静压力 F.

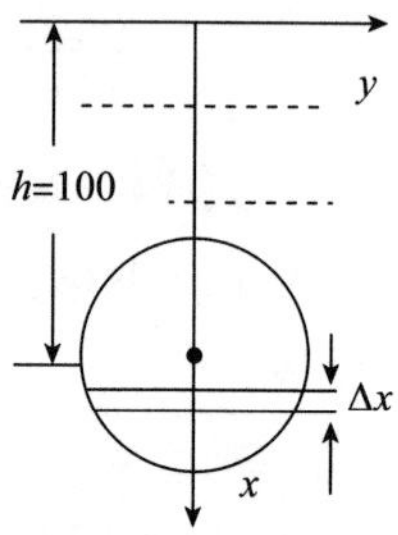

图 5-19

解 由已知，建立如图 5-19 所示的坐标系. 则圆形闸门所对应的 $x\in[99，101]$，在 x 处，区间 $[x，x+\mathrm{d}x]$ 所对应的闸门窄条面积为

$$\mathrm{d}s=2\sqrt{1^2-(x-100)^2}\,\mathrm{d}x=2\sqrt{1^2-(100-x)^2}\,\mathrm{d}x.$$

该处压力微元为

$$\mathrm{d}F=\rho gx\cdot 2\sqrt{1^2-(100-x)^2}\,\mathrm{d}x，\rho=1;$$

故闸门所受的压力为

$$\begin{aligned}F&=\int_{99}^{101}\rho g\cdot 2x\sqrt{1-(100-x)^2}\,\mathrm{d}x\\&=2\rho g\int_{99}^{101}x\sqrt{1-(100-x)^2}\,\mathrm{d}x\,(\text{令 }t=100-x)\\&=-2g\int_1^{-1}(100-t)\sqrt{1-t^2}\,\mathrm{d}t=2g\left[\int_{-1}^{1}100\sqrt{1-t^2}\,\mathrm{d}t-\int_{-1}^{1}t\sqrt{1-t^2}\,\mathrm{d}t\right]\\&=2g\int_{-1}^{1}100\sqrt{1-t^2}\,\mathrm{d}t=400g\int_0^1\sqrt{1-t^2}\,\mathrm{d}t=400g\cdot\frac{\pi}{4}=100\pi g\,(\text{吨}).\end{aligned}$$

三、医药学上的应用

在解决许多实际问题时，经常需要求 n 个数据的算术平均值，它描述了这组数据的总体情况. 例如，可以用各个队员身高的算术平均值来描述一支篮球队的总体身高情况. 又如对某人在一分钟内呼吸次数进行的一次测量 y，一般情况下不能将它作为在一分钟内呼吸次数的准确值；通常情况下是对此人进行 n 次测量，得到 n 个测量值 y_1，y_2，…，y_n，然后用平均值

$$\overline{y}=\frac{y_1+y_2+\cdots+y_n}{n}$$

作为他在一分钟内呼吸次数准确值的近似.

在科学技术和实际工程中，常常需要计算连续函数 $f(x)$ 在 $[a,b]$ 上所取一切值的平均值，如某地在一昼夜之间的平均温度、化学反应的平均速度等. 这种平均值可以通过上述算术平均值推导出来.

首先 n 等分 $[a,b]$，分点为 $a=x_0<x_1<\cdots<x_n=b$，每个小区间的长度记为 $\Delta x_i=\frac{b-a}{n}$. 设在这些分点处 $f(x)$ 的取值是 y_0，y_1，…，y_n，则平均值 $\frac{y_1+y_2+\cdots+y_n}{n}$ 可以用来近似表达函数 $f(x)$ 在 $[a,b]$ 上所取值的平均. 当 $n\to\infty$ 时，这个平均值的极限为

$$\begin{aligned}\lim_{n\to\infty}\frac{y_1+y_2+\cdots+y_n}{n}&=\lim_{n\to\infty}\frac{y_1+y_2+\cdots+y_n}{b-a}\cdot\frac{b-a}{n}\\&=\lim_{n\to\infty}\frac{1}{b-a}\sum_{i=1}^{n}y_i\cdot\Delta x_i\\&=\frac{1}{b-a}\lim_{n\to\infty}\sum_{i=1}^{n}f(x_i)\Delta x_i=\frac{1}{b-a}\int_a^b f(x)\mathrm{d}x,\end{aligned}$$

即 $\overline{y}=\frac{1}{b-a}\int_a^b f(x)\mathrm{d}x$ 是 $f(x)$ 在 $[a,b]$ 上的**平均值**，它就是积分中值定理中的 $f(\xi)$.

例 17 某人口服某药后，血药浓度 $C(t)$ 的变化规律 $C(t)=20(\mathrm{e}^{-0.15t}-\mathrm{e}^{-1.5t})$ 是时间 t 的函数，试求 2～4 小时之间血药浓度的平均值.

解 由前面的讨论可知，血药浓度的平均值为

$$\begin{aligned}\overline{C}&=\frac{1}{4-2}\int_2^4 C(t)\mathrm{d}t=\frac{1}{4-2}\int_2^4 20(\mathrm{e}^{-0.15t}-\mathrm{e}^{-1.5t})\mathrm{d}t\\&=10\left[-\frac{1}{0.15}\mathrm{e}^{-0.15t}+\frac{1}{1.5}\mathrm{e}^{-1.5t}\right]_2^4\\&\approx 12.49.\end{aligned}$$

例 18 通常情况下人体内的药物可从患者的尿液中排出，若排泄速率为时间 t 的函数 $r(t)=t\mathrm{e}^{-kt}$，其中 k 是医学常数. 试求在时间间隔 $[0,T]$ 内所排出的药量 D.

解 在时间间隔 $[0,T]$ 内所排出的药量 D 就是排泄速率的定积分，即

$$\begin{aligned}D&=\int_0^T r(t)\mathrm{d}t=\int_0^T t\mathrm{e}^{-kt}\mathrm{d}t=-\frac{1}{k}\left(t\mathrm{e}^{-kt}\Big|_0^T-\int_0^T\mathrm{e}^{-kt}\mathrm{d}t\right)=-\frac{T}{k}\mathrm{e}^{-kT}-\frac{1}{k^2}\mathrm{e}^{-kt}\Big|_0^T\\&=-\frac{T}{k}\mathrm{e}^{-kT}-\frac{1}{k^2}\mathrm{e}^{-kT}+\frac{1}{k^2}=\frac{1}{k^2}-\left(\frac{T}{k}+\frac{1}{k^2}\right)\mathrm{e}^{-kT}.\end{aligned}$$

5.5 广义积分和 Γ 函数

函数 $f(x)$ 在 $[a,b]$ 上连续是其可积的充分条件，而 $[a,b]$ 上的连续函数必有界，因此，积分 $\int_a^b f(x)\mathrm{d}x$ 中的函数 $f(x)$ 有界且积分区间 $[a,b]$ 有限. 但是在解决实际

问题时会遇到被积函数 $f(x)$ 无界或者积分区间 $[a, b]$ 无限的情况，这种推广后的积分称为广义积分.

一、广义积分

首先解决一个实际问题. 在地球表面上把质量为 m 的卫星用火箭发送到与地球表面距离为 R 的太空，试求火箭推力对卫星所做的功 A（假设地球半径是 R_0).

以地心为原点，火箭运动方向为轴，建立坐标系. 设 $r\in[R_0, R_0+R]$，它是发射火箭过程中火箭所处的位置，对应于小区间 $[r, r+\mathrm{d}r]$，火箭推力对卫星所做的功微元为

$$\mathrm{d}A=f\cdot \mathrm{d}r=G\frac{Mm}{r^2}\mathrm{d}r.$$

这里 $f=G\dfrac{Mm}{r^2}$ 是地球对卫星的引力（G 为引力常数，M 为地球质量). 火箭必须克服这个力才能推动卫星向前运动. 则火箭把卫星推到与地球表面距离为 R 的天空时对卫星所做的功 A 为

$$A=\int_{R_0}^{R_0+R}G\frac{Mm}{r^2}\mathrm{d}r=GMm\int_{R_0}^{R_0+R}\frac{1}{r^2}\mathrm{d}r=GMm\left(-\frac{1}{r}\right)\Big|_{R_0}^{R_0+R}=\frac{GMmR}{R_0(R_0+R)}.$$

令 $b=R_0+R$，若 $R\to\infty$，则 $b\to+\infty$，它表示火箭把卫星推到了无穷远处，那么这时火箭对卫星所做的功是多少？也就相当于对上式求 $b\to+\infty$ 时的极限，即

$$A=\lim_{b\to+\infty}\int_{R_0}^{b}G\frac{Mm}{r^2}\mathrm{d}r=\lim_{b\to+\infty}\frac{GMmR}{R_0(R_0+R)}=\lim_{R\to+\infty}\frac{GMm}{R_0}\cdot\frac{R}{R_0+R}=\frac{GMm}{R_0}.$$

因此，火箭对卫星所做的功 A 是一个常数，如果将这个功 A 转化为卫星的动能，则

$$\frac{1}{2}mv^2=\frac{GMm}{R_0},$$

于是

$$v=\sqrt{\frac{2GM}{R_0}}.$$

上式代入 M，G，R_0 的实际数值，得 $v\approx 7.9$ m/s，它就是物理学上的第一宇宙速度. 它说明在地球表面上卫星只要有这个速度，就会完全不受地球引力的影响，逃逸出地球引力场. 由此可知，把定积分定义中的积分区间推广到无穷区间很有现实意义.

1. 连续函数在无穷区间上的积分

定义 5.3 设 $f(x)$ 在区间 $[a, +\infty)$ 上连续，对 $\forall b\in[a, +\infty)$，如果极限 $\lim\limits_{b\to+\infty}\int_a^b f(x)\mathrm{d}x$ 存在，则称此极限值为函数 $f(x)$ 在无穷区间 $[a, +\infty)$ 上的**广义积分**，记作

$$\int_a^{+\infty}f(x)\mathrm{d}x=\lim_{b\to+\infty}\int_a^b f(x)\mathrm{d}x.$$

这时也称广义积分$\int_a^{+\infty} f(x)\mathrm{d}x$ 收敛. 若$\lim\limits_{b\to+\infty}\int_a^b f(x)\mathrm{d}x$ 不存在，则称$\int_a^{+\infty} f(x)\mathrm{d}x$ 发散.

由牛顿-莱布尼茨公式，有

$$\begin{aligned}\int_a^{+\infty} f(x)\mathrm{d}x &= \lim_{b\to+\infty}\int_a^b f(x)\mathrm{d}x \\ &= \lim_{b\to+\infty} F(b)-F(a)=F(x)\Big|_a^{+\infty}=F(+\infty)-F(a),\end{aligned}$$

其中 $F(x)$ 是 $f(x)$ 在 $[a, +\infty)$ 上的任意一个原函数，而 $F(+\infty)$ 表示 $\lim\limits_{x\to+\infty}F(x)$.

类似地，还可以定义函数 $f(x)$ 在区间 $(-\infty, b]$ 和 $(-\infty, +\infty)$ 上的广义积分：

$$\int_{-\infty}^b f(x)\mathrm{d}x = \lim_{a\to-\infty}\int_a^b f(x)\mathrm{d}x,$$

$$\int_{-\infty}^{+\infty} f(x)\mathrm{d}x = \int_{-\infty}^c f(x)\mathrm{d}x + \int_c^{+\infty} f(x)\mathrm{d}x\,(c\in(-\infty, +\infty)).$$

广义积分$\int_{-\infty}^{+\infty} f(x)\mathrm{d}x$ 收敛的充要条件是$\int_{-\infty}^{c} f(x)\mathrm{d}x$ 和$\int_c^{+\infty} f(x)\mathrm{d}x$ 同时收敛.

例 19 求下列广义积分：

(1) $\int_{-\infty}^{+\infty}\dfrac{\mathrm{d}x}{1+x^2}$；　　(2) $\int_1^{+\infty}\dfrac{\mathrm{d}x}{x}$.

解 (1) $\int_{-\infty}^{+\infty}\dfrac{\mathrm{d}x}{1+x^2}=\arctan x\Big|_{-\infty}^{+\infty}=\arctan(+\infty)-\arctan(-\infty)=\dfrac{\pi}{2}-\left(-\dfrac{\pi}{2}\right)=\pi.$

(2) $\int_1^{+\infty}\dfrac{\mathrm{d}x}{x}=\ln x\Big|_1^{+\infty}=\ln(+\infty)-\ln 1=+\infty.$

因此，积分式$\int_1^{+\infty}\dfrac{\mathrm{d}x}{x}$ 不收敛，即$\int_1^{+\infty}\dfrac{\mathrm{d}x}{x}$ 发散.

2. 无界函数的积分

定义 5.4 设函数 $f(x)$ 在 $[a, b)$ 内连续，且 $\lim\limits_{x\to b^-}f(x)=\infty$，如果极限 $\lim\limits_{b'\to b^-}\int_a^{b'} f(x)\mathrm{d}x$ 存在，其中 $a<b'<b$，则称该极限为无界函数 $f(x)$ 在区间 $[a, b)$ 上的**广义积分**，记为

$$\int_a^b f(x)\mathrm{d}x = \lim_{b'\to b^-}\int_a^{b'} f(x)\mathrm{d}x.$$

这时也称广义积分$\int_a^b f(x)\mathrm{d}x$ 收敛；否则称广义积分$\int_a^b f(x)\mathrm{d}x$ 发散.

同理，若函数 $f(x)$ 在区间 $(a, b]$ 内连续，且 $\lim\limits_{x\to a^+}f(x)=\infty$，则

$$\int_a^b f(x)\mathrm{d}x = \lim_{a'\to a^+}\int_{a'}^b f(x)\mathrm{d}x,\ a<a'<b.$$

假设 $F(x)$ 是 $f(x)$ 的原函数，则无界函数 $f(x)$ 的广义积分可用下式进行计算：

$$\int_a^b f(x)\mathrm{d}x = \lim_{b'\to b^-}\int_a^{b'} f(x)\mathrm{d}x = \lim_{b'\to b^-}F(a)\Big|_a^{b'} = \lim_{b'\to b^-}F(b')-F(a)=F(x)\Big|_a^b$$

或

$$\int_a^b f(x)\mathrm{d}x=\lim_{a'\to a^+}\int_{a'}^b f(x)\mathrm{d}x=\lim_{a'\to a^+}F(x)\Big|_{a'}^b=F(b)-\lim_{a'\to a^+}F(a')=F(x)\Big|_a^b.$$

例 20 计算定积分：$\int_0^R \frac{\mathrm{d}x}{\sqrt{R^2-x^2}}$.

解 因为$\frac{1}{\sqrt{R^2-x^2}}$在 $x=R$ 处无界，故对任意 $R'<R$，有

$$\int_0^{R'}\frac{\mathrm{d}x}{\sqrt{R^2-x^2}}=\arcsin\frac{x}{R}\Big|_0^{R'},$$

当 $R'\to R^-$ 时

$$\int_0^R\frac{\mathrm{d}x}{\sqrt{R^2-x^2}}=\lim_{R'\to R^-}\int_0^{R'}\frac{\mathrm{d}x}{\sqrt{R^2-x^2}}=\lim_{R'\to R^-}\arcsin\frac{x}{R}\Big|_0^{R'}$$

$$=\lim_{R'\to R^-}\arcsin\frac{R'}{R}-\arcsin 0=\arcsin 1-0=\frac{\pi}{2}.$$

二、Γ 函数

定义 5.5 由广义积分 $\Gamma(\alpha)=\int_0^{+\infty}x^{\alpha-1}\mathrm{e}^{-x}\mathrm{d}x\ (\alpha>0)$ 确定的函数称为 **Γ 函数**.

Γ 函数广泛应用于自然科学和工程技术之中. 这里只介绍它的几个性质.

性质 1 $\Gamma(1)=1$.

根据定义，有

$$\Gamma(1)=\int_0^{+\infty}\mathrm{e}^{-x}\mathrm{d}x=-\mathrm{e}^{-x}\Big|_0^{+\infty}=-(\mathrm{e}^{-\infty}-\mathrm{e}^0)=1.$$

性质 2 $\Gamma(\alpha+1)=\alpha\Gamma(\alpha)\ (\alpha>0)$.

由分部积分法，得

$$\Gamma(\alpha+1)=\int_0^{+\infty}x^\alpha\mathrm{e}^{-x}\mathrm{d}x=-\int_0^{+\infty}x^\alpha\mathrm{d}\mathrm{e}^{-x}=-x^\alpha\mathrm{e}^{-x}\Big|_0^{+\infty}+\int_0^{+\infty}\mathrm{e}^{-x}\alpha x^{\alpha-1}\mathrm{d}x$$

$$=\alpha\int_0^{+\infty}x^{\alpha-1}\mathrm{e}^{-x}\mathrm{d}x=\alpha\Gamma(\alpha).$$

显然，上述公式可以递推.

特别地，当 $\alpha=n$ 时，有

$$\Gamma(n+1)=n\Gamma(n)=n(n-1)\Gamma(n-1)=\cdots$$

$$=n(n-1)(n-2)\cdots3\cdot2\cdot1\cdot\Gamma(1)=n!.$$

由上式容易推出 $\Gamma(\alpha)$ 的值. 对于 $\alpha>0$ 时，必存在正整数 n，满足 $n<\alpha\leqslant n+1$，有

$$\Gamma(\alpha+1)=\alpha\Gamma(\alpha)=\alpha(\alpha-1)\cdots(\alpha-n)\Gamma(\alpha-n),\ 0<\alpha-n\leqslant1.$$

所以只要知道 Γ 函数在 [0, 1] 上的值（可查 Γ 函数表），即可求出 $\Gamma(\alpha)$ 的所有函数值.

性质 3 $\Gamma(\alpha)\cdot\Gamma\left(\alpha+\frac{1}{2}\right)=\frac{\sqrt{\pi}\cdot\Gamma(2\alpha)}{2^{2\alpha-1}}$.（证明略）

性质 4 $\Gamma(\alpha)\cdot\Gamma(1-\alpha)=\frac{\pi}{\sin\pi\alpha}$.（证明略）

课后读物

著名科学家的故事

戈特弗里德·威廉·莱布尼茨（Gottfried Wilhelm Leibniz，1646—1716），德国最重要的自然科学家、数学家、物理学家、历史学家和哲学家，举世罕见的科学天才，微积分创建人. 他博览群书，涉猎百科，对丰富人类科学知识宝库做出了不可磨灭的贡献.

莱布尼茨出生于德国东部莱比锡的一个书香之家，由于耳濡目染，莱布尼茨从小就十分好学，并且具有很高的天赋. 1664 年 1 月，莱布尼茨完成了论文《论法学之艰难》，获哲学硕士学位. 1665 年，莱布尼茨向莱比锡大学提交了博士论文《论身份》，审查委员会却以他太年轻（年仅 20 岁）为由拒绝授予他法学博士学位. 1667 年 2 月，阿尔特多夫大学授予他法学博士学位，还聘请他为法学教授. 莱布尼茨在从政期间深受惠更斯的启发，决心钻研高等数学，并研究了笛卡儿、费马、帕斯卡等人的著作，开始了创造性的工作. 当时全世界四大科学院——英国皇家学会、法国科学院、罗马科学与数学科学院、柏林科学院都把莱布尼次作为核心成员. 1716 年 11 月 14 日，莱布尼茨因胆结石引起的腹绞痛卧床一周后，孤寂地离开了人世，终年 70 岁.

微积分的创立是牛顿和莱布尼茨最卓越的数学成就. 在他们之前，人们已经广泛研究过诸如切线、求积、瞬时速度以及函数的极大值和极小值等问题. 但牛顿和莱布尼茨站在了更高的角度，对以往分散的结论加以综合，将自古希腊以来求解无限小问题的各种技巧统一为两类普通的算法——微分和积分，并确立了这两类运算的互逆关系，即本章第三节中的定理 5.1 和定理 5.2，又称微积分基本定理，从而完成了微积分发明中最关键的一步，只有确立了这一基本关系，才能在此基础上构建系统的微积分学，并从对各种函数的微分和求积公式中，总结出共同的算法程序，使微积分方法普遍化，发展成用符号表示的微积分运算法则. 因此，微积分“是由牛顿和莱布尼茨大体上完成的，但不是由他们发明的”.

然而，关于微积分创立的优先权在数学史上曾掀起过一场激烈的争论. 实际上，虽然牛顿在微积分方面的研究早于莱布尼茨，但莱布尼茨成果的发表则早于牛顿. 这种争吵在各自的学生、支持者和数学家中持续了相当长一段时间，造成了欧洲大陆数学家和英国数学家的长期对立. 英国数学在一个时期里闭关锁国，由于民族偏见，过于拘泥在牛顿的“流数术”中停滞不前，因而其发展整整落后了 100 年.

现在人们公认牛顿和莱布尼茨各自独立地创建了微积分. 牛顿从物理学出发，运用集合方法研究微积分，其应用更多地结合了运动学，造诣高于莱布尼茨. 莱布尼茨则从几何问题出发，运用分析学方法引进微积分概念，得出运算法则，其数学的严密性与系统性是牛顿所不及的，尤其是他所创立的微积分符号“dx”“$\frac{dy}{dx}$”“$\int$”等一直沿用至今，对微积分的发展有着极其重大的影响.

微积分的创建为近代科学的发展提供了最有效的工具，开辟了科学和数学史上的新纪元，被誉为“17 世纪人类思维发展的最高境界”.

习题五

1. 在定积分的定义 $\int_a^b f(x)dx = \lim\limits_{\lambda\to 0}\sum\limits_{i=1}^{n} f(\alpha_i)\Delta x_i$ 中，“$\lambda\to 0$”是否可以改为“$n\to\infty$”，即分点无限增多？什么情况下“$\lambda\to 0$”可以改为“$n\to\infty$”？

2. 放射性物质的分解速度 v 是时间 t 的函数 $v=v(t)$. 试用定积分的定义式表示放射性物质由时刻 T_0 到 T_1 所分解的质量 m.

3. 用定积分的定义式表示曲线 $y=\frac{1}{2}x^2$，直线 $x=0$，$x=3$ 以及 x 轴所围成的图形的面积，并根据定积分的定义过程计算它的值.

4. 根据定积分的几何意义，判断下列定积分的符号：

(1) $\int_0^{\frac{\pi}{2}} \sin x\,dx$；　(2) $\int_{-2}^{0} 2x\,dx$；　(3) $\int_0^{\pi} \cos x\,dx$；　(4) $\int_1^{e} \ln x\,dx$.

5. 一个物体做变速直线运动，若速度 $v=2t$（cm/s），求经过 10 秒它走过的路程.

6. 计算下列定积分：

(1) $\int_0^1 \frac{dx}{1+e^x}$；　(2) $\int_{-1}^{1} \frac{x\,dx}{\sqrt{5-4x}}$；　(3) $\int_0^1 \frac{x^{\frac{3}{2}}dx}{1+x}$；

(4) $\int_0^1 \frac{dx}{\sqrt{1+x}+\sqrt{(1+x)^3}}$；　(5) $\int_{-\frac{\pi}{4}}^{\frac{\pi}{4}} \frac{dx}{1+\sin x}$；　(6) $\int_{\frac{\sqrt{2}}{2}}^{1} \frac{\sqrt{1-x^2}}{x^2}dx$；

(7) $\int_0^1 \sqrt{2x-x^2}\,dx$；　(8) $\int_{-2}^{-\sqrt{2}} \frac{dx}{x\sqrt{x^2-1}}$；　(9) $\int_{-1}^{2} x|x|\,dx$；

(10) $\int_1^2 \frac{dx}{e^{1+x}+e^{3-x}}$；　(11) $\int_0^{e-1} \ln(1+x)dx$；　(12) $\int_0^1 x\arctan x\,dx$；

(13) $\int_0^{\pi} x^3\sin x\,dx$；　(14) $\int_0^{\ln 2} \sqrt{1-e^{-2x}}\,dx$；　(15) $\int_1^{e} \sin(\ln x)dx$；

(16) $\int_0^{\frac{\pi}{2}} e^x\cos x\,dx$；　(17) $\int_{\frac{1}{e}}^{e} |\ln x|\,dx$.

7. 试证明：

(1) 若在区间 $[-a, a]$ 上函数 $f(x)$ 连续且为偶函数，那么

$$\int_{-a}^{a} f(x)dx = 2\int_0^a f(x)dx.$$

(2) 若在区间 $[-a, a]$ 上函数 $f(x)$ 连续且为奇函数，那么

$\int_{-a}^{a} f(x)\mathrm{d}x = 0.$

8. 求图 5-20 所示阴影部分的面积.

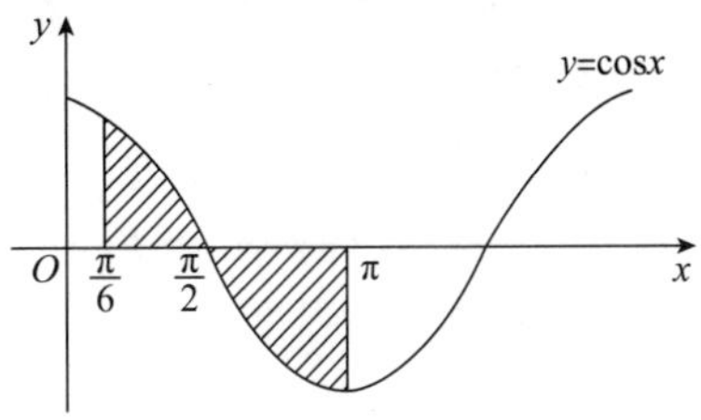

图 5-20

9. 求抛物线 $y=x^2-4x+5$，x 轴以及直线 $x=3$，$x=5$ 所围成的图形的面积.

10. 求曲线 $y=\ln x$，y 轴以及直线 $y=\ln a$，$y=\ln b$ $(b>a>0)$ 所围成的图形的面积.

11. 求由曲线 $y^2=(4-x)^3$ 与 y 轴围成的图形的面积.

12. 求由三次抛物线 $y=x^3$ 与直线 $y=2x$ 围成的图形的面积.

13. 求由抛物线 $y=\frac{1}{2}x^2$ 分割圆域 $x^2+y^2\leqslant 8$ 所成的两部分图形的面积.

14. 求由曲线 $y=\mathrm{e}^x$，$y=\mathrm{e}^{-x}$ 以及直线 $x=1$ 围成的图形的面积.

15. 求由曲线 $y=x^2$ 与直线 $y=x$，$y=2x$ 围成的图形的面积.

16. 求由两个椭圆 $\frac{x^2}{3}+\frac{y^2}{1}=1$，$\frac{x^2}{1}+\frac{y^2}{3}=1$ 围成的公共部分图形的面积.

17. 求心形线 $r=a(1+\cos\theta)$ 所围成的图形的面积.

18. 求三叶线 $r=a\sin 3\varphi$ 所围成的图形的面积.

19. 求由抛物线 $y=x^2$ 和 $y^2=x$ 围成的图形绕 x 轴旋转所生成的几何体的体积.

20. 求由曲线 $xy=a$ $(a>0)$ 与直线 $x=a$，$x=2a$，$y=0$ 围成的图形绕 x 轴旋转所成的几何体的体积.

21. 试求上题图形绕 y 轴旋转所成的几何体的体积.

22. 求由曲线 $x^2+(y-5)^2=16$ 围成的图形绕 x 轴旋转所成的几何体的体积.

23. 求由曲线 $y=x^2-2x$，$y=0$，$x=1$，$x=3$ 围成的图形绕 y 轴旋转所成的旋转体的体积.

24. 试证球缺的体积公式 $V=\pi h^2\left(R-\frac{1}{3}h\right)$，其中 R 是球的半径，h 是球缺的高.

*25. 求曲线 $y=\sqrt{x^3}$ $(0\leqslant x\leqslant 4)$ 的弧长.

*26. 求旋轮线（摆线）$x=a(t-\sin t)$，$y=a(1-\cos t)$ $(0\leqslant t\leqslant 2\pi,\ a>0)$ 一拱的长度.

*27. 求阿基米德螺线 $r=a\theta$ $(0\leqslant\theta\leqslant\pi)$ 的弧长.

28. 试计算函数 $y=2x^2+3x+3$ 在区间 $[1, 4]$ 上的平均值.

29. 试计算函数 $y=\frac{2}{\sqrt[3]{x^2}}$ 在区间 $[1, 8]$ 上的平均值.

30. 已知某化学反应的速度为 $v=ak\mathrm{e}^{-kt}$，k，a 是常数. 求该化学反应在区间 $[0, t]$ 内的平均速度.

31. 一物体由静止开始做匀加速直线运动，加速度为 a，若介质阻力与速度的平方成正比，比例系数是 k，求物体由 $s=0$ 到 $s=L$ 时克服阻力所做的功.

32. 有一圆台形水桶里面盛满了水，已知桶高为 3 m，其上下底半径分别是 1 m，2 m，试计算将桶内的水吸尽所耗费的功.

33. 试求水对铅直壁的压力，该壁的形状是半圆形，半径为 a，且直径与水面相齐.

34. 一根含有 m mg 镭的镭针 AB 长是 l cm，试求在 AB 的延长线上距 B 端 a cm 的点 P 处的总作用强度（已知作用强度与镭量成正比，与距离的平方成反比）.

35. 有一长为 l、质量为 M 的均匀细杆 AB，已知在 AB 的延长线上距 B 端 l 的点 P 处有一个质量为 m 的质点，试求把 m 移动到距 B 端 $2l$ 处所克服的细杆对质点的引力所做的功.

36. 计算下列广义积分：

(1) $\int_{-\infty}^{1} e^x \mathrm{d}x$；　(2) $\int_{0}^{+\infty} e^x \mathrm{d}x$；　(3) $\int_{e}^{+\infty} \frac{\mathrm{d}x}{x\ln^2 x}$；

(4) $\int_{0}^{+\infty} e^{-x}\sin x \mathrm{d}x$；　(5) $\int_{-\infty}^{+\infty} \frac{\mathrm{d}x}{x^2+2x+2}$；　(6) $\int_{0}^{1} \frac{\mathrm{d}x}{\sqrt{1-x^2}}$；

(7) $\int_{0}^{2} \frac{\mathrm{d}x}{x^2-4x+3}$；　(8) $\int_{0}^{1} \frac{x^4\mathrm{d}x}{\sqrt{1-x^4}}$.

第六章 微分方程

我们知道，函数反映了在客观世界的变化过程中相关变量之间的关系，利用这些函数关系就能对客观事物的内在规律进行深入研究. 在物理、化学、生物以及医药等科学技术和工程中，常常需要寻求相关变量之间的函数关系. 但是，要找出问题中变量间的函数关系相当困难，而容易建立这些变量与其导数（微分）之间的关系，得到一个含有未知函数及其导数的方程，即微分方程. 通过分析这种方程，即可求出未知函数.

本章主要介绍微分方程的基本概念及其一般解法.

6.1 微分方程的基本概念

一、两个实例

例 1 在 5.4 节定积分的应用中，讨论了质量为 m 的弹簧振子，其振动方程为

$$\frac{d^2x}{dt^2}+\omega^2x=0. \tag{6.1}$$

这里 x 是弹簧振子离开平衡位置的位移，它是时间的函数，$\omega^2=k/m$，k 是弹性系数.

容易验证，$x=A\sin(\omega t+\varphi_0)$ 满足方程（6.1），并称为振动方程的解，其中 A，φ_0 由初始时刻（$t=0$）的条件决定.

例 2 已知某曲线过点（1，2），且其上任一点 $P(x, y)$ 处的切线斜率为 $2x$，试求该曲线的方程.

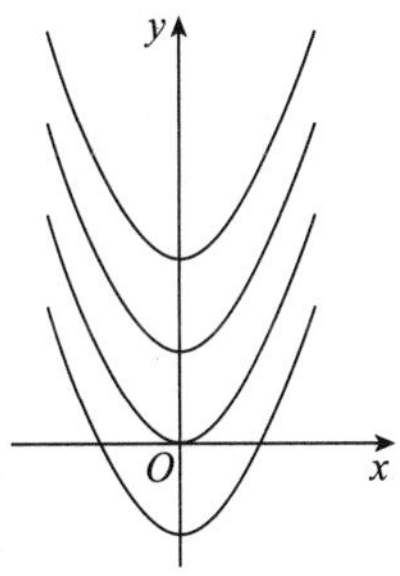

图 6-1

解 设所求曲线的方程为 $y=f(x)$，由已知，得 $y'_x=2x$ 和 $y\Big|_{x=1}=2$，对 $y'=2x$ 两边积分，有

$$y=x^2+C，C \text{ 是积分常数（见图 6-1）}.$$

又 $y\Big|_{x=1}=2$，所以 $2=1^2+C$，即 $C=1$，于是所求曲线方程为

$$y=x^2+1.$$

我们利用前面的微积分知识，解决了上述两个实际问题. 它们都是含有导数的微分方程. 实际问题中导数常常以变化率、斜率（几何学）、速度、加速度、衰变（放射学）、边际（经济学）、增长等名词出现，只有通过分析实际问题中所包含的导数才能建立微分方程.

二、微分方程的概念

定义 6.1 凡含有自变量、未知函数、未知函数的导数（微分）的方程，都称为**微分方程**. 微分方程中出现的未知函数导数的最高阶数，叫作微分方程的**阶**.

例如，对于上述两个实际问题，例 1 是二阶微分方程，例 2 则是一阶微分方程. 又如 $x^4y'''+xy''-4xy'=6x$ 是三阶微分方程.

一般地，n 阶微分方程的形式是

$$F(x, y, y', \cdots, y^{(n)})=0, \tag{6.2}$$

其中 F 是 $n+2$ 个变量的函数. 在方程（6.2）中，未知函数 y 的 n 阶导数 $y^{(n)}$ 是必须出现的. 但变量 x，y，y'，…，$y^{(n-1)}$ 或其部分可以出现，也可以不出现. 若 x 是唯一的自变量，即 y 是一元函数，则微分方程（6.2）则称为**常微分方程**，简称**微分方程**（或方程）.

若自变量多于一个，则未知函数是多元函数，这时函数对某自变量的导数称为**偏导数**.

例如，二元函数 $z=z(x, y)$，若求 z 对 x 的导数，则把 y 看成常数后对 x 直接求导，亦即 $z'_x=\frac{\mathrm{d}z}{\mathrm{d}x}$. 为了区别于一元函数的导数，记为 $z'_x=\frac{\partial z}{\partial x}$；同理，$z'_y=\frac{\partial z}{\partial y}$，并称为偏导数. 含有偏导数的微分方程称为偏微分方程. 例如，方程 $x\frac{\partial z}{\partial x}+y\frac{\partial z}{\partial y}=z$，$\frac{\partial^2 u}{\partial x^2}+\frac{\partial^2 u}{\partial y^2}+\frac{\partial^2 u}{\partial z^2}=0$ 等都是偏微分方程. 本书不讨论偏微分方程，只研究常微分方程.

后面主要讨论方程（6.2）的特殊形式

$$y^{(n)}=f(x, y, y', \cdots, y^{(n-1)}). \tag{6.3}$$

定义 6.2 设函数 $y=\varphi(x)$ 在区间 I 上有 n 阶连续导数，如果在 I 上，恒有

$$F(x, \varphi(x), \varphi'(x), \cdots, \varphi^{(n)}(x))\equiv 0,$$

则 $y=\varphi(x)$ 称为微分方程（6.2）在 I 上的**解**. 若微分方程的解含有 n 个独立的任意常数，则这样的解称为微分方程的**通解**.

假设一个微分方程的形式为 $y'=f(x, y)$，通解为 $y=y(x, C)$，这里 C 为任意常数. 为了确定常数 C 的实际取值，通常给出某个条件. 例如，当 $x=x_0$ 时，$y=y_0$，即 $y\big|_{x=x_0}=y_0$，这里 x_0，y_0 都是给定的值. 确定了通解中任意常数之后的解称为微分方程的**特解**；用以确定特解的条件称为**初始条件**. 我们把带有初始条件的微分方程问题称作**初**

值问题.

例如，前面解决的两个问题都是初值问题，而 $y=x^2+C$ 是例 2 的通解；$y=x^2+1$ 是其过点 $P(1,\ 2)$ 的特解，此时的初始条件是 $y\Big|_{x=1}=2$.

类似地，$x=A\sin(\omega t+\varphi_0)$ 是例 1 的通解，而 $x=\sqrt{2}\sin\left(\omega t+\dfrac{\pi}{2}\right)$ 是其特解，这时有两个初始条件 $x\Big|_{t=0}=\sqrt{2}$ 和 $x'\Big|_{t=0}=0$.

通过上述例子可以看出，利用微分方程解决实际问题，实际上就是求出所给问题的特解，这时应该首先求出微分方程的通解. 本章只讨论一阶、二阶微分方程的几种常用的解法（求通解）及其简单应用.

定义 6.3 求解微分方程 $y'=f(x,\ y)$ 满足初始条件 $y\Big|_{x=x_0}=y_0$ 的特解，又称为一阶微分方程的**初值问题**，记作

$$\begin{cases} y'=f(x,\ y) \\ y\Big|_{x=x_0}=y_0 \end{cases}. \tag{6.4}$$

一般地讲，微分方程的通解其图形是一族曲线，称为**积分曲线族**. 初值问题式 (6.4) 的几何解释就是求解微分方程 $y'=f(x,\ y)$ 经过点 $(x_0,\ y_0)$ 的积分曲线.

研究微分方程主要解决如下两个问题：

(1) 根据实际问题的条件列出含有未知函数及其导数或微分的关系式.

(2) 求解微分方程，即由微分方程解出未知函数.

6.2 一阶微分方程

一阶微分方程的一般形式为 $F(x,\ y,\ y')=0$，很多这种类型的方程没有初等解法. 本节将介绍几种特殊类型方程的解法.

一、可分离变量的微分方程

定义 6.4 若一阶微分方程的形式为 $g(y)\mathrm{d}y=f(x)\mathrm{d}x$，则称这种微分方程为**可分离变量的微分方程**.

可分离变量的微分方程的常见形式有

$$\frac{\mathrm{d}y}{\mathrm{d}x}=f(x)g(y) \quad 或 \quad M_1(x)N_2(y)\mathrm{d}x+M_2(x)N_1(y)\mathrm{d}y=0.$$

例如$\dfrac{\mathrm{d}y}{\mathrm{d}x}=-\dfrac{x}{y}$，$\dfrac{\mathrm{d}y}{\mathrm{d}x}=\mathrm{e}^y\,\dfrac{\sin x}{x}$，$\sqrt{1-x^2}\,\mathrm{d}y+\sqrt{1-y^2}\,\mathrm{d}x=0$ 等，它们都能用初等积分法求解.

可分离变量的微分方程的解法为：对 $g(y)\mathrm{d}y=f(x)\mathrm{d}x$ 两边积分，有

$$\int g(y)\mathrm{d}y=\int f(x)\mathrm{d}x.$$

设 $G(y)$ 是 $g(y)$ 的一个原函数，$F(x)$ 是 $f(x)$ 的一个原函数，则

$$G(y)=F(x)+C.$$

它就是方程 $g(y)\mathrm{d}y=f(x)\mathrm{d}x$ 的通解.

若求出的通解是显函数的形式，则称为**显式解**. 若通解是隐函数的形式，则称为**隐式解**.

例 3 试求下列微分方程的通解：

(1) $\dfrac{\mathrm{d}y}{\mathrm{d}x}=2xy$；　　　　(2) $\dfrac{\mathrm{d}y}{\mathrm{d}x}=3\mathrm{e}^{x+y}$.

解 (1) 首先分离变量，得

$$\frac{\mathrm{d}y}{y}=2x\mathrm{d}x,$$

两端积分，得

$$\int\frac{\mathrm{d}y}{y}=\int 2x\,\mathrm{d}x\Rightarrow\ln|y|=x^2+C_1,$$

于是

$$y=\pm\mathrm{e}^{x^2+C_1}=\pm\mathrm{e}^{C_1}\mathrm{e}^{x^2}=C\mathrm{e}^{x^2},$$

其中 $C=\pm\mathrm{e}^{C_1}$ 是任意常数，所以已知方程的通解（显式解）为

$$y=C\mathrm{e}^{x^2}.$$

(2) 由于方程是可分离变量的微分方程，因此

$$\mathrm{e}^{-y}\mathrm{d}y=3\mathrm{e}^x\mathrm{d}x,$$

两边积分，得

$$\int\mathrm{e}^{-y}\mathrm{d}y=\int 3\mathrm{e}^x\mathrm{d}x\Rightarrow-\mathrm{e}^{-y}=3\mathrm{e}^x+C,$$

所以已知方程的通解（隐式解）为

$$3\mathrm{e}^x+\mathrm{e}^{-y}+C=0.$$

例 4 假设降落伞从跳伞塔开始下落，下落过程中它所受到的空气阻力与速度成正比. 设降落伞离开跳伞塔时（$t_0=0$）速度为零，试求降落伞下落速度与时间的函数关系.

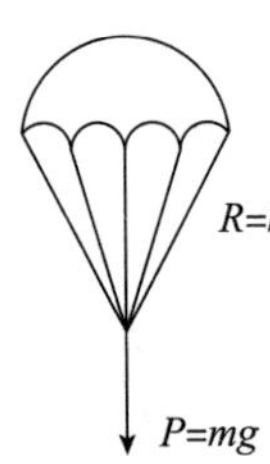

图 6-2

解 设降落伞下落速度为 $v(t)$，在下落过程中，它同时受到重力 P 与阻力 R 的作用. 如图 6-2 所示，重力大小为 mg，方向与 v 一致；阻力大小为 kv，方向与 v 相反. 则降落伞所受的外力为

$$F=mg-kv,\ k\text{ 为比例系数},\ m\text{ 为降落伞的质量}.$$

根据牛顿第二运动定律 $F=ma$，速度函数 $v(t)$ 满足微分方程

$$\begin{cases} ma=mg-kv(t) \\ v\Big|_{t=0}=0 \end{cases},$$

其中 $a=\dfrac{\mathrm{d}v}{\mathrm{d}t}$ 是加速度，$m\dfrac{\mathrm{d}v}{\mathrm{d}t}=mg-kv(t)$ 是可分离变量的微分方程，则

$$\frac{\mathrm{d}v}{mg-kv}=\frac{\mathrm{d}t}{m},$$

两边积分，得

$$-\frac{1}{k}\ln(mg-kv)=\frac{1}{m}t+C_1,$$

化简，得

$$mg-kv=\mathrm{e}^{-\frac{k}{m}t-kC_1},$$

即 $v=\dfrac{mg}{k}+C\mathrm{e}^{-\frac{k}{m}t}\left(C=-\dfrac{1}{k}\mathrm{e}^{-kc_1}\right)$，由初始条件 $v\Big|_{t=0}=0$，得 $C=-\dfrac{mg}{k}$. 因此

$$v=\frac{mg}{k}(1-\mathrm{e}^{\frac{-k}{m}t}).$$

从上述显式解可以看出，降落伞下降的速度随着时间的增加而增大，当经过很长时间以后，即 $t\to+\infty$ 时，速度 $v\to\dfrac{mg}{k}$，即 $\lim\limits_{t\to+\infty}v=\dfrac{mg}{k}$.

例 5 求微分方程 $\dfrac{\mathrm{d}y}{\mathrm{d}x}=\dfrac{1}{x-y}+1$ 的通解.

解 显然，已知方程并不直接表现为可分离变量. 作变换 $u=x-y$，则 $\dfrac{\mathrm{d}u}{\mathrm{d}x}=1-\dfrac{\mathrm{d}y}{\mathrm{d}x}$，代入已知方程并整理，得

$$u\,\mathrm{d}u=-\mathrm{d}x,$$

两边积分，得

$$\frac{1}{2}u^2=-x+C_1,$$

回代，得原方程的通解为

$$(x-y)^2=-2x+C.$$

例 6 求微分方程 $(y+\sqrt{x^2+y^2})\mathrm{d}x-x\mathrm{d}y=0$ 的通解.

解 将方程化为

$$\frac{\mathrm{d}y}{\mathrm{d}x}=\frac{y}{x}+\sqrt{1+\left(\frac{y}{x}\right)^2}.$$

它是一个齐次方程（见定义 6.5）．令 $u=\frac{y}{x}$，则 $y=xu$，$\frac{\mathrm{d}y}{\mathrm{d}x}=u+x\frac{\mathrm{d}u}{\mathrm{d}x}$，于是

$$u+x\frac{\mathrm{d}u}{\mathrm{d}x}=u+\sqrt{1+u^2},$$

化简，得

$$\frac{\mathrm{d}u}{\sqrt{1+u^2}}=\frac{\mathrm{d}x}{x},$$

两边积分，得

$$\ln(u+\sqrt{1+u^2})=\ln x+\ln C\Rightarrow u+\sqrt{1+u^2}=Cx.$$

因为 $u=\frac{y}{x}$，所以

$$\frac{y}{x}+\sqrt{1+\left(\frac{y}{x}\right)^2}=Cx.$$

则原方程的通解为

$$y+\sqrt{x^2+y^2}=Cx^2.$$

定义 6.5 若方程$\frac{\mathrm{d}y}{\mathrm{d}x}=f(x,y)$中的 $f(x,y)$ 能写成$\frac{y}{x}$的函数，即 $f(x,y)=\varphi\left(\frac{y}{x}\right)$，则这种方程称为**齐次方程**.

判断方程$\frac{\mathrm{d}y}{\mathrm{d}x}=f(x,y)$是否为齐次方程，只需用 tx，ty 分别替换 $f(x,y)$ 中的 x，y，若 $f(tx,ty)=f(x,y)$，则它一定是齐次方程.

例如，$(xy-y^2)\mathrm{d}x-(x^2-2xy)\mathrm{d}y=0$ 就是齐次方程，因为

$$\frac{\mathrm{d}y}{\mathrm{d}x}=\frac{xy-y^2}{x^2-2xy}=\frac{\frac{y}{x}-\left(\frac{y}{x}\right)^2}{1-2\left(\frac{y}{x}\right)}=\varphi\left(\frac{y}{x}\right).$$

在齐次方程$\frac{\mathrm{d}y}{\mathrm{d}x}=\varphi\left(\frac{y}{x}\right)$中，引入变量替换 $u=\frac{y}{x}$，则 $y=ux$，于是$\frac{\mathrm{d}y}{\mathrm{d}x}=u+x\frac{\mathrm{d}u}{\mathrm{d}x}$，将其代入齐次方程，有

$$u+x\frac{\mathrm{d}y}{\mathrm{d}x}=\varphi(u),$$

化简，得

$$x\frac{\mathrm{d}u}{\mathrm{d}x}=\varphi(u)-u,$$

整理，得

$$\frac{\mathrm{d}u}{\varphi(u)-u}=\frac{\mathrm{d}x}{x},$$

两边积分，得

$$\int\frac{\mathrm{d}u}{\varphi(u)-u}=\int\frac{\mathrm{d}x}{x}.$$

最后用$\frac{y}{x}$代替u，便得到原来所给齐次方程的隐式解.

综上所述，齐次方程的求解就是通过变量替换，将方程化为可分离变量的方程再求解.

变量替换法在微分方程的求解中有着特殊作用. 但困难之处在于如何选择恰当的变量替换. 一般来说，选择变量替换并无规律可循，往往需要根据所考虑的微分方程的特点来构造. 对于初学者来说，不妨多练习、多尝试几个直截了当的变量替换，待有了经验之后就不觉得有什么困难了.

二、一阶线性微分方程

定义 6.6 如果一阶微分方程可以表示成未知函数y与其导数y'的线性表达式，则这个方程称为**一阶线性微分方程**，其一般形式为

$$\frac{\mathrm{d}y}{\mathrm{d}x}+P(x)y=Q(x).\tag{6.5}$$

如果自由项$Q(x)\equiv0$，则方程（6.5）变成了**齐次线性微分方程**：

$$\frac{\mathrm{d}y}{\mathrm{d}x}+P(x)y=0.\tag{6.6}$$

若$Q(x)$不恒等于零，则方程（6.5）称为**非齐次线性微分方程**.

例如，$y'-\frac{y}{x}=x^2$，$y'-2xy=\mathrm{e}^x\cos x$，$\cos x\frac{\mathrm{d}y}{\mathrm{d}x}=y\sin x+\cos^2 x$ 等都是一阶非齐次线性微分方程；而$y'-x^2-y^2=0$，$y'+\sin y=x^2$，$yy'=1$等都不是线性微分方程，称为非线性微分方程.

下面讨论齐次方程（6.6）的通解问题. 分离变量，得

$$\frac{\mathrm{d}y}{y}=-P(x)\mathrm{d}x,$$

两边积分，得

$$\ln|y|=-\int P(x)\mathrm{d}x+\ln C_1,$$

化简，得

$$|y|=C_1\mathrm{e}^{-\int P(x)\mathrm{d}x}\Rightarrow y=\pm C_1\mathrm{e}^{-\int P(x)\mathrm{d}x},$$

于是

$$y=Ce^{-\int P(x)\mathrm{d}x}\quad(C=\pm C_1).$$

显然，$C\neq0$，容易证明 $y=0$ 也是方程（6.6）的解，因此可把 $C\neq0$ 的限制去掉，这时特解 $y=0$ 对应于 $C=0$. 于是，方程（6.6）的通解为

$$y=Ce^{-\int P(x)\mathrm{d}x}.$$

下面使用所谓的常数变易法来求解非齐次线性微分方程（6.5）的通解.

将方程（6.6）通解中的常数 C 换成未知函数 $u(x)$，即作变换 $C=u(x)$，则

$$y=u(x)e^{-\int P(x)\mathrm{d}x}. \tag{6.7}$$

对式（6.7）两边求导，得

$$\frac{\mathrm{d}y}{\mathrm{d}x}=u'(x)e^{-\int P(x)\mathrm{d}x}-u(x)P(x)e^{-\int P(x)\mathrm{d}x}.$$

式（6.7）两边乘以 $P(x)$，得

$$P(x)y=u(x)P(x)e^{-\int P(x)\mathrm{d}x}.$$

把上述两式代入方程（6.5）并整理，得

$$u'(x)e^{-\int P(x)\mathrm{d}x}=Q(x).$$

于是

$$u'(x)=Q(x)e^{\int P(x)\mathrm{d}x}.$$

两边积分，得

$$u(x)=C+\int Q(x)e^{\int P(x)\mathrm{d}x}\mathrm{d}x.$$

因此，方程（6.5）的通解为

$$y=e^{-\int P(x)\mathrm{d}x}\left[C+\int Q(x)e^{\int P(x)\mathrm{d}x}\mathrm{d}x\right].$$

再将上式写成两项之和，有

$$y=Ce^{-\int P(x)\mathrm{d}x}+\left[\int Q(x)e^{\int P(x)\mathrm{d}x}\mathrm{d}x\right]\cdot e^{-\int P(x)\mathrm{d}x}. \tag{6.8}$$

由式（6.8）不难发现：其第一项是齐次线性微分方程（6.6）的通解；第二项是非齐次线性微分方程（6.5）的一个特解，即 $C=0$ 对应的解. 也就是说，非齐次线性微分方程（6.5）的通解等于其对应的齐次线性微分方程（6.6）的通解与方程（6.5）的一个特解之和. 后面将要看到，二阶非齐次线性微分方程的通解也有类似结构，它是线性微分方程的一个特点，即非齐次线性微分方程的通解结构为**非奇次线性微分方程的通解＝奇次线性微分方程的通解＋非齐次线性微分方程的一个特解.**

例 7 求解微分方程$\dfrac{dy}{dx}-\dfrac{2y}{x+1}=(x+1)^{\frac{3}{2}}$.

解 根据已知，得 $P(x)=-\dfrac{2}{1+x}$，$Q(x)=(1+x)^{\frac{3}{2}}$，利用通解公式（6.8），得

$$\begin{aligned}y&=e^{-\int\frac{-2dx}{1+x}}\left[C+\int(1+x)^{\frac{3}{2}}e^{\int\frac{-2dx}{1+x}}dx\right]\\&=e^{\ln(1+x)^2}\cdot\left[C+\int(1+x)^{\frac{3}{2}}e^{-\ln(1+x)^2}dx\right]\\&=(1+x)^2\cdot\left[C+\int(1+x)^{-\frac{1}{2}}dx\right]\\&=(1+x)^2[C+2(1+x)^{\frac{1}{2}}].\end{aligned}$$

通过例 7 可以看出，若所给方程是一阶非齐次线性微分方程，求解它只要套用公式即可.

例 8 求解微分方程 $y'+ky=p\sin\omega t$，其中 k，p，ω 都是物理常数.

解 首先，求出与已知方程对应的齐次方程 $y'+ky=0$ 的通解，得

$$y=Ce^{-kt}.$$

又设 $y=C(t)e^{-kt}$是已知方程的解，则 $y'=C'(t)e^{-kt}-C(t)ke^{-kt}$，并代入原方程，有

$$C'(t)e^{-kt}-C(t)ke^{-kt}+kC(t)e^{-kt}=p\sin\omega t,$$

整理，得

$$C'(t)=pe^{kt}\sin\omega t,$$

两边积分，得

$$C(t)=\frac{pe^{kt}}{\omega^2+k^2}(k\sin\omega t-\omega\cos\omega t)+C,$$

其中 C 是积分常数，故原方程的通解是

$$y=\frac{p}{\omega^2+k^2}(k\sin\omega t-\omega\cos\omega t)+Ce^{-kt}.$$

例 9 如图 6-3 是一个 $R-L$ 电路，电源电动势 $E=E_m\sin\omega t$（E_m，ω 都是常数），其中电阻 R 和电感 L 也是常数. 试求开关 K 闭合后这个电路中的电流强度 $i(t)\left(i\Big|_{t=0}=0\right)$.

解 由电学可知，当电流变化时，电感 L 上有感应电动势$-L\dfrac{di}{dt}$. 由回路电压定律得 $E-L\dfrac{di}{dt}-iR=0$，即$\dfrac{di}{dt}+\dfrac{R}{L}i=\dfrac{E}{L}$，又因为 $E=E_m\sin\omega t$，故

$$\frac{di}{dt}+\frac{R}{L}i=\frac{E_m}{L}\sin\omega t,$$

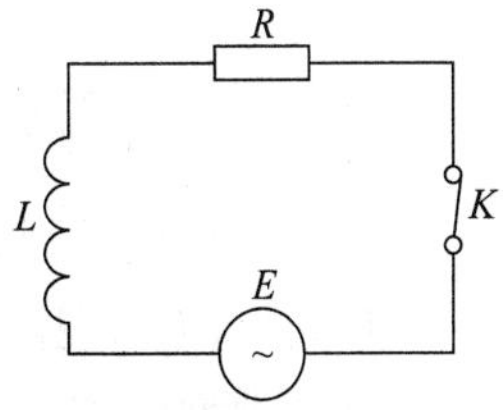

图 6-3

它是一阶非齐次线性微分方程，解法同例 8. 这里设$y=i$，$k=\dfrac{R}{L}$，

$p=\frac{E_m}{L}$，代入例 8，有

$$i=\frac{\frac{E_m}{L}}{\omega^2+\left(\frac{R}{L}\right)^2}\left(\frac{R}{L}\sin\omega t-\omega\cos\omega t\right)+C\mathrm{e}^{-\frac{R}{L}t}$$

$$=\frac{E_m}{R^2+\omega^2L^2}(R\sin\omega t-\omega L\cos\omega t)+C\mathrm{e}^{-\frac{R}{L}t},$$

再代入 $i\Big|_{t=0}=0$，则 $C=\frac{\omega LE_m}{R^2+\omega^2L^2}$. 因此，电流强度 $i(t)$ 为

$$i(t)=\frac{E_m}{R^2+\omega^2L^2}(R\sin\omega t-\omega L\cos\omega t)+\frac{\omega LE_m}{R^2+\omega^2L^2}\mathrm{e}^{-\frac{R}{L}t}.$$

为了便于说明上式所反映的物理现象，把 $i(t)$ 中的第 1 项变形. 令

$$\cos\varphi=\frac{R}{\sqrt{R^2+\omega^2L^2}},\ \sin\varphi=\frac{\omega L}{\sqrt{R^2+\omega^2L^2}},$$

那么电流强度 $i(t)$ 为

$$i(t)=\frac{E_m}{\sqrt{R^2+\omega^2L^2}}\sin(\omega t-\varphi)+\frac{\omega LE_m}{R^2+\omega^2L^2}\mathrm{e}^{-\frac{R}{L}t},$$

其中 $\varphi=\arctan\frac{\omega L}{R}$. 由此看出，$t$ 逐渐增大时，右端第 2 项逐渐衰减而趋于零，它被称为暂态电流；第 1 项是周期函数，其周期和电动势的周期相同，相角落后 φ，它被称为稳态电流.

6.3 二阶微分方程

前面一节讨论了一阶微分方程的求解问题，对于二阶及二阶以上的微分方程，原则上讲，可通过适当的变量替换转化成低阶微分方程来求解. 但是就二阶方程 $y''=f(x, y, y')$ 而言，如果能够设法把它降为一阶方程，即可应用前面所讨论的求解一阶方程的方法求出其解.

一、可降阶的二阶微分方程

下面，我们仅讨论三类容易降阶且较简单的二阶微分方程.

1. $y''=f(x)$ 型微分方程

这种类型的方程右端函数仅含自变量 x，只要把 y' 作为新的未知函数，方程就变成了新的未知函数的一阶方程，然后逐层积分，即

$$y' = \int f(x)\mathrm{d}x + C_1,$$

同理

$$y = \int\left[\int f(x)\mathrm{d}x\right]\mathrm{d}x + C_1 x + C_2.$$

例 10 试求微分方程 $y'' = \mathrm{e}^{2x} - \cos x$ 的通解.

解 两边积分一次，得

$$y' = \frac{1}{2}\mathrm{e}^{2x} - \sin x + C_1,$$

再积分一次，得

$$y = \frac{1}{4}\mathrm{e}^{2x} + \cos x + C_1 x + C_2,\ C_1,\ C_2\ \text{是两个独立的任意常数}.$$

2. $y'' = f(x, y')$ 型微分方程

这种类型的方程不显含 y. 这时作变量替换 $y' = p$，则 $y'' = \frac{\mathrm{d}p}{\mathrm{d}x}$. 于是原方程化为 $p' = f(x, p)$，它是一个关于变量 x，p 的一阶方程，设通解为 $p = \varphi(x, C_1)$，代入 $y' = \frac{\mathrm{d}y}{\mathrm{d}x}$，得一阶方程 $\frac{\mathrm{d}y}{\mathrm{d}x} = \varphi(x, C_1)$. 再积分一次便得原方程的通解：

$$y = \int \varphi(x, C_1)\mathrm{d}x + C_2,$$

其中 C_1，C_2 是两个独立的任意常数.

例 11 求微分方程 $(1+x^2)y'' = 2xy'$ 满足初始条件 $y\big|_{x=0} = 1$，$y'\big|_{x=0} = 3$ 的特解.

解 令 $y' = p$，并代入原方程，得

$$(1+x^2)\frac{\mathrm{d}p}{\mathrm{d}x} = 2xp,$$

分离变量，得

$$\frac{\mathrm{d}p}{p} = \frac{2x\mathrm{d}x}{1+x^2},$$

两边积分，得

$$\ln|p| = \ln(1+x^2) + C_1 \Rightarrow p = \pm\mathrm{e}^{C_1}(1+x^2) \Rightarrow p = \frac{\mathrm{d}y}{\mathrm{d}x} = C(1+x^2)\ (C = \pm\mathrm{e}^{C_1}),$$

代入初始条件 $y'\big|_{x=0} = 3$，得 $C = 3$，从而

$$\frac{\mathrm{d}y}{\mathrm{d}x} = 3(1+x^2).$$

再次积分，得

$$y=x^3+3x+C_2.$$

代入初始条件 $y\Big|_{x=0}=1$，得 $C_2=1$. 于是，原方程的特解为

$$y=x^3+3x+1.$$

注 当求高阶方程满足初始条件的特解时，对于中间的任意常数应当尽可能早地予以确定，不要等到求出通解之后再逐一确定，这样处理会使计算过程大大简化.

3. $y''=f(y, y')$ 型微分方程

这类方程的特点是其右端不显含自变量 x. 可作变量替换 $y'=p$，利用复合函数的求导法则，将 y'' 写成如下形式：

$$y''=\frac{\mathrm{d}^2y}{\mathrm{d}x^2}=\frac{\mathrm{d}p}{\mathrm{d}x}=\frac{\mathrm{d}p}{\mathrm{d}y}\cdot\frac{\mathrm{d}y}{\mathrm{d}x}=p\cdot\frac{\mathrm{d}p}{\mathrm{d}y},$$

将它代入 $y''=f(y, y')$，有 $p\dfrac{\mathrm{d}p}{\mathrm{d}y}=f(y, p)$. 这是一个关于变量 y，p 的一阶微分方程. 设其通解为 $p=\varphi(y, C_1)$，从而

$$\frac{\mathrm{d}y}{\mathrm{d}x}=\varphi(y, C_1),$$

分离变量，得

$$\frac{\mathrm{d}y}{\varphi(y, C_1)}=\mathrm{d}x,$$

再次积分，得原方程的通解为

$$\int\frac{\mathrm{d}y}{\varphi(y,C_1)}=x+C_2.$$

例 12 求方程 $y\cdot y''+1=(y')^2$ 的通解.

解 令 $y'=p$，则 $y''=p\cdot\dfrac{\mathrm{d}p}{\mathrm{d}y}$，所以 $yp\dfrac{\mathrm{d}p}{\mathrm{d}y}+1=p^2$. 分离变量，得

$$\frac{p\,\mathrm{d}p}{p^2-1}=\frac{\mathrm{d}y}{y},$$

两边积分，得

$$\frac{1}{2}\ln|p^2-1|=\ln|y|+C_1\Rightarrow p^2-1=(Cy)^2\,(C=\pm\mathrm{e}^{C_1})$$

$$\Rightarrow p=\pm\sqrt{1+(Cy)^2}\Rightarrow\frac{\mathrm{d}y}{\mathrm{d}x}=\pm\sqrt{1+(Cy)^2},$$

再分离变量并积分，得

$$\int\frac{\mathrm{d}y}{\pm\sqrt{1+(Cy)^2}}=x+C_2\Rightarrow\frac{1}{C}\ln\left(Cy\pm\sqrt{1+(Cy)^2}\right)=x+C_2,$$

其中 $C(\neq 0)$，C_2 是两个独立的任意常数.

二、二阶线性微分方程解的结构

在科学研究、实际工程问题和日常应用中，经常会遇到二阶线性微分方程.

先来讨论物理学上的 $R-L-C$ 电路问题.

例 13 在 6.2 节例 9 的电路中，若再加入一个电容 C，其他电子器件不变，所得电路称为 $R-L-C$ 电路，如图 6-4 所示. 当开关 K 闭合之后，电路中的电流是 $i(t)$，电容器 C 极板上的电量是 $q(t)$，电容器 C 两极板电压是 u_C，电感 L 的自感电动势为 E_L. 由电学知识得

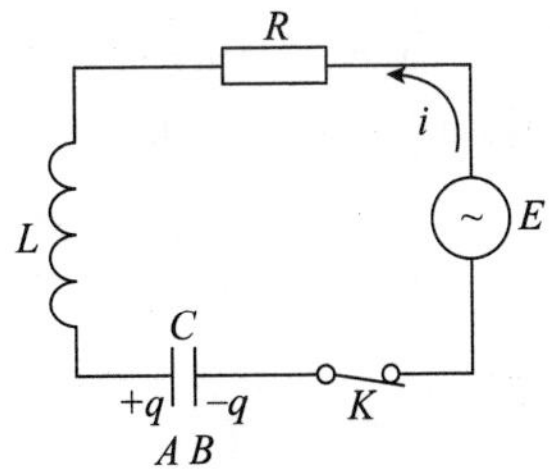

图 6-4

$$i=\frac{\mathrm{d}q}{\mathrm{d}t},\ u_C=\frac{q}{C},\ E_L=-L\frac{\mathrm{d}i}{\mathrm{d}t}.$$

由回路电压定律，有

$$E-L\frac{\mathrm{d}i}{\mathrm{d}t}-\frac{q}{C}-Ri=0.$$

代入并整理，得

$$LC\frac{\mathrm{d}^2u_C}{\mathrm{d}t^2}+RC\frac{\mathrm{d}u_C}{\mathrm{d}t}+u_C=E_m\sin\omega t.$$

若令 $\beta=\frac{R}{2L}$，$\omega_0=\frac{1}{\sqrt{LC}}$，则 $R-L-C$ 串联电路的振荡方程为

$$\frac{\mathrm{d}^2u_C}{\mathrm{d}t^2}+2\beta\frac{\mathrm{d}u_C}{\mathrm{d}t}+\omega_0^2u_C=\frac{E_m}{LC}\sin\omega t.$$

定义 6.7 如下形式的微分方程

$$\frac{\mathrm{d}^2y}{\mathrm{d}x^2}+P(x)\frac{\mathrm{d}y}{\mathrm{d}x}+Q(x)y=f(x) \tag{6.9}$$

称为**二阶线性微分方程**. 当 $P(x)$，$Q(x)$ 为常数时，方程（6.9）称为**二阶常系数线性微分方程**. 特别地，当 $f(x)\equiv 0$ 时，方程（6.9）称为**齐次的**；否则，方程（6.9）称为**非齐次的**.

定理 6.1 如果函数 y_1 与 y_2 是二阶齐次线性微分方程

$$\frac{\mathrm{d}^2y}{\mathrm{d}x^2}+P(x)\frac{\mathrm{d}y}{\mathrm{d}x}+Q(x)y=0 \tag{6.10}$$

的两个解，则

$$y=C_1y_1+C_2y_2 \tag{6.11}$$

也是方程（6.10）的解，其中 C_1，C_2 是任意常数.

证明 将式（6.11）代入式（6.10），得

$$\begin{aligned}y''+P(x)y'+Q(x)y&=[C_1y_1''+C_2y_2'']+p(x)[C_1y_1'+C_2y_2']+Q(x)[C_1y_1+C_2y_2]\\&=C_1[y_1''+P(x)y_1'+Q(x)y_1]+C_2[y_2''+P(x)y_2'+Q(x)y_2]\\&=C_1\cdot 0+C_2\cdot 0=0,\end{aligned}$$

故 $y=C_1y_1+C_2y_2$ 仍是方程（6.10）的解.

定理 6.1 表明，齐次线性微分方程的解符合**叠加原理**. 值得注意的是，叠加起来的解（6.11）从形式上看含有 C_1，C_2 两个任意常数，但它并不一定是方程（6.10）的通解.

例如，设 y_1 是式（6.10）的一个解，则 $y_2=2y_1$ 也是其解，这时式（6.11）成为

$$y=C_1y_1+C_2y_2=C_1y_1+2C_2y_1=(C_1+2C_2)y_1.$$

令 $C=C_1+2C_2$，得 $y=Cy_1$，显然，它不是式（6.10）的通解.

这样就提出了一个问题：在什么情况下，式（6.11）才是方程（6.10）的通解呢？

要彻底解决这一问题，还需要引入一个新概念，即函数的线性相关与线性无关.

定义 6.8 设 y_1，y_2，…，y_n 是定义在区间 I 内的 n 个函数，若存在 n 个不全为零的常数 k_1，k_2，…，k_n，使得对于 $\forall x\in I$，等式 $k_1y_1+k_2y_2+\cdots+k_ny_n=0$ 恒成立，则称这 n 个函数在区间 I 内**线性相关**；否则就称为**线性无关**.

例如，函数 1，$\cos^2x$，$\sin^2x$ 在整个数轴上线性相关，因为若取 $k_1=-1$，$k_2=1$，$k_3=1$，则恒有 $-1+\cos^2x+\sin^2x\equiv0$. 又如，函数 1，$x$，$x^2$ 在整个数轴上线性无关，因为对于不全为零的数 k_1，k_2，k_3，方程 $k_1+k_2x+k_3x^2=0$ 至多只有两个实根，对于 $\forall x\in\mathbf{R}$，它不会恒为零.

下面讨论两个函数线性相关的条件.

给定两个函数 y_1，y_2，若它们线性相关，那么存在两个不全为零的常数 k_1，k_2，不妨假设 $k_1\neq0$，使得

$$k_1y_1+k_2y_2=0\Rightarrow\frac{y_1}{y_2}=-\frac{k_2}{k_1}=k，k\text{ 是常数}.$$

反过来，如果 $\frac{y_1}{y_2}=k$（k 是常数），则 $y_1-ky_2\equiv0$，这说明 y_1，y_2 线性相关. 因此，

$$\text{函数 }y_1\text{ 与 }y_2\text{ 线性相关}\Leftrightarrow\frac{y_1}{y_2}=k,$$

即恒等于常数.

注 两个函数 y_1，y_2 之间要么线性相关，要么线性无关，二者必居其一. 若函数 y_1 与 y_2 线性无关，则 $k_1y_1+k_2y_2$ 无法合并成一个函数 ky，但是当 y_1 与 y_2 线性相关时就可以合并.

据此，可以给出关于二阶齐次线性微分方程的通解结构的定理.

定理 6.2 如果 y_1 与 y_2 是齐次线性微分方程

$$\frac{d^2y}{dx^2}+P(x)\frac{dy}{dx}+Q(x)y=0$$

两个线性无关的特解，则 $y=C_1y_1+C_2y_2$（C_1，C_2 为两个任意常数）就是该方程的通解.

定理 6.2 给出了求解二阶齐次线性微分方程通解的一般方法：先求出它的两个线性无关的特解，再各乘以任意常数 C_1，C_2 后相加即可.

例 14 证明：函数 $y_1=e^x$ 与 $y_2=xe^x$ 是二阶齐次线性微分方程 $y''-2y'+y=0$ 的两个特解，并求出这个方程的通解.

解 把 $y_1=e^x$ 与 $y_2=xe^x$ 代入方程，得

$$y_1''-2y_1'+y_1=e^x-2e^x+e^x=0,$$
$$y_2''-2y_2'+y_2=(2e^x+xe^x)-2(e^x+xe^x)+xe^x=0,$$

故 $y_1=e^x$ 与 $y_2=xe^x$ 都是已知方程的解. 又 $\dfrac{y_2}{y_1}=\dfrac{xe^x}{e^x}=x$ 不是常数，故原方程的通解是

$$y=C_1e^x+C_2xe^x.$$

定理 6.3 设 Y 是二阶齐次线性微分方程 $y''+P(x)y'+Q(x)y=0$ 的通解，而 y^* 是二阶非齐次线性微分方程 $y''+P(x)y'+Q(x)y=f(x)$ 的一个特解，那么 $y=Y+y^*$ 是二阶非齐次线性微分方程的通解.

证明 将 $y=Y+y^*$ 代入非齐次方程的左边，有

$$\begin{aligned}y''+P(x)y'+Q(x)y&=(Y+y^*)''+P(x)(Y+y^*)'+Q(x)(Y+y^*)\\&=Y''+P(x)Y'+Q(x)Y+(y^*)''+P(x)(y^*)'+Q(x)y^*\\&=0+f(x)=f(x),\end{aligned}$$

故 $y=Y+y^*$ 是非齐次线性微分方程的解. 由于齐次方程的通解 Y 含有两个独立的任意常数，因此它也是非齐次方程的通解.

当求非齐次方程的特解时，会经常用到下面的定理.

定理 6.4 设 y_1^* 与 y_2^* 分别是二阶非齐次线性微分方程

$$y''+P(x)y'+Q(x)y=f_1(x) \quad 与 \quad y''+P(x)y'+Q(x)y=f_2(x)$$

的特解，则

$$y^*=y_1^*+y_2^*$$

是二阶非齐次线性微分方程

$$y''+P(x)y'+Q(x)y=f_1(x)+f_2(x)$$

的特解.

显然，只需将 $y^*=y_1^*+y_2^*$ 代入 $y''+P(x)y'+Q(x)y=f_1(x)+f_2(x)$ 中验证便可.

定理 6.4 的结论明确告诉我们，欲求方程 $y''+P(x)y'+Q(x)y=f_1(x)+f_2(x)$ 的特解 y^*，可分别先求出 $y''+P(x)y'+Q(x)y=f_1(x)$ 与 $y''+P(x)y'+Q(x)y=f_2(x)$ 的特解 y_1^* 与 y_2^*，然后叠加起来，亦即 $y^*=y_1^*+y_2^*$.

需要指出的是，至此我们仅讨论了二阶齐次（或非齐次）线性微分方程的通解的结构

问题，并未给出求解二阶线性微分方程的具体方法.

三、二阶常系数齐次线性微分方程

定义 6.9 在二阶齐次线性微分方程 $y''+P(x)y'+Q(x)y=0$ 中，当系数 $P(x)$，$Q(x)$ 都是常数时，该方程称为**二阶常系数齐次线性微分方程**，记为

$$y''+py'+qy=0. \tag{6.12}$$

我们知道，要找出微分方程（6.12）的通解，首先应求出其两个特解 y_1 与 y_2，若 $y_1/y_2\neq k$（k 是常数），即 y_1 与 y_2 线性无关，则 $y=k_1y_1+k_2y_2$ 就是方程（6.12）的通解.

假设方程（6.12）的解是指数函数 $y=e^{rx}$（r 是常数），那么 $y'=re^{rx}$，$y''=r^2e^{rx}$，则

$$qy=qe^{rx}，py'=pre^{rx}，$$

代入方程（6.12），得

$$y''+py'+qy=(r^2+pr+q)e^{rx}=0.$$

因为 $e^{rx}\neq 0$，所以

$$r^2+pr+q=0. \tag{6.13}$$

由此可见，只要 r 满足代数方程（6.13），函数 $y=e^{rx}$ 就是方程（6.12）的一个解. 因此式（6.13）称为微分方程（6.12）的**特征方程**.

为了便于记忆，将特征方程 $r^2+pr+q=0$ 与方程（6.12）联系起来更好，即

$$y^{(2)}+py^{(1)}+qy^{(0)}=0\Leftrightarrow r^2+pr^1+qr^0=0.$$

注 特征方程（6.13）的两个根 r_1，r_2 由公式 $r_{1,2}=\dfrac{-p\pm\sqrt{p^2-4q}}{2}$ 给出，它们分别对应如下三种不同情形：

（1）当 $p^2-4q>0$ 时，r_1，r_2 是两个不等的实根：

$$r_1=\frac{-p+\sqrt{p^2-4q}}{2}，r_2=\frac{-p-\sqrt{p^2-4q}}{2}.$$

由此可知，$y=e^{r_1x}$ 与 $y=e^{r_2x}$ 都是方程（6.12）的解，且 $\dfrac{y_2}{y_1}=\dfrac{e^{r_2x}}{e^{r_1x}}=e^{(r_2-r_1)x}$ 不是常数，所以方程（6.12）的通解为 $y=k_1e^{r_1x}+k_2e^{r_2x}$.

（2）当 $p^2-4q=0$ 时，r_1，r_2 是两个相等的实根：$r_1=r_2=-\dfrac{p}{2}$. 这时，只能得到方程（6.12）的一个特解 $y_1=e^{r_1x}$；为了得到方程（6.12）的通解，还要再求出另一个解 y_2，并且要求 $\dfrac{y_2}{y_1}\neq k$. 设 $\dfrac{y_2}{y_1}=u(x)=u$，则 $y_2=uy_1=ue^{r_1x}$. 下面再求 $u(x)$.

因为 $y_2'=u'e^{r_1x}+ur_1e^{r_1x}=(u'+r_1u)e^{r_1x}$，所以

$$py_2'=p(u'+r_1u)e^{r_1\cdot x},\ qy_2=que^{r_1x},$$
$$y_2''=(u''+r_1u')e^{r_1x}+(u'+r_1u)r_1e^{r_1x}=(u''+2r_1u'+r_1^2u)e^{r_1x}.$$

将上述三式相加，有

$$[(u''+2r_1u'+r_1^2u)+(pu'+pr_1u)+qu]e^{r_1x}=0,$$

于是

$$u''+(2r_1+p)u'+(r_1^2+pr_1+q)u=0.$$

因为 r_1 是 $r^2+pr+q=0$ 的重根，故 $2r_1=-p$ 且 $r_1^2+pr_1+q=0$，即 $2r_1+p=0$，于是 $u''=0$. 由此可得

$$u=C_1x+C_2.$$

只要求得一个不为常数的解便可. 取 $u=x$，则方程（6.12）的另一个特解为

$$y_2=xe^{r_1x}.$$

因此，方程（6.12）的通解为

$$y=k_1e^{r_1x}+k_2xe^{r_1x}.$$

（3）当 $p^2-4q<0$ 时，r_1，r_2 是两个共轭复根：$r_1=\alpha+i\beta$，$r_2=\alpha-i\beta$. 其中 $\alpha=-\frac{p}{2}$，$\beta=\frac{1}{2}\times\sqrt{4q-p^2}$，而 $y_1=e^{(\alpha+\beta i)x}=e^{\alpha}(\cos\beta x+i\sin\beta x)$，$y_2=e^{(\alpha-\beta i)x}=e^{\alpha}(\cos\beta x-i\sin\beta x)$ 是方程（6.12）的两个线性无关的特解，根据齐次方程解的叠加原理，得

$$\overline{y}_1=\frac{1}{2}(y_1+y_2)=e^{\alpha x}\cos\beta x,\ \overline{y}_2=\frac{1}{2i}(y_1-y_2)=e^{\alpha x}\sin\beta x$$

都是方程（6.12）的解，且$\frac{\overline{y}_1}{\overline{y}_2}=\frac{\cos\beta x}{\sin\beta x}=\cot\beta x\neq k$，故方程（6.12）的通解为

$$y=e^{\alpha x}(k_1\cos\beta x+k_2\sin\beta x).$$

综上所述，求解二阶常系数齐次线性微分方程 $y''+py'+qy=0$ 通解的步骤如下：

第一步 写出微分方程 $y''+py'+qy=0$ 的特征方程 $r^2+pr+q=0$；

第二步 求出特征方程 $r^2+pr+q=0$ 的两个根 r_1，r_2；

第三步 根据特征方程的两个根的不同情形，利用前述结果写出方程的通解，见下表.

特征方程 $r^2+pr+q=0$ 的两个根 r_1，r_2	微分方程 $y''+py'+qy=0$ 的通解
相异实根：r_1，r_2 不相等	$y=k_1e^{r_1x}+k_2e^{r_2x}$
重根：r_1，r_2 相等	$y=k_1e^{r_1x}+k_2xe^{r_1x}$
共轭复根：r_1，$r_2=\alpha\pm i\beta$	$y=e^{\alpha x}(k_1\cos\beta x+k_2\sin\beta x)$

例 15 试求微分方程 $y''-2y'-3y=0$ 的通解.

解 所给方程的特征方程为 $r^2-2r-3=0$，根为 $r_1=-1$，$r_2=3$，故原方程的通解为

$$y=k_1e^{-x}+k_2e^{3x}.$$

例 16 试求 6.1 节例 1 中微分方程$\frac{d^2x}{dt^2}+\omega^2x=0$的通解.

解 当时只是指出了方程的解是 $x=A\sin(\omega t+\varphi_0)$，现在可以求出这个解. 因为所给方程的特征方程是 $r^2+\omega^2=0$，其两个根为 $r_{1,2}=\pm\omega i$，因此本例方程的通解为

$$x=k_1\cos\omega t+k_2\sin\omega t,$$

即

$$x=A\sin(\omega t+\varphi_0),$$

其中 $A=\frac{1}{\sqrt{k_1^2+k_2^2}}$，$\tan\varphi_0=\frac{k_1}{k_2}$. 若设初始条件 $x\Big|_{t=0}=a$，$v\Big|_{t=0}=0$，则

$$x'(0)=v\Big|_{t=0}=A\omega\cos\varphi_0=0,\ A\sin\varphi_0=a,$$

所以 $\omega_0=\frac{\pi}{2}$，$A=a$. 于是初值问题的解为

$$x=a\sin\left(\omega t+\frac{\pi}{2}\right).$$

*6.4 拉普拉斯变换

6.3 节讨论了常系数线性微分方程的解法，但是在工程应用中，许多技术人员更喜欢另一种求解微分方程初值问题的方法——拉普拉斯变换. 与前面的许多方法相比，用这种方法来求解微分方程的初值问题非常简洁，它不但将微分方程的求解转化为代数方程的求解，而且省去了利用通解确定满足初值问题的特解这一步，直接得到特解. 因此，拉普拉斯变换是求解常系数线性微分方程初值问题的一种非常有效的工具，广泛应用于科学研究、工程技术、生理和生化系统分析、药物动力学等方面.

一、拉普拉斯变换

定义 6.10 设函数 $f(t)$ 在 $[0,+\infty)$ 上有定义，且积分

$$F(s)=\int_0^{+\infty}e^{-st}f(t)dt$$

在 s 的某区间 I 内存在，则 $F(s)$ 称为 $f(t)$ 的**拉普拉斯变换**，简称**拉氏变换**，记作

$$F(s)=L\{f(t)\}.$$

于是

$$F(s)=L\{f(t)\}=\int_0^{+\infty}e^{-st}f(t)dt,$$

$F(s)$ 又称**像函数**，$f(t)$ 称**像原函数**，符号“L”称为**变换算子**.

在拉氏变换的一般理论中，参变量 s 是复数. 本书只讨论 s 是实数的情形，因为对于许多实际问题来说，参数 s 是实数就足够了.

例 17 设 $f(t)\equiv 1$ $(t\geqslant 0)$，求 $f(t)$ 的拉氏变换.

解 $F(s)=L\{f(t)\}=\int_0^{+\infty}\mathrm{e}^{-st}f(t)\mathrm{d}t=\int_0^{+\infty}\mathrm{e}^{-st}\mathrm{d}t=-\frac{1}{s}\mathrm{e}^{-st}\Big|_0^{+\infty}=\frac{1}{s}$ $(s>0)$.

所以，当 $s>0$ 时，$L\{1\}=\frac{1}{s}$.

例 18 求幂函数 $f(t)=t^m$ $(m>-1)$ 的拉氏变换.

解
$$F(s)=L\{t^m\}=\int_0^{+\infty}\mathrm{e}^{-st}t^m\mathrm{d}t=\int_0^{+\infty}\mathrm{e}^{-x}\frac{x^m}{s^m}\cdot\frac{1}{s}\mathrm{d}x\ (x=st)$$
$$=\frac{1}{s^{m+1}}\int_0^{+\infty}x^m\mathrm{e}^{-x}\mathrm{d}x=\frac{1}{s^{m+1}}\Gamma(m+1)=\frac{m!}{s^{m+1}}\ (s>0).$$

例 19 设 $f(t)=\mathrm{e}^{\alpha t}$，当 $t>0$ 时，试求 $L\{\mathrm{e}^{\alpha t}\}$.

解 $F(s)=L\{\mathrm{e}^{\alpha t}\}=\int_0^{+\infty}\mathrm{e}^{-st}\mathrm{e}^{\alpha t}\mathrm{d}t=\int_0^{+\infty}\mathrm{e}^{(\alpha-s)t}\mathrm{d}t=\frac{1}{\alpha-s}\mathrm{e}^{(\alpha-s)t}\Big|_0^{+\infty}=\frac{1}{s-\alpha}$ $(s>\alpha)$.

求解拉氏变换的过程就是从 t 域中的像原函数 $f(t)$ 解出它在 s 域中的像函数 $F(s)$. 对于一般的函数 $f(t)$，求其拉氏变换时，通常情况下并不像上述几例那样简单. 如果要保证 $L\{f(t)\}$ 存在，则 $f(t)$ 需要满足一定的条件：对于充分大的 t，若 $f(t)$ 满足 $|f(t)|\leqslant A\mathrm{e}^{kt}$ (A，k 都是常数)，则当 $s>k$ 时，可以证明 $f(t)$ 的拉氏变换

$$F(s)=\int_0^{+\infty}\mathrm{e}^{-st}f(t)\mathrm{d}t$$

存在. 一般地，满足条件 $|f(t)|\leqslant A\mathrm{e}^{kt}$ 的函数 $f(t)$ 称为**指数级函数**.

常用函数的拉氏变换可以通过拉氏变换表（见表 6-1）得到.

表 6-1 常用函数的拉氏变换表

编号	像原函数 $f(t)$	像函数 $F(s)$	s 的取值范围
1	c（c 是常数）	$\frac{c}{s}$	$s>0$
2	t^n（n 是整数）	$\frac{n!}{s^{n+1}}$	$s>0$
3	$\mathrm{e}^{\alpha t}$	$\frac{1}{s-\alpha}$	$s>\alpha$
4	$t^n\mathrm{e}^{\alpha t}$ $(n\in\mathbf{N})$	$\frac{n!}{(s-\alpha)^{n+1}}$	$s>\alpha$
5	$\sin\alpha t$	$\frac{\alpha}{s^2+\alpha^2}$	$s>0$
6	$\cos\alpha t$	$\frac{s}{s^2+\alpha^2}$	$s>0$

续表

编号	像原函数 $f(t)$	像函数 $F(s)$	s 的取值范围
7	$t\sin\alpha t$	$\dfrac{2\alpha s}{(s^2+\alpha^2)^2}$	$s>0$
8	$t\cos\alpha t$	$\dfrac{s^2-\alpha^2}{(s^2+\alpha^2)^2}$	$s>0$
9	$e^{\lambda t}\sin\alpha t$	$\dfrac{\alpha}{(s-\lambda)^2+\alpha^2}$	$s<\lambda$
10	$e^{\lambda t}\cos\alpha t$	$\dfrac{s-\lambda}{(s-\lambda)^2+\alpha^2}$	$s>\lambda$
11	$te^{\lambda t}\sin\alpha t$	$\dfrac{2\alpha(s-\alpha)}{[(s-\lambda)^2+\alpha^2]^2}$	$s>\lambda$
12	$te^{\lambda t}\cos\alpha t$	$\dfrac{(s-\lambda)^2-\alpha^2}{[(s-\lambda)^2+\alpha^2]^2}$	$s>\lambda$
13	$\sin^2 t$	$\dfrac{1}{2}\left(\dfrac{1}{s}-\dfrac{s}{s^2+4}\right)$	$s>0$
14	$\cos^2 t$	$\dfrac{1}{2}\left(\dfrac{1}{s}+\dfrac{s}{s^2+4}\right)$	$s>0$
15	$\sin\alpha t\sin\beta t$	$\dfrac{2\alpha\beta s}{[s^2+(\alpha+\beta)^2][s^2+(\alpha-\beta)^2]}$	$s>0$
16	$e^{\alpha t}-e^{\beta t}$	$\dfrac{\alpha-\beta}{(s-\alpha)(s-\beta)}$	$s>\alpha, s>\beta$
17	$\dfrac{1}{\lambda}(1-e^{-\lambda t})$	$\dfrac{1}{s(s+\lambda)}$	$s>-\lambda$
18	$(1-\lambda t)e^{-\lambda t}$	$\dfrac{s}{s+\lambda}$	$s>-\lambda$
19	$\dfrac{1}{\alpha^2}(1-\cos\alpha t)$	$\dfrac{1}{s(s^2+\alpha^2)}$	$s>0$
20	$\dfrac{1}{\alpha^3}(\alpha t-\sin\alpha t)$	$\dfrac{1}{s^2(s^2+\alpha^2)}$	$s>0$

二、拉氏变换的基本性质

1. 线性性质

若 $L\{f_1(t)\}$ 和 $L\{f_2(t)\}$ 都存在，则对任意常数 c_1，c_2，$L\{c_1f_1(t)+c_2f_2(t)\}$ 也存在，且

$$L\{c_1f_1(t)+c_2f_2(t)\}=c_1L\{f_1(t)\}+c_2L\{f_2(t)\}.$$

证明

$$\begin{aligned}L\{c_1f_1(t)+c_2f_2(t)\}&=\int_0^{+\infty} e^{-st}\{c_1f_1(t)+c_2f_2(t)\}dt\\&=c_1\int_0^{+\infty} e^{-st}f_1(t)dt+c_2\int_0^{+\infty} e^{-st}f_2(t)dt\\&=c_1L\{f_1(t)\}+c_2L\{f_2(t)\}.\end{aligned}$$

它表明，两个函数线性组合的拉氏变换等于这两个函数拉氏变换的线性组合.

例 20 试求 $f(t)=\mathrm{e}^{3t}+t^2+1$ 的拉氏变换.

解 $L\{f(t)\}=L\{\mathrm{e}^{3t}\}+L\{t^2\}+L\{1\}=\dfrac{1}{s-3}+\dfrac{2}{s^3}+\dfrac{1}{s}.$

2. 微分性质

若 $f(t)$，$f'(t)$ 在 $[0,+\infty)$ 上连续，且 $f(t)$ 是指数级函数，即存在常数 $A>0$ 和 k，对一切充分大的 t，恒有 $|f(t)|\leqslant A\mathrm{e}^{kt}$，则当 $s>k$ 时，$L\{f(t)\}$ 存在，且

(1) $L\{f'(t)\}=sL\{f(t)\}-f(0)=sF(s)-f(0)$；

(2) $L\{f''(t)\}=s^2L\{f(t)\}-sf(0)-f'(0)=s^2F(s)-sf(0)-f'(0)$；

(3) $L\{f^{(n)}(t)\}=s^nF(s)-[s^{n-1}f(0)+s^{n-2}f'(0)+\cdots+sf^{(n-2)}(0)+f^{(n-1)}(0)]$.

证明 (1) $L\{f'(t)\}=\int_0^{+\infty}\mathrm{e}^{-st}f'(t)\mathrm{d}t=\int_0^{+\infty}\mathrm{e}^{-st}\mathrm{d}f(t)$

$$=\mathrm{e}^{-st}f(t)\Big|_0^{+\infty}+s\int_0^{+\infty}\mathrm{e}^{-st}f(t)\mathrm{d}t.$$

因为

$$|\mathrm{e}^{-st}f(t)|\leqslant \mathrm{e}^{-st}A\mathrm{e}^{kt}=A\mathrm{e}^{-(s-k)t}\to 0(t\to+\infty),$$

所以

$$L\{f'(t)\}=0-f(0)+sL\{f(t)\}=sF(s)-f(0).$$

(2) 连续使用 (1)，有

$$\begin{aligned}L\{f''(t)\}&=sL\{f'(t)\}-f'(0)=s[sL\{f(t)\}-f(0)]-f'(0)\\&=s^2L\{f(t)\}-sf(0)-f'(0)\\&=s^2F(s)-sf(0)-f'(0).\end{aligned}$$

(3) 连续使用 (1) 和 (2)，再由归纳法，有

$$L\{f^{(n)}(t)\}=s^nF(s)-[s^{n-1}f(0)+s^{n-2}f'(0)+\cdots+sf^{(n-2)}(0)+f^{(n-1)}(0)].$$

例 21 利用拉氏变换的微分性质，求 $L\{\sin\alpha t\}$.

解 设 $f(t)=\sin\alpha t$，则 $f(0)=0$，$f'(0)=\alpha$，$f''(t)=-\alpha^2\sin\alpha t$，因此

$$L\{f''(t)\}=s^2L\{\sin\alpha t\}-sf(0)-f'(0)=s^2L\{\sin\alpha t\}-\alpha,$$

于是

$$-\alpha^2L\{\sin\alpha t\}=s^2L\{\sin\alpha t\}-\alpha,$$

整理，得

$$L\{\sin\alpha t\}=\frac{\alpha}{s^2+\alpha^2}.$$

3. 平移性质

设 $L\{f(t)\}=F(s)$，则 $L\{\mathrm{e}^{\alpha t}f(t)\}=F(s-\alpha)$.

证明 $L\{\mathrm{e}^{\alpha t}f(t)\}=\int_0^{+\infty}\mathrm{e}^{-st}\mathrm{e}^{\alpha t}f(t)\mathrm{d}t=\int_0^{+\infty}\mathrm{e}^{-(s-\alpha)t}f(t)\mathrm{d}t=F(s-\alpha).$

此性质表明，原像函数 $f(t)$ 乘以指数函数 $e^{\alpha t}$，其像函数向右平移 α.

例 22 试求函数 $f(t)=e^t t^2$ 的拉氏变换.

解 因为 $L\{t^2\}=\frac{2}{s^3}$，由位移性质，得

$$L\{e^t t^2\}=\frac{2}{(s-1)^3}.$$

三、拉普拉斯逆变换

定义 6.11 拉氏变换是从 t 域中的函数 $f(t)$ 求出它在 s 域中的像函数 $F(s)=L\{f(t)\}$. 但是，在实际应用时经常把这个过程反过来，即给定在 s 域中的函数 $F(s)$，求出 t 域中的函数 $f(t)$，使得 $L\{f(t)\}=F(s)$，并记作 $L^{-1}\{F(s)\}=f(t)$，这时称 $f(t)$ 是 $F(s)$ 的**拉氏逆变换**. 运算符号 L^{-1}的作用就是在拉氏变换表中由 $F(s)$ 查出与其对应的 $f(t)$，例如

$$L^{-1}\left\{\frac{1}{s-\alpha}\right\}=e^{\alpha t},\ L^{-1}\left\{\frac{1}{s(s^2+\alpha^2)}\right\}=\frac{1}{\alpha^2}(1-\cos\alpha t).$$

由拉氏变换的定义可知，对于给定的 $f(t)$，拉氏变换 $L\{f(t)\}=F(s)$ 是唯一的. 应该指出，拉氏逆变换 $L^{-1}\{F(s)\}=f(t)$ 也是唯一的，同时拉氏逆变换也具有线性性质.

定理 6.5 若 $L^{-1}\{F_1(s)\}$ 和 $L^{-1}\{F_2(s)\}$ 存在，则 $L^{-1}\{c_1F_1(s)+c_2F_2(s)\}$ 也存在，且

$$L^{-1}\{c_1F_1(s)+c_2F_2(s)\}=c_1L^{-1}\{F_1(s)\}+c_2L^{-1}\{F_2(s)\}.$$

证明 令 $L^{-1}\{F_1(s)\}=f_1(t)$，$L^{-1}\{F_2(s)\}=f_2(t)$，由拉氏逆变换的定义，有

$$L\{f_1(t)\}=F_1(s),\ L\{f_2(t)\}=F_2(s),$$
$$c_1L^{-1}\{F_1(s)\}+c_2L^{-1}\{F_2(s)\}=c_1f_1(t)+c_2f_2(t),$$

但是

$$L\{c_1f_1(t)+c_2f_2(t)\}=c_1L\{f_1(t)\}+c_2L\{f_2(t)\}=c_1F_1(s)+c_2F_2(s).$$

由拉氏逆变换的唯一性，有

$$L^{-1}\{c_1F_1(s)+c_2F_2(s)\}=c_1f_1(t)+c_2f_2(t)=c_1L^{-1}\{F_1(s)\}+c_2L^{-1}\{F_2(s)\}.$$

例 23 试求函数 $F(s)=\frac{3}{s+1}-\frac{2}{s-2}$的拉氏逆变换.

解 $L^{-1}\{F(s)\}=L^{-1}\left\{\frac{3}{s+1}-\frac{2}{s-2}\right\}=3L^{-1}\left\{\frac{1}{s-(-1)}\right\}-2L^{-1}\left\{\frac{2}{s-2}\right\}=3e^{-t}-2e^{2t}$.

例 24 试求函数 $F(s)=\frac{s-1}{(s-2)\ (s+1)}$的拉氏逆变换.

解 假设$\frac{s-1}{(s-2)(s+1)}=\frac{A}{s-2}+\frac{B}{s+1}$，则 $s-1=A(s+1)+B(s-2)$，化简，得 $A+$

$B=1$，$A-2B=-1$，于是 $A=\frac{1}{3}$，$B=\frac{2}{3}$. 因此，$F(s)=\frac{1}{3}\cdot\frac{1}{s-2}+\frac{2}{3}\cdot\frac{1}{s+1}$. 再作逆变换

$$\begin{aligned}L^{-1}\{F(s)\}&=L^{-1}\left\{\frac{1}{3}\cdot\frac{1}{s-2}\right\}+L^{-1}\left\{\frac{2}{3}\cdot\frac{1}{s+1}\right\}\\&=\frac{1}{3}L^{-1}\left\{\frac{1}{s-2}\right\}+\frac{2}{3}L^{-1}\left\{\frac{1}{s+1}\right\}=\frac{1}{3}\mathrm{e}^{2t}+\frac{2}{3}\mathrm{e}^{-t}.\end{aligned}$$

例 25 试求函数 $F(s)=s^{-n}$ 的拉氏逆变换.

解
$$\begin{aligned}L^{-1}\{F(s)\}&=L^{-1}\left\{\frac{1}{s^n}\right\}=L^{-1}\left\{\frac{1}{(n-1)!}\cdot\frac{(n-1)!}{s^{(n-1)+1}}\right\}\\&=\frac{1}{(n-1)!}\cdot L^{-1}\left\{\frac{(n-1)!}{s^{(n-1)+1}}\right\}=\frac{t^{n-1}}{(n-1)!}.\end{aligned}$$

四、利用拉氏变换求解微分方程的初值问题

拉氏变换是求解常系数线性微分方程的一种非常有效的工具，利用这种工具可求解齐次（或非齐次）线性微分方程的初值问题，解法简洁，步骤统一. 详细步骤为：

(1) 对方程（组）取拉氏变换，得到像函数的代数方程（组），又称像方程（组）；

(2) 代入初始条件，求解像方程（组），得到像函数；

(3) 求出像函数的拉氏逆变换，即得原方程（组）满足初始条件的特解.

例 26 试求方程 $y''+y'-12y=0$ 满足初始条件 $y(0)=-7$，$y'(0)=0$ 的特解.

解 注意到 $L\{0\}=0$，所以

$$L\{y''\}+L\{y'\}-12L\{y\}=0.$$

令 $L\{y(t)\}=F(s)$，由拉氏变换的微分性质，得

$$[s^2L\{y\}-sy(0)-y'(0)]+[sL\{y\}-y(0)]-12L\{y\}=0,$$
$$(s^2+s-12)F(s)-(1+s)y(0)-y'(0)=0.$$

代入初始条件 $y(0)=-7$，$y'(0)=0$，整理，得

$$F(s)=\frac{-7(s+1)}{s^2+s-12}=\frac{-7(s+1)}{(s+4)(s-3)}=\frac{-3}{s+4}+\frac{-4}{s-3}.$$

作拉氏逆变换并查拉氏变换表，得

$$y(t)=L^{-1}\{F(s)\}=L^{-1}\left\{\frac{-3}{s+4}\right\}+L^{-1}\left\{\frac{-4}{s-3}\right\}L^{-1}=-3\mathrm{e}^{-4t}-4\mathrm{e}^{3t}.$$

例 27 试求阻尼运动方程 $\frac{\mathrm{d}^2x}{\mathrm{d}t^2}+8\cdot\frac{\mathrm{d}x}{\mathrm{d}t}+25x=2\sin3t$ 满足初始条件 $x(0)=1$，$x'(0)=1$ 的特解，其中 $2\sin3t$ 是外部干扰力的结果.

解 令 $L\{x(t)\}=F(s)$，则

$$L\{x''(t)\}=s^2F(s)-sx(0)-x'(0),\ L\{x'(t)\}=sF(s)-x(0).$$

对原方程两边进行拉氏变换，得

$$s^2F(s)-sx(0)-x'(0)+8(sF(s)-x(0))+25F(s)=\frac{6}{s^2+9}.$$

代入初始条件 $x(0)=1$，$x'(0)=1$，得

$$s^2F(s)-s-1+8sF(s)-8+25F(s)=\frac{6}{s^2+9},$$

$$(s^2+8s+25)F(s)=s+9+\frac{6}{s^2+9},$$

$$\begin{aligned}F(s)&=\frac{1}{s^2+8s+25}\left(s+9+\frac{6}{s^2+9}\right)=\frac{s+9}{s^2+8s+25}+\frac{1}{s^2+8s+25}\cdot\frac{6}{s^2+9}\\&=\frac{s+9}{(s+4)^2+9}-\frac{3}{52}\cdot\frac{s-2}{s^2+9}+\frac{3}{52}\cdot\frac{s+6}{(s+4)^2+9}.\end{aligned}$$

对上式进行拉氏逆变换，得初值问题的特解

$$\begin{aligned}x(t)&=L^{-1}\{F(s)\}=L^{-1}\left\{\frac{s+9}{(s+4)^2+9}\right\}-\frac{3}{52}\cdot L^{-1}\left\{\frac{s-2}{s^2+9}\right\}+\frac{3}{52}\cdot L^{-1}\left\{\frac{s+6}{(s+4)^2+9}\right\}\\&=\mathrm{e}^{-4t}\cos3t+\frac{5}{3}\mathrm{e}^{-4t}\sin3t-\frac{3}{52}\left(\cos3t-\frac{2}{3}\sin3t\right)+\frac{3}{52}\left(\mathrm{e}^{-4t}\cos3t+\frac{2}{3}\mathrm{e}^{-4t}\sin3t\right),\end{aligned}$$

整理，得

$$x(t)=\left(\frac{133}{78}\mathrm{e}^{-4t}+\frac{1}{26}\right)\sin3t+\frac{1}{52}(55\mathrm{e}^{-4t}-3)\cos3t.$$

例 28 口服药物在体内吸收与消除的微分方程模型.

设一次口服某种药物剂量为 D，如图 6-5 所示，在时刻 t 吸收部位的药量为 $x_1(t)$，体内的药量为 $x_2(t)$，设 k_1，k_2 为速率常数，假定药物的吸收和消除都是一级速率过程，那么 $x_1(t)$ 和 $x_2(t)$ 满足下列方程组

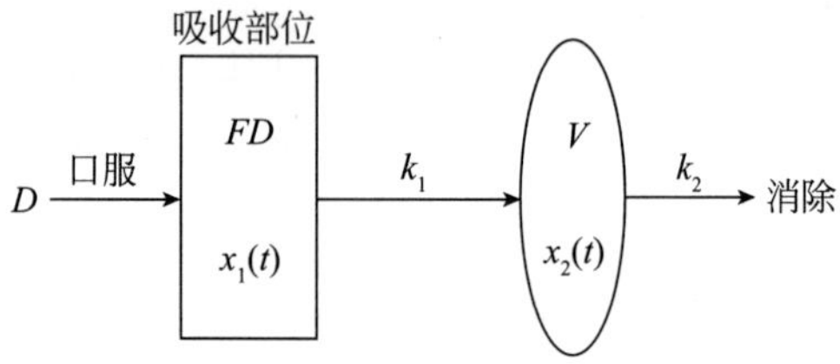

图 6-5

$$\begin{cases}\dfrac{\mathrm{d}x_1}{\mathrm{d}t}=-k_1x_1\\ \dfrac{\mathrm{d}x_2}{\mathrm{d}t}=k_1x_1-k_2x_2\end{cases}$$

初始条件 $x_1(0)=FD$，$x_2(0)=0$，其中 F 是药物的生物利用率（度）. 试求解该初值问题.

解 设 $L\{x_1\}=F(s)$，$L\{x_2\}=G(s)$，取拉氏变换，再由拉氏变换的微分性质，有

$$\begin{cases}sF(s)-x_1(0)=-k_1F(s)\\ sG(s)-x_2(0)=k_1F(s)-k_2G(s)\end{cases},$$

整理，得

$$\begin{cases}(s+k_1)F(s)=FD\\ k_1F(s)=(s+k_2)G(s)\end{cases},$$

解方程组，得

$$\begin{cases}F(s)=\dfrac{FD}{s+k_1}\\ G(s)=\dfrac{k_1FD}{k_1-k_2}\left(\dfrac{1}{s+k_2}-\dfrac{1}{s+k_1}\right)\end{cases},$$

取拉氏逆变换，则原方程组满足初值问题的特解为

$$\begin{cases}x_1(t)=FD\mathrm{e}^{-k_1t}\\ x_2(t)=\dfrac{k_1FD}{k_1-k_2}(\mathrm{e}^{-k_2t}-\mathrm{e}^{-k_1t})\end{cases}.$$

从上面几例可以总结出用拉氏变换方法求解微分方程（组）的如下优点：

（1）微分方程（组）的解 $y=f(t)$ 是未知函数，用拉氏变换推出 $F(s)=L\{f(t)\}$ 所满足的代数方程（组），然后求出 $F(s)$，只剩下一个查表问题了.

（2）利用拉氏变换所得的解能自动满足初始条件，这样就省去了前面解法中由通解得到特解的许多计算. 特别地，当要求解的方程是一个高阶方程时，用拉氏变换求解所省去的工作量极其可观，这就是实际工作者喜欢用拉氏变换求解微分方程初值问题的一个重要原因.

（3）用拉氏变换法求解微分方程（组）的主要困难是由 $F(s)$ 确定 $f(t)$，即拉氏逆变换. 但是，针对实际应用中所遇到的求解微分方程的问题，查找一张拉氏变换表不算困难.

课后读物

著名科学家的故事

皮埃尔-西蒙·拉普拉斯（Pierre-Simon Laplace，1749—1827）是法国数学家、天文学家、物理学家. 拉普拉斯出生于法国诺曼底的博蒙昂诺日，父亲是一个农场主. 拉普拉斯从青年时期就显示出卓越的数学天分，18 岁离家赴巴黎，决定从事数学工作，于是他带着一封推荐信去找当时法国著名学者达朗贝尔，但后者拒绝接见. 拉普拉斯就寄给达朗贝尔一篇力学方面的论文. 这篇论文出色至极，以致达朗贝尔忽然高兴得要当他的教父，并推荐他到军事学校教书.

此后，他同拉瓦锡在一起工作，他们测定了许多物质的比热. 1780 年，两人证明了将一种化合物分解为其组成元素所需的热量等于这些元素形成该化合物时所放出的热量. 这可以看作热化学的开端. 而且，他也是继布拉克关于潜热的研究工作之后向能量守恒定律

迈进的又一个巨人，60 年后这个定律终于瓜熟蒂落地诞生了.

拉普拉斯在研究天体问题的过程中，创造和发展了许多数学方法，以他的名字命名的拉普拉斯变换、拉普拉斯定理和拉普拉斯方程在科学技术的各个领域有着广泛的应用.

拉普拉斯曾任拿破仑的老师，所以和拿破仑结下了不解之缘. 拉普拉斯在数学上是个大师，在政治上是个小人物、墙头草，总是效忠于得势的一方，这一做法被人看不起，拿破仑曾讥笑他把无穷小量精神带到了内阁里. 在席卷法国的政治变动中，包括拿破仑的兴起和衰落，没有显著地打断拉普拉斯的工作. 尽管他是个曾染指政治的人，但他的威望以及他将数学应用于军事问题的才能保护了他，这也归功于他显示出的一种并不值得佩服的在政治态度方面见风使舵的能力.

他长期从事大行星运动理论和月球运动理论方面的研究，尤其是他特别注意研究太阳系天体摄动、太阳系的普遍稳定性以及太阳系稳定性的动力学问题. 在总结前人研究的基础上取得了大量重要成果，他的这些成果集中在 1799—1825 年出版的 5 卷 16 册巨著《天体力学》中. 在这部著作中他第一次提出了“天体力学”这一名词，是经典天体力学的代表作. 因此他被誉为“法国的牛顿”和“天体力学之父”。1814 年拉普拉斯提出科学假设，假定如果有一个智能生物能确定从最大天体到最轻原子的运动的现时状态，就能按照力学规律推算出整个宇宙的过去状态和未来状态. 后人把他所假定的智能生物称为拉普拉斯妖.

他发表的天文学、数学和物理学的论文有 270 多篇，专著合计有 4 006 多页，其中最有代表性的专著有《天体力学》、《宇宙体系论》和《概率分析理论》.

习题六

1. 试求微分方程的通解：

(1) $y'=e^{2x-y}$；　(2) $y'-y\sin x=0$；

(3) $y\ln y\,dx+x\ln x\,dy=0$；　(4) $2dy+y\tan x\,dx=0$；

(5) $e^x dx=dx+\sin 2y\,dy$；　(6) $\sin x\cos y\,dx-\cos x\sin y\,dy=0$；

(7) $\dfrac{dy}{dx}+\dfrac{e^{y^2+3x}}{y}=0$；　(8) $\dfrac{dy}{dx}-\sqrt{\dfrac{1-y^2}{1-x^2}}=0(y^2\leqslant 1)$；

(9) $y'+y=e^{-x}$；　(10) $y'+y\cos x=e^{-\sin x}$；

(11) $xy'-y=x^2+1$；　(12) $\dfrac{dy}{dx}+\dfrac{2xy}{1+x^2}=x^2-1$；

(13) $xy'+y=x^2+3x+2$；　(14) $y'\sin x+y\cos x=\sin 2x$；

(15) $\dfrac{dy}{dx}+y=e^{-x}$；　(16) $\dfrac{dy}{dx}+2xy=xe^{-x^2}$；

(17) $y''+y'-2y=0$；　(18) $y''-y=0$；

(19) $y''-2y'-y=0$；　(20) $y''+y'=0$；

(21) $y''-4y'+4y=0$；　(22) $4\dfrac{d^2x}{dt^2}-20\dfrac{dx}{dt}+25x=0$；

(23) $y''+6y'+13y=0$；　(24) $y''+y=0$；

(25) $y''-2y'-3y=e^{2x}$； (26) $\frac{d^2x}{dt^2}-\frac{dx}{dt}-2x=e^{2t}$；

(27) $y''+4y=\sin 2x$； (28) $\frac{d^2s}{dt^2}-2\frac{ds}{dt}+5s=10\sin t$.

2. 试解决下列各微分方程的初值问题：

(1) $\begin{cases}(1+e^x)yy'=e^x\\ y\big|_{x=0}=1\end{cases}$； (2) $\begin{cases}2xy\,dx+(1+x^2)dy=0\\ y\big|_{x=1}=3\end{cases}$；

(3) $\begin{cases}\frac{dy}{dx}-\sin x(1+\cos x)=0\\ y\big|_{x=\frac{\pi}{4}}=-1\end{cases}$； (4) $\begin{cases}xy'+1=4e^{-y}\\ y\big|_{x=-2}=0\end{cases}$；

(5) $\begin{cases}\frac{dy}{dx}+\frac{y}{x}=\frac{\sin x}{x}\\ y\big|_{x=\frac{\pi}{2}}=2\end{cases}$； (6) $\begin{cases}y'\cos x+y\sin x=1\\ y\big|_{x=0}=0\end{cases}$；

(7) $\begin{cases}xy'+y-e^x=0\\ y\big|_{x=1}=3e\end{cases}$； (8) $\begin{cases}y'+3xy=x\\ y\big|_{x=0}=-1/2\end{cases}$；

(9) $\begin{cases}y''-4y'+3y=0\\ y(0)=6,\ y'(0)=10\end{cases}$； (10) $\begin{cases}y''+4y'+29y=0\\ y(0)=0,\ y'(0)=15\end{cases}$；

(11) $\begin{cases}4y''+4y'+y=0\\ y(0)=2,\ y'(0)=0\end{cases}$； (12) $\begin{cases}\frac{d^2s}{dt^2}+2\frac{ds}{dt}+5s=0\\ s(0)=5,\ s'(0)=-5\end{cases}$；

(13) $\begin{cases}\frac{d^2x}{dt^2}-6\frac{dx}{dt}+13x=39\\ x(0)=4,\ x'(0)=3\end{cases}$； (14) $\begin{cases}\frac{d^2x}{dt^2}+x=2\cos t\\ x(0)=2,\ x'(0)=0\end{cases}$.

3. 利用查表法求下列函数的拉氏变换：

(1) $f(t)=5e^{3t}$； (2) $f(t)=5t^2+3t+2$；

(3) $f(t)=(e^{3t}-2e^{-3t})^2$； (4) $f(t)=\sin t\cos t$；

(5) $f(t)=t\cos kt$； (6) $f(t)=5\sin 2t-3\cos 2t$.

4. 试求下列函数的拉氏逆变换：

(1) $F(s)=\frac{s+1}{s(s+2)}$； (2) $F(s)=\frac{1}{(s+1)(s-2)(s+3)}$；

(3) $F(s)=\frac{24}{(s-1)^5}$； (4) $F(s)=\frac{s+1}{s^2+s-6}$.

5. 利用拉氏变换求解下列微分方程的初值问题：

(1) $\begin{cases}y''-y'-6y=0\\ y(0)=1,\ y'(0)=-1\end{cases}$； (2) $\begin{cases}y''-2y'+y=30te^t\\ y(0)=y'(0)=0\end{cases}$；

(3) $\begin{cases} y''+y=4\sin t+5\cos t \\ y(0)=-1,\ y'(0)=-2 \end{cases}$；　　(4) $\begin{cases} \dfrac{\mathrm{d}x_1}{\mathrm{d}t}+\dfrac{\mathrm{d}x_2}{\mathrm{d}t}=0,\quad x_1(0)=1 \\ \dfrac{\mathrm{d}x_1}{\mathrm{d}t}-\dfrac{\mathrm{d}x_2}{\mathrm{d}t}=1,\quad x_2(0)=0 \end{cases}$.

6. 已知某放射性物质的放射速率与所存的量成正比，比例系数是 k，并且在时刻 t_0 所存的量为 R_0，求任意时刻 t 所存放射性物质的量.

7. 热水瓶内热水的冷却服从冷却定律：物体冷却的速度与物体同外界的温度之差成正比. 若室内温度为 20 ℃，倒入瓶内的开水为 100 ℃，24 小时以后瓶内温度为 50 ℃，试求瓶内温度与时间的关系.

8. 设某容器内有 100 L 溶液，其中含盐 54 g，现在以 3 L/min 的速度注入清水，并以同样的速度流出，其间不停地搅拌以使容器内的溶液浓度相同，试求时刻 t 容器内溶液的含盐量.

9. 在适当的条件下某细菌数量的增长率与当时的量成正比. 已知第三天在一天内增加了 2 455 个，第五天在一天内增加了 4 314 个，试求该细菌的增长速率常数.

10. 在静脉滴注时，血液中的某种药的浓度以 5 mg/min 不变的速度增加，同时又以一级速率过程转换和排泄掉，其消除速率常数 $k=0.604(\mathrm{h}^{-1})$. 求时刻 t 血液中此药的浓度 $C(t)$ （$C(0)=0$）.

11. 在肿瘤生长的早期阶段，不同类型的肿瘤其生长方式可能不同，设有一种肿瘤在时刻 t 的体积是 $V(t)$. 肿瘤的生长速率与体积的立方成正比，设生长速率常数为 k. 求肿瘤的体积随时间的生长规律.

12. 试求 $y''=x$ 的经过点 $P(0,\ 1)$ 的积分曲线，并在此点使其与直线 $y=\dfrac{1}{2}x+1$ 相切.

13. 设有一个质量为 m 的物体，在空中由静止开始下落，如果空气阻力为 $R=c^2v^2$，其中 v 是物体运动的速度，c 是比例常数，试求物体下落的路程 s 随时间 t 的变化规律.

第七章 无穷级数

无穷级数的概念源于数列的求和问题. 该理论由欧拉提出，并由柯西逐步完善. 不论是理论研究还是实际应用，它都是一种非常重要的数学工具，常用于函数表示、数值计算、微分方程近似求解以及周期性现象的研究.

本章首先介绍无穷级数的概念、性质及其收敛性，然后讨论函数幂级数、幂级数的收敛性、函数如何展开成幂级数等问题.

7.1 常数项级数的概念与性质

一、级数的概念

战国时期中国哲学家庄周在他所著的《庄子·天下篇》中曾提到，“一尺之棰，日取其半，万世不竭”的说法. 也就是有一根木棒，长为一尺，每日截去一半，这个过程可以无限地进行下去，若把每日截下后所剩的部分相加，便得到无限个数值相加的式子：

$$\frac{1}{2}+\frac{1}{2^2}+\frac{1}{2^3}+\cdots+\frac{1}{2^n}+\cdots.$$

定义 7.1 给定数列 u_1，u_2，…，u_n，…，则无穷和式 $u_1+u_2+\cdots+u_n+\cdots$ 称为**无穷级数**，简称**级数**，又称**常数项级数**，记为 $\sum\limits_{n=1}^{\infty}u_n$ 或 $\sum u_n$，其中第 n 项 u_n 叫作无穷级数的**通项**，常数项级数 $\sum u_n=u_1+u_2+\cdots+u_n+\cdots$ 的前 n 项和 $S_n=u_1+u_2+\cdots+u_n=\sum\limits_{i=1}^{n}u_i$ 称为级数的**前 n 项部分和**，或简称**部分和**. 如果把 S_n 作为数列的通项，显然，$\{S_n\}(n=1,2,\cdots)$ 构成一个数列.

$$S_1, S_2, \cdots, S_n, \cdots.$$

一般地，数列 $\{S_n\}$ 的通项 S_n 随 n 的无限增大可能收敛，也可能不收敛或发散.

定义 7.2 当 $n\to\infty$ 时，若部分和数列 $\{S_n\}$ 有极限 S，即 $\lim\limits_{n\to\infty}S_n=S$，则称**级数 $\sum u_n$ 收敛**，S 称为**级数 $\sum u_n$ 的和**，记为 $S=\sum u_n$. 若 $\{S_n\}$ 无极限，则称**级数 $\sum u_n$ 发散.**

当级数收敛时，S 与其部分和 S_n 的差值 $R_n=S-S_n=u_{n+1}+u_{n+2}+\cdots$ 叫作**级数的余项**. 这个余项的绝对值 $|R_n|$ 就是：用部分和 S_n 作为 S 的近似值所产生的误差.

例 1 试判别下列级数的敛散性：

(1) $\dfrac{1}{1\cdot 2}+\dfrac{1}{2\cdot 3}+\dfrac{1}{3\cdot 4}+\cdots+\dfrac{1}{n(n+1)}+\cdots$；

(2) $a+aq+aq^2+\cdots+aq^{n-1}+\cdots$.

解 (1) 已知级数的部分和

$$S_n=\frac{1}{1\cdot 2}+\frac{1}{2\cdot 3}+\frac{1}{3\cdot 4}+\cdots+\frac{1}{n(n+1)}$$
$$=\left(1-\frac{1}{2}\right)+\left(\frac{1}{2}-\frac{1}{3}\right)+\left(\frac{1}{3}-\frac{1}{4}\right)+\cdots+\left(\frac{1}{n}-\frac{1}{n+1}\right),$$

于是 $S_n=1-\dfrac{1}{n+1}$，从而有 $\lim\limits_{n\to\infty}S_n=\lim\limits_{n\to\infty}\left(1-\dfrac{1}{n+1}\right)=1$，即

$$\frac{1}{1\cdot 2}+\frac{1}{2\cdot 3}+\frac{1}{3\cdot 4}+\cdots+\frac{1}{n(n+1)}+\cdots=1.$$

(2) 已知级数的部分和为

$$S_n=a+aq+aq^2+\cdots+aq^{n-1}=\frac{a(1-q^n)}{1-q}.$$

当 $|q|<1$ 时，$\lim\limits_{n\to\infty}S_n=\lim\limits_{n\to\infty}\dfrac{a(1-q^n)}{1-q}=\dfrac{a}{1-q}$，这时级数收敛，并且 $a+aq+\cdots+aq^{n-1}+\cdots=\dfrac{a}{1-q}$.

当 $|q|>1$ 时，$\lim\limits_{n\to\infty}S_n$ 不存在，因此级数发散.

当 $q=1$ 时，$S_n=na$，$\lim\limits_{n\to\infty}S_n$ 不存在，因此级数发散.

当 $q=-1$ 时，级数成为 $a-a+a-a+\cdots$，那么 $S_n=\begin{cases}a, & n=2k+1\\ 0, & n=2k\end{cases}$ $(k=1, 2, \cdots)$，$\lim\limits_{n\to\infty}S_n$ 不存在，因此级数发散.

综上所述，当 $|q|<1$ 时，该级数收敛，且其和为 $a+aq+\cdots+aq^{n-1}+\cdots=\dfrac{a}{1-q}$；当 $|q|\geqslant 1$ 时，该级数发散.

例 2 试证明调和级数 $\sum\limits_{n=1}^{\infty}\dfrac{1}{n}=1+\dfrac{1}{2}+\dfrac{1}{3}+\cdots\dfrac{1}{n}+\cdots$ 发散.

证明 将级数中的数据按 2 项、2 项、4 项、8 项、…、2^m 项、…依次组合在一起，得

$$\sum_{n=1}^{\infty}\frac{1}{n}=\left(1+\frac{1}{2}\right)+\left(\frac{1}{3}+\frac{1}{4}\right)+\left(\frac{1}{5}+\frac{1}{6}+\frac{1}{7}+\frac{1}{8}\right)+\left(\frac{1}{9}+\cdots+\frac{1}{16}\right)+\cdots$$
$$+\left(\frac{1}{2^m+1}+\cdots+\frac{1}{2^{m+1}}\right)+\cdots$$

$$>\frac{1}{2}+\left(\frac{1}{4}+\frac{1}{4}\right)+\left(\frac{1}{8}+\frac{1}{8}+\frac{1}{8}+\frac{1}{8}\right)+\left(\frac{1}{16}+\cdots+\frac{1}{16}\right)+\cdots$$
$$+\left(\frac{1}{2^{m+1}}+\cdots+\frac{1}{2^{m+1}}\right)+\cdots$$
$$=(m+1)\frac{1}{2}+\cdots\to\infty(m\to\infty)$$

所以$\sum\limits_{n=1}^{\infty}\frac{1}{n}$发散，原命题正确.

二、无穷级数的基本性质

由级数的概念和数列的性质，不难推出无穷级数的下列性质.

性质 1 若级数$\sum\limits_{n=1}^{\infty}u_n$收敛，则$u_n\to 0$，即级数收敛的必要条件是通项趋于零.

证明 因为级数$\sum\limits_{n=1}^{\infty}u_n$收敛，所以$\lim\limits_{n\to\infty}S_n=S$. 又因为$u_n=S_n-S_{n-1}$，所以

$$\lim_{n\to\infty}u_n=\lim_{n\to\infty}(S_n-S_{n-1})=\lim_{n\to\infty}S_n-\lim_{n\to\infty}S_{n-1}=S-S=0.$$

例如，例 1 中级数$\frac{1}{1\cdot 2}+\frac{1}{2\cdot 3}+\cdots+\frac{1}{n(n+1)}+\cdots$是收敛级数，显然，$\lim\limits_{n\to\infty}u_n=0$.

由性质 1 可知：$u_n\to 0$是级数$\sum\limits_{n=1}^{\infty}u_n$收敛的必要条件，但不是充分条件.

例如$\frac{1}{n}\to 0$，但是，由例 2 知调和级数$\sum\limits_{n=1}^{\infty}\frac{1}{n}$不收敛.

推论 若$\lim\limits_{n\to\infty}u_n\neq 0$，则级数$\sum\limits_{n=1}^{\infty}u_n$一定发散. 例如级数$\sum\limits_{n=1}^{\infty}n$和级数$\sum\limits_{n=1}^{\infty}(-1)^n$.

性质 2 若$\sum\limits_{n=1}^{\infty}u_n=S$，那么，对任意常数$k$，有$\sum\limits_{n=1}^{\infty}ku_n=k\sum\limits_{n=1}^{\infty}u_n=kS$.

性质 3 若$\sum\limits_{n=1}^{\infty}u_n=S_1$，$\sum\limits_{n=1}^{\infty}v_n=S_2$，则$\sum\limits_{n=1}^{\infty}(u_n\pm v_n)=S_1\pm S_2$.

性质 4 在级数中去掉或添加有限项不影响其敛散性.

性质 5 若$\sum\limits_{n=1}^{\infty}u_n=S$，则将其各项任意组合加括号后所组成的新级数仍收敛于S，即

$$(u_1+\cdots+u_{n_1})+(u_{n_1+1}+\cdots+u_{n_2})+\cdots=S.$$

7.2 常数项级数的敛散性

一、正项级数及其审敛法

若常数项级数$\sum\limits_{n=1}^{\infty}u_n$中的每一项$u_n\geqslant 0$，则称该级数为**正项级数**. 正项级数在级数的

研究中具有非常重要的作用，许多任意项级数敛散性的问题都可以归结为正项级数的敛散性问题. 下面我们就展开对该问题的讨论.

定理 7.1 正项级数收敛的充要条件是部分和数列 $\{S_n\}$ 有界.

证明 由正项级数知 $u_n\geqslant 0$，故 $\{S_n\}$ 为单调增加数列，从而级数收敛$\Leftrightarrow\{S_n\}$ 有极限$\Leftrightarrow$ $\{S_n\}$ 有界.

在讨论正项级数 $\sum\limits_{n=1}^{\infty}u_n$ 收敛时，直接判定数列 $\{S_n\}$ 是否有界比较困难，而是经常将其与另一个敛散性已知的正项级数 $\sum\limits_{n=1}^{\infty}v_n$ 作比较，通过比较来判断 $\{S_n\}$ 是否有界，进而判定 $\sum\limits_{n=1}^{\infty}u_n$ 的敛散性.

定理 7.2 对于两个正项级数 $\sum\limits_{n=1}^{\infty}u_n$，$\sum\limits_{n=1}^{\infty}v_n$，假设 $u_n\leqslant v_n$ $(n=1, 2, \cdots)$，则

(1) 若级数 $\sum\limits_{n=1}^{\infty}v_n$ 收敛，则级数 $\sum\limits_{n=1}^{\infty}u_n$ 也收敛；

(2) 若级数 $\sum\limits_{n=1}^{\infty}u_n$ 发散，则级数 $\sum\limits_{n=1}^{\infty}v_n$ 也发散.

证 (1) 若级数 $\sum\limits_{n=1}^{\infty}v_n$ 收敛，设其和为 σ，级数 $\sum\limits_{n=1}^{\infty}u_n$ 和 $\sum\limits_{n=1}^{\infty}v_n$ 的部分和分别记为 S_n 和 S_n'，则

$$S_n=\sum_{i=1}^{n}u_i\leqslant S_n'=\sum_{i=1}^{n}v_i\leqslant\sigma,$$

于是 S_n 有界，从而级数 $\sum\limits_{n=1}^{\infty}u_n$ 收敛.

(2) 若 $\sum\limits_{n=1}^{\infty}u_n$ 发散，显然，其部分和 $S_n\to+\infty$，则 $\sum\limits_{n=1}^{\infty}v_n$ 的部分和 $S_n'=\sum\limits_{i=1}^{n}v_i\geqslant S_n=\sum\limits_{i=1}^{n}u_i\to+\infty$，从而 S_n' 无界，即 $\sum\limits_{n=1}^{\infty}v_n$ 发散. 证毕.

例 3 讨论 p 级数 $\sum\limits_{n=1}^{\infty}\dfrac{1}{n^p}=1+\dfrac{1}{2^p}+\cdots+\dfrac{1}{n^p}+\cdots$ 的敛散性.

解 当 $p\leqslant 1$ 时，$\dfrac{1}{n^p}\geqslant\dfrac{1}{n}$，而 $\sum\limits_{n=1}^{\infty}\dfrac{1}{n}$ 发散，故 $\sum\limits_{n=1}^{\infty}\dfrac{1}{n^p}=1+\dfrac{1}{2^p}+\cdots+\dfrac{1}{n^p}+\cdots$ 发散.

当 $p>1$ 时，将级数 1 项、2 项、4 项、8 项、…、2^m 项、…组合在一起，有

$$\begin{aligned}\sum_{n=1}^{\infty}\frac{1}{n^p}&=1+\left(\frac{1}{2^p}+\frac{1}{3^p}\right)+\left(\frac{1}{4^p}+\cdots+\frac{1}{7^p}\right)+\left(\frac{1}{8^p}+\cdots+\frac{1}{15^p}\right)+\cdots\\&<1+\left(\frac{1}{2^p}+\frac{1}{2^p}\right)+\left(\frac{1}{4^p}+\cdots+\frac{1}{4^p}\right)+\left(\frac{1}{8^p}+\cdots+\frac{1}{8^p}\right)\\&\quad+\left(\frac{1}{16^p}+\cdots+\frac{1}{16^p}\right)+\cdots\end{aligned}$$

$$=1+\frac{1}{2^{p-1}}+\frac{1}{4^{p-1}}+\frac{1}{8^{p-1}}+\cdots=1+\frac{1}{2^{p-1}}+\frac{1}{2^{2(p-1)}}+\frac{1}{2^{3(p-1)}}+\cdots$$
$$=\sum_{n=0}^{\infty}\left(\frac{1}{2^{p-1}}\right)^{n}.$$

最后一个无穷级数是等比数列的和，公比为 $q=\frac{1}{2^{p-1}}<1$，故该级数是收敛的. 于是，当 $p>1$ 时，p 级数 $\sum\limits_{n=1}^{\infty}\frac{1}{n^p}=1+\frac{1}{2^p}+\cdots+\frac{1}{n^p}+\cdots$ 也收敛.

也就是说，p 级数当 $p\leqslant 1$ 时发散，当 $p>1$ 时收敛.

定理 7.3 对于两个正项级数 $\sum\limits_{n=1}^{\infty}u_n$，$\sum\limits_{n=1}^{\infty}v_n$，若 $\lim\limits_{n\to\infty}\frac{u_n}{v_n}=l\ (l>0)$，则 $\sum\limits_{n=1}^{\infty}u_n$ 和 $\sum\limits_{n=1}^{\infty}v_n$ 同收敛或发散.

证明 对于 $\forall\varepsilon\in(0,\ l)$，$\exists N\in\mathbf{N}$，使得当 $n>N$ 时，恒有 $\left|\frac{u_n}{v_n}-l\right|<\varepsilon$，从而

$$l-\varepsilon<\frac{u_n}{v_n}<l+\varepsilon \quad 或 \quad 0<(l-\varepsilon)v_n<u_n<(l+\varepsilon)v_n,$$

故 $\sum\limits_{n=1}^{\infty}u_n$ 和 $\sum\limits_{n=1}^{\infty}v_n$ 同时收敛或同时发散.

例 4 讨论下列级数的敛散性：

(1) $\sum\limits_{n=1}^{\infty}\frac{1}{3n-1}$； (2) $\sum\limits_{n=1}^{\infty}\frac{1}{\sqrt{n(n+1)}}$； (3) $\sum\limits_{n=1}^{\infty}\sin\frac{1}{n}$； (4) $\sum\limits_{n=1}^{\infty}\ln\left(1+\frac{1}{n^2}\right)$.

解 (1) 因为 $\frac{1/(3n-1)}{1/n}\to\frac{1}{3}$，而 $\sum\limits_{n=1}^{\infty}\frac{1}{n}$ 发散，故 $\sum\limits_{n=1}^{\infty}\frac{1}{3n-1}$ 发散.

(2) 因为 $\frac{1/\sqrt{n(n+1)}}{1/n}\to 1$，而 $\sum\limits_{n=1}^{\infty}\frac{1}{n}$ 发散，故 $\sum\limits_{n=1}^{\infty}\frac{1}{\sqrt{n(n+1)}}$ 发散.

(3) 因为 $\frac{\sin(1/n)}{1/n}\to 1$，而 $\sum\limits_{n=1}^{\infty}\frac{1}{n}$ 发散，故 $\sum\limits_{n=1}^{\infty}\sin\frac{1}{n}$ 发散.

(4) 因为 $\frac{\ln(1+1/n^2)}{1/n^2}\to 1$，而 $\sum\limits_{n=1}^{\infty}\frac{1}{n^2}$ 收敛，故 $\sum\limits_{n=1}^{\infty}\ln\left(1+\frac{1}{n^2}\right)$ 收敛.

定理 7.4（达朗贝尔判别法） 对于正项级数 $\sum\limits_{n=1}^{\infty}u_n$，若 $\lim\limits_{n\to\infty}\frac{u_{n+1}}{u_n}=\rho$，则当 $\rho<1$ 时级数收敛，当 $\rho>1$ 或 $\lim\limits_{n\to\infty}\frac{u_{n+1}}{u_n}=\infty$ 时级数发散，当 $\rho=1$ 时不能确定其敛散性，需要进一步判别.

证明 因为 $\lim\limits_{n\to\infty}\frac{u_{n+1}}{u_n}=\rho$，所以对于 $\forall\varepsilon$，$\exists N$，使得当 $n>N$ 时，恒有

$$\left|\frac{u_{n+1}}{u_n}-\rho\right|<\varepsilon\Leftrightarrow\rho-\varepsilon<\frac{u_{n+1}}{u_n}<\rho+\varepsilon\Leftrightarrow(\rho-\varepsilon)u_n<u_{n+1}<(\rho+\varepsilon)u_n,$$

从而，

(1) 当 $\rho<1$ 时，可以选取适当的 ε，使 $q=\rho+\varepsilon<1$，则当 $n>N$ 时，恒有 $\frac{u_{n+1}}{u_n}<q$，因此

$$\frac{u_{N+k}}{u_N}=\frac{u_{N+k}}{u_{N+k-1}}\frac{u_{N+k-1}}{u_{N+k-2}}\cdots\frac{u_{N+1}}{u_N}<q^k,\ u_{N+k}<q^k u_N.$$

这样级数 $u_{N+1}+u_{N+2}+u_{N+3}+\cdots$ 的各项均小于几何级数 $qu_N+q^2u_N+q^3u_N+\cdots$ 的对应项，由几何级数的敛散性可知该几何级数收敛，从而级数 $\sum\limits_{n=1}^{\infty}u_n$ 收敛.

(2) 当 $\rho>1$ 时，可以选取适当的 ε，使 $q=\rho-\varepsilon>1$，则当 $n>N$ 时，恒有 $\frac{u_{n+1}}{u_n}>q$，因此级数 $u_{N+1}+u_{N+2}+u_{N+3}+\cdots$ 的各项均大于几何级数 $qu_N+q^2u_N+q^3u_N+\cdots$ 的对应项，由几何级数的敛散性可知该几何级数发散，从而级数 $\sum\limits_{n=1}^{\infty}u_n$ 发散.

(3) 当 $\rho=1$ 时，比值判别法不能判别级数的敛散性. 例如，级数

$$\sum_{n=1}^{\infty}\frac{1}{n^p}=1+\frac{1}{2^p}+\cdots+\frac{1}{n^p}+\cdots,$$

则 $\lim\limits_{n\to\infty}\frac{u_{n+1}}{u_n}=\rho=\lim\limits_{n\to\infty}\left(\frac{n}{n+1}\right)^p=1$. 然而，当 $p\leqslant1$ 时级数发散，当 $p>1$ 时级数收敛.

定理 7.5 **（柯西判别法）** 对于正项级数 $\sum\limits_{n=1}^{\infty}u_n$，若 $\lim\limits_{n\to\infty}\sqrt[n]{u_n}=\rho$，则当 $\rho<1$ 时级数收敛，当 $\rho>1$ 或 $\lim\limits_{n\to\infty}\sqrt[n]{u_n}=\infty$ 时级数发散，当 $\rho=1$ 时不能确定其敛散性，需要进一步判别.

例 5 判别下列级数的敛散性：

(1) $\sum\limits_{n=1}^{\infty}\frac{1}{(n-1)!}$；　　(2) $\sum\limits_{n=1}^{\infty}nx^{n-1}$ $(x>0)$；

(3) $\sum\limits_{n=1}^{\infty}\frac{n\cos^2\frac{n\pi}{3}}{2^n}$；　　(4) $\sum\limits_{n=1}^{\infty}\left(1-\frac{1}{n}\right)^{n^2}$.

解 (1) 因为 $\rho=\lim\limits_{n\to\infty}\frac{u_{n+1}}{u_n}=\lim\limits_{n\to\infty}\frac{1/n!}{1/(n-1)!}=\lim\limits_{n\to\infty}\frac{1}{n}=0<1$，由定理 7.4，$\sum\limits_{n=1}^{\infty}\frac{1}{(n-1)!}$ 收敛.

(2) 因为 $\rho=\lim\limits_{n\to\infty}\frac{u_{n+1}}{u_n}=\lim\limits_{n\to\infty}\frac{(n+1)x^n}{nx^{n-1}}=\lim\limits_{n\to\infty}\frac{n+1}{n}x=x$，根据定理 7.4，当 $0<x<1$ 时级数收敛，当 $x>1$ 时级数发散，当 $x=1$ 时得到级数 $\sum\limits_{n=1}^{\infty}n$，它显然发散.

(3) 因 $\frac{n\cos^2\frac{n\pi}{3}}{2^n}\leqslant\frac{n}{2^n}$，而 $\rho=\lim\limits_{n\to\infty}\sqrt[n]{\frac{n}{2^n}}=\frac{1}{2}<1$，故 $\sum\limits_{n=1}^{\infty}\frac{n}{2^n}$ 收敛，从而 $\sum\limits_{n=1}^{\infty}\frac{n\cos^2\frac{n\pi}{3}}{2^n}$ 也

收敛.

(4) 因 $\rho=\lim\limits_{n\to\infty}\sqrt[n]{u_n}=\lim\limits_{n\to\infty}\left(1-\frac{1}{n}\right)^n=\frac{1}{e}<1$，由定理 7.5 知，级数 $\sum\limits_{n=1}^{\infty}\left(1-\frac{1}{n}\right)^{n^2}$ 收敛.

例 6 判别下列级数的敛散性：

(1) $\sum\limits_{n=1}^{\infty}\left(1-\cos\frac{\pi}{n}\right)$；　　(2) $\sum\limits_{n=1}^{\infty}n^{\alpha}\beta^{n}\ (\beta\geqslant 0)$.

解 (1) 因为 $\lim\limits_{n\to\infty}\dfrac{1-\cos\frac{\pi}{n}}{1/n^2}=\lim\limits_{n\to\infty}\dfrac{\frac{1}{2}\left(\frac{\pi}{n}\right)^2}{1/n^2}=\frac{\pi^2}{2}$，而 $\sum\limits_{n=1}^{\infty}\frac{1}{n^2}$ 收敛，故 $\sum\limits_{n=1}^{\infty}\left(1-\cos\frac{\pi}{n}\right)$ 收敛.

(2) 因为 $\rho=\lim\limits_{n\to\infty}\dfrac{u_{n+1}}{u_n}=\lim\limits_{n\to\infty}\dfrac{(n+1)^{\alpha}\beta^{n+1}}{n^{\alpha}\beta^{n}}=\lim\limits_{n\to\infty}\beta\left(1+\frac{1}{n}\right)^{\alpha}=\beta$，故当 $\beta<1$ 时级数 $\sum\limits_{n=1}^{\infty}n^{\alpha}\beta^{n}$ 收敛，而当 $\beta>1$ 时级数 $\sum\limits_{n=1}^{\infty}n^{\alpha}\beta^{n}$ 发散.

二、交错级数及审敛法

若级数 $\sum\limits_{n=1}^{\infty}u_n$ 各项正负相间，即 $u_1-u_2+u_3-u_4+\cdots$ 或 $-u_1+u_2-u_3+u_4-\cdots$，则称该级数为交错级数，并记为 $\sum\limits_{n=1}^{\infty}(-1)^{n-1}u_n$ 或 $\sum\limits_{n=1}^{\infty}(-1)^{n}u_n$.

定理 7.6 **(莱布尼茨判别法)** 若交错级数 $\sum\limits_{n=1}^{\infty}(-1)^{n-1}u_n$ 满足：① $u_{n+1}\leqslant u_n$，② $\lim\limits_{n\to\infty}u_n=0$，即 $u_n\downarrow$ 且趋于零，则：(1) $\sum\limits_{n=1}^{\infty}(-1)^{n-1}u_n$ 收敛，且其和为 $S\leqslant u_1$；(2) 其余项 R_n 的绝对值 $|R_n|\leqslant u_{n+1}$.

证明 (1) 因为 $u_{n+1}\leqslant u_n$，所以 $S_{2n}=(u_1-u_2)+(u_3-u_4)+\cdots+(u_{2n-1}-u_{2n})$ 单调增加，且 $S_{2n}=u_1-(u_2-u_3)-(u_4-u_5)-\cdots-(u_{2n-2}-u_{2n-1})-u_{2n}$ 有上界 u_1，故 S_{2n} 有极限 S，并且 $S\leqslant u_1$. 又 $\lim\limits_{n\to\infty}S_{2n+1}=\lim\limits_{n\to\infty}(S_{2n}+u_{2n+1})=\lim\limits_{n\to\infty}S_{2n}+\lim\limits_{n\to\infty}u_{2n+1}=S$，即 S_{2n+1} 也有极限 S，从而部分和数列 $\{S_n\}$ 有极限 S，故级数收敛于 S，且 $S\leqslant u_1$.

(2) 余项 $R_n=S-S_n=\pm(u_{n+1}-u_{n+2}+u_{n+3}-u_{n+4}+\cdots)$，则 $|R_n|=u_{n+1}-u_{n+2}+\cdots$ 也是一个交错级数，且满足条件①和②，于是 $|R_n|$ 也收敛，且其和 $|R_n|\leqslant u_{n+1}$.

例 7 讨论下列交错级数的敛散性：

(1) $\sum\limits_{n=1}^{\infty}(-1)^{n-1}\frac{1}{n}$；　　(2) $\sum\limits_{n=1}^{\infty}(-1)^{n}(\sqrt{n+1}-\sqrt{n})$；　　(3) $\sum\limits_{n=1}^{\infty}(-1)^{n}\frac{n}{n^2+100}$.

解 (1) 因为 $u_n=\frac{1}{n}$ 单调递减且趋于零，故级数 $\sum\limits_{n=1}^{\infty}(-1)^{n-1}\frac{1}{n}$ 收敛.

(2) 因为 $u_n=\sqrt{n+1}-\sqrt{n}=\dfrac{1}{\sqrt{n+1}+\sqrt{n}}$ 单调递减且趋于零，故已知级数收敛.

(3) 令 $f(x)=\frac{x}{x^2+100}$，则 $f'(x)=\frac{100-x^2}{(x^2+100)^2}=\frac{(10-x)(10+x)}{(x^2+100)^2}$，所以当 $n>10$ 时，$u_n=\frac{n}{n^2+100}$单调递减且趋于零，于是级数$\sum_{n=1}^{\infty}(-1)^n\frac{n}{n^2+100}$收敛.

三、绝对收敛与条件收敛

若级数$\sum_{n=1}^{\infty}u_n$的项u_n为任意实数，则称该级数为任意项级数；其各项绝对值构成的级数$\sum_{n=1}^{\infty}|u_n|$称为$\sum_{n=1}^{\infty}u_n$的正项级数.

定理 7.7 若$\sum_{n=1}^{\infty}|u_n|$收敛，则$\sum_{n=1}^{\infty}u_n$收敛. 反之不真.

证明 令 $v_n=\frac{1}{2}(u_n+|u_n|)$，则 $0\leqslant v_n\leqslant|u_n|$. 因为级数$\sum_{n=1}^{\infty}|u_n|$收敛，所以级数$\sum_{n=1}^{\infty}v_n$也收敛. 又 $u_n=2v_n-|u_n|$，从而级数$\sum_{n=1}^{\infty}u_n=2\sum_{n=1}^{\infty}v_n-\sum_{n=1}^{\infty}|u_n|$也收敛.

定义 7.3 对任意项级数$\sum_{n=1}^{\infty}u_n$及其正项级数$\sum_{n=1}^{\infty}|u_n|$，若$\sum_{n=1}^{\infty}|u_n|$收敛，则称$\sum_{n=1}^{\infty}u_n$**绝对收敛**；显然，这时$\sum_{n=1}^{\infty}u_n$也收敛. 若$\sum_{n=1}^{\infty}|u_n|$发散，而$\sum_{n=1}^{\infty}u_n$收敛，则称$\sum_{n=1}^{\infty}u_n$**条件收敛**.

例 8 讨论下列级数的绝对收敛与条件收敛性：

(1) $\sum_{n=1}^{\infty}\frac{\sin n\alpha}{n^4}$；　(2) $\sum_{n=1}^{\infty}(-1)^{n-1}\frac{1}{n}$；　(3) $\sum_{n=1}^{\infty}(-1)^n\frac{\ln n}{n}$；

(4) $\sum_{n=1}^{\infty}(-1)^n\frac{1}{n^p}$；　(5) $\sum_{n=1}^{\infty}n!\left(\frac{x}{n}\right)^n$.

解 (1) 因$|u_n|=\left|\frac{\sin n\alpha}{n^4}\right|\leqslant\frac{1}{n^4}$，而$\sum_{n=1}^{\infty}\frac{1}{n^4}$收敛，故$\sum_{n=1}^{\infty}|u_n|$收敛，即原级数绝对收敛.

(2) 对于交错级数$\sum_{n=1}^{\infty}(-1)^{n-1}\frac{1}{n}$，$u_n=\frac{1}{n}$单调递减且趋于零，故已知级数收敛. 但是，$\sum_{n=1}^{\infty}\left|(-1)^{n-1}\frac{1}{n}\right|=\sum_{n=1}^{\infty}\frac{1}{n}$显然发散，故原级数条件收敛.

(3) 令 $f(x)=\frac{\ln x}{x}$，则 $f'(x)=\frac{1-\ln x}{x^2}<0\ (x>\mathrm{e})$，又 $\lim\limits_{x\to+\infty}\frac{\ln x}{x}=0$，即$\frac{\ln n}{n}$单调递减且趋于零，故$\sum_{n=1}^{\infty}(-1)^n\frac{\ln n}{n}$收敛. 然而$\left|\frac{\ln n}{n}\right|>\frac{1}{n}$，且$\sum_{n=1}^{\infty}\frac{1}{n}$发散，由比较判别法可得$\sum_{n=1}^{\infty}\left|(-1)^n\frac{\ln n}{n}\right|$发散，故原级数条件收敛.

(4) 当 $p\leqslant 0$ 时，$\lim\limits_{n\to\infty}(-1)^n\dfrac{1}{n^p}\neq 0$，所以级数$\sum\limits_{n=1}^{\infty}(-1)^n\dfrac{1}{n^p}$发散；当 $1\geqslant p>0$ 时，$\dfrac{1}{n^p}$单调递减且趋于零，故级数$\sum\limits_{n=1}^{\infty}(-1)^n\dfrac{1}{n^p}$收敛，而$\left|\sum\limits_{n=1}^{\infty}(-1)^n\dfrac{1}{n^p}\right|=\sum\limits_{n=1}^{\infty}\dfrac{1}{n^p}$发散，故原级数条件收敛；当 $p>1$ 时，级数$\sum\limits_{n=1}^{\infty}\dfrac{1}{n^p}$收敛，这时级数$\sum\limits_{n=1}^{\infty}(-1)^n\dfrac{1}{n^p}$绝对收敛.

(5) 因为

$$\lim_{n\to\infty}\frac{|u_{n+1}|}{|u_n|}=\lim_{n\to\infty}\frac{\left|(n+1)!\left(\dfrac{x}{n+1}\right)^{n+1}\right|}{\left|n!\left(\dfrac{x}{n}\right)^n\right|}=\lim_{n\to\infty}\frac{|x|}{\left(1+\dfrac{1}{n}\right)^n}=\frac{|x|}{\mathrm{e}},$$

故当 $|x|<\mathrm{e}$ 时 $\sum\limits_{n=1}^{\infty}n!\left(\dfrac{x}{n}\right)^n$ 绝对收敛，当 $|x|\geqslant\mathrm{e}$ 时 $\lim\limits_{n\to\infty}\dfrac{|u_{n+1}|}{|u_n|}\geqslant 1>0$，于是 $|u_{n+1}|\geqslant|u_n|\geqslant\cdots\geqslant|u_1|>0$，因此$\lim\limits_{n\to\infty}u_n\neq 0$，从而$\sum\limits_{n=1}^{\infty}n!\left(\dfrac{x}{n}\right)^n$ 发散.

7.3 幂级数

一、函数项级数

假设 $\{u_n(x)\}$ 是定义在区间 (a, b) 上的一个函数序列，那么表达式

$$\sum_{n=1}^{\infty}u_n(x)=u_1(x)+u_2(x)+\cdots+u_n(x)+\cdots, x\in(a, b)$$

称为定义在区间 (a, b) 上的**函数项级数**，简记为$\sum\limits_{n=1}^{\infty}u_n(x)$或$\sum u_n(x)$，并称其前 n 项的和

$$S_n(x)=\sum_{i=1}^{n}u_i(x),\quad x\in(a, b),\ n=1,\ 2,\ \cdots$$

为函数项级数$\sum\limits_{n=1}^{\infty}u_n(x)$的**前 n 项部分和**.

对于区间 (a, b) 内任意 $x_0\in(a, b)$，若函数项级数$\sum\limits_{n=1}^{\infty}u_n(x_0)$收敛（发散），则称 x_0 为级数$\sum\limits_{n=1}^{\infty}u_n(x)$的**收敛点（发散点）**，收敛点或发散点的全体称为$\sum\limits_{n=1}^{\infty}u_n(x)$的**收敛域（发散域）**.

对收敛域中的任意一个 x，$\sum\limits_{n=1}^{\infty}u_n(x)$收敛，令其和为 $S(x)$，故在收敛域上

$$S(x)=\sum_{n=1}^{\infty}u_n(x)$$

为 x 的函数，并称 $S(x)$ 为 $\sum\limits_{n=1}^{\infty}u_n(x)$ 的和函数. 显然，$S(x)=\lim\limits_{n\to\infty}S_n(x)=\lim\limits_{n\to\infty}\sum\limits_{i=1}^{n}u_i(x)$. 这样一来，级数 $\sum\limits_{n=1}^{\infty}u_n(x)$ 的收敛域实际上就是函数 $S(x)$ 的定义域.

二、幂级数及其敛散性

特别地，函数项级数 $\sum\limits_{n=0}^{\infty}a_nx^n$ 或 $\sum\limits_{n=0}^{\infty}a_n(x-x_0)^n$ 称为**幂级数**，a_n 称为该幂级数的**系数**.

在幂级数 $\sum\limits_{n=0}^{\infty}a_n(x-x_0)^n$ 中，若令 $t=x-x_0$，则 $\sum\limits_{n=0}^{\infty}a_nt^n$ 就化成了幂级数 $\sum\limits_{n=0}^{\infty}a_nx^n$ 的形式. 本书只讨论这种形式的幂级数.

容易看出，幂级数 $\sum\limits_{n=0}^{\infty}a_nx^n$ 在区间$(-\infty, +\infty)$上有定义，也就是说，对任意给定的 $x\in\mathbf{R}$，该级数就是常数项级数，并且它在 $x=0$ 时收敛于常数 a_0，这时 $x=0$ 称为该级数的收敛点. 我们自然会问：除此之外，它还有其他收敛点吗？幂级数 $\sum\limits_{n=0}^{\infty}a_nx^n$ 的收敛点的全体称为该级数的**收敛域**；显然，幂级数的收敛域不是空集，它至少包含元素 0.

定理 7.8 **（阿贝尔判别法）** 假若幂级数 $\sum\limits_{n=0}^{\infty}a_nx^n$ 在 $x=x_0\neq 0$ 处收敛，那么对于满足不等式 $|x|<|x_0|$ 的一切 x，幂级数 $\sum\limits_{n=0}^{\infty}a_nx^n$ 都绝对收敛. 反之，若幂级数 $\sum\limits_{n=0}^{\infty}a_nx^n$ 在 $x=x_0\neq 0$ 处发散，则对于满足 $|x|\geqslant|x_0|$ 的一切 x，幂级数 $\sum\limits_{n=0}^{\infty}a_nx^n$ 都发散.

证明 设已知幂级数 $\sum\limits_{n=0}^{\infty}a_nx_0^n$ 收敛， 那么必有 $\lim\limits_{n\to\infty}a_nx_0^n=0$，因此，存在常数 $M>0$，对任意 $n\in\mathbf{N}$，恒有 $|a_nx_0^n|\leqslant M$. 于是

$$|a_nx^n|=\left|a_nx_0^n\cdot\frac{x^n}{x_0^n}\right|\leqslant M\left|\frac{x}{x_0}\right|^n.$$

我们知道，当 $|x|<|x_0|$ 时，$\sum M\left|\dfrac{x}{x_0}\right|^n$ 收敛，根据比较判别法可知 $\sum\limits_{n=0}^{\infty}|a_nx^n|$ 收敛，因此，$\sum\limits_{n=0}^{\infty}a_nx^n$ 绝对收敛.

用反证法证明定理的第 2 部分. 假设幂级数 $\sum\limits_{n=0}^{\infty}a_nx^n$ 在 $x=x_0$ 处发散，而有一点 x_1 满足 $|x_1|>|x_0|$，使得级数 $\sum\limits_{n=0}^{\infty}a_nx_1^n$ 收敛，则由该定理的前半部分可知，级数 $\sum\limits_{n=0}^{\infty}a_nx^n$ 在

$x=x_0$ 处绝对收敛；矛盾. 所以对于满足 $|x|\geqslant|x_0|$ 的一切 x，幂级数 $\sum\limits_{n=0}^{\infty}a_nx^n$ 都发散.

由阿贝尔判别法可知，幂级数 $\sum\limits_{n=0}^{\infty}a_nx^n$ 的收敛情况只有如下三种：

(1) 对任一 x，$\sum\limits_{n=0}^{\infty}a_nx^n$ 都收敛.

(2) 除 $x=0$ 外，$\sum\limits_{n=0}^{\infty}a_nx^n$ 处处发散.

(3) 存在 $R>0$，当 $|x|>R$ 时 $\sum\limits_{n=0}^{\infty}a_nx^n$ 发散，当 $|x|<R$ 时 $\sum\limits_{n=0}^{\infty}a_nx^n$ 收敛. 当 $x=\pm R$ 时，$\sum\limits_{n=0}^{\infty}a_nx^n$ 可能收敛，也可能发散. R 称为幂级数 $\sum\limits_{n=0}^{\infty}a_nx^n$ 的**收敛半径**. 这样，幂级数可能的收敛区间为 $(-R,R)$，$[-R,R)$，$[-R,R]$ 和 $(-R,R]$，称为 $\sum\limits_{n=0}^{\infty}a_nx^n$ 的**收敛区间**. 对于情形(1)，$R=+\infty$，收敛区间为 $(-\infty,+\infty)$；对于情形(2)，$R=0$，收敛区间缩为一点 $x=0$.

定理 7.9 设极限 $\lim\limits_{n\to\infty}\left|\dfrac{a_{n+1}}{a_n}\right|=\rho$，其中 a_n，a_{n+1} 为幂级数 $\sum\limits_{n=0}^{\infty}a_nx^n$ 中相邻两项 x^n，x^{n+1} 的系数，那么，若 $\rho=0$，则 $R=+\infty$；若 $\rho=+\infty$，则 $R=0$；若 $0<\rho<+\infty$，则 $R=\dfrac{1}{\rho}$.

综上所述，$R=\dfrac{1}{\rho}=\lim\limits_{n\to\infty}\left|\dfrac{a_n}{a_{n+1}}\right|$. 求出收敛半径 R 后，再用适当的办法判别在 $x=\pm R$ 处级数的敛散性，即得级数的收敛区间.

证明 首先，考察幂级数 $\sum\limits_{n=0}^{\infty}a_nx^n$ 中的各项取绝对值所构成的级数

$$|a_0|+|a_1x|+|a_2x^2|+\cdots+|a_nx^n|+\cdots,$$

此时

$$\lim_{n\to\infty}\frac{u_{n+1}}{u_n}=\lim_{n\to\infty}\frac{|a_{n+1}x^{n+1}|}{|a_nx^n|}=\lim_{n\to\infty}\left|\frac{a_{n+1}}{a_n}\right|\cdot|x|=\rho|x|.$$

由比值判别法可知：若 $\rho=0$，则对于 $\forall x$，$\lim\limits_{n\to\infty}\dfrac{u_{n+1}}{u_n}=\rho|x|=0$，级数 $\sum\limits_{n=1}^{\infty}|a_nx^n|$ 收敛，即级数 $\sum\limits_{n=0}^{\infty}a_nx^n$ 绝对收敛，收敛半径 $R=+\infty$. 若 $\rho=+\infty$，则对于一切 $x\neq0$，级数 $\sum\limits_{n=0}^{\infty}a_nx^n$ 发散；否则，由定理 7.8 可知，将有 $x\neq0$，使得级数 $\sum\limits_{n=0}^{\infty}|a_nx^n|$ 收敛；这时收敛半径 $R=0$. 若 $0<\rho<+\infty$，则当 $\rho|x|<1$，即 $|x|<\dfrac{1}{\rho}$ 时，级数 $\sum\limits_{n=0}^{\infty}|a_nx^n|$ 收敛，从而级数

$\sum\limits_{n=0}^{\infty}a_nx^n$ 绝对收敛；而当 $\rho|x|>1$，即 $|x|>\dfrac{1}{\rho}$ 时，级数 $\sum\limits_{n=0}^{\infty}|a_nx^n|$ 发散，且其通项 $|a_nx^n|$ 不趋向于 0，故 $\sum\limits_{n=0}^{\infty}a_nx^n$ 发散，这时收敛半径 $R=\dfrac{1}{\rho}$.

例 9 求下列级数的收敛半径和收敛域：

(1) $\sum\limits_{n=0}^{\infty}n!\,x^n$； (2) $\sum\limits_{n=0}^{\infty}\dfrac{x^n}{n^2}$； (3) $\sum\limits_{n=0}^{\infty}(-1)^n\dfrac{(x-5)^n}{n}$； (4) $\sum\limits_{n=0}^{\infty}\dfrac{(x-1)^n}{2^nn}$.

解 (1) 因为 $\rho=\lim\limits_{n\to\infty}\left|\dfrac{a_{n+1}}{a_n}\right|=\lim\limits_{n\to\infty}\left|\dfrac{(n+1)!}{n!}\right|=\lim\limits_{n\to\infty}(n+1)=+\infty$，故 $\sum\limits_{n=0}^{\infty}n!\,x^n$ 的收敛半径 $R=0$.

(2) 由于 $\rho=\lim\limits_{n\to\infty}\left|\dfrac{a_{n+1}}{a_n}\right|=\lim\limits_{n\to\infty}\left|\dfrac{n^2}{(n+1)^2}\right|=1$，所以 $\sum\limits_{n=0}^{\infty}\dfrac{x^n}{n^2}$ 的收敛半径 $R=1$；当 $x=\pm1$ 时，$\left|\dfrac{(\pm1)^n}{n^2}\right|=\dfrac{1}{n^2}$，而 $\sum\limits_{n=0}^{\infty}\dfrac{1}{n^2}$ 收敛，故 $\sum\limits_{n=0}^{\infty}\dfrac{x^n}{n^2}$ 在 $x=\pm1$ 处也收敛，其收敛域为 $[-1,1]$.

(3) 因为 $\rho=\lim\limits_{n\to\infty}\left|\dfrac{a_{n+1}}{a_n}\right|=\lim\limits_{n\to\infty}\left|\dfrac{n}{n+1}\right|=1$，所以 $\sum\limits_{n=0}^{\infty}(-1)^n\dfrac{(x-5)^n}{n}$ 的收敛半径 $R=1$，即 $|x-5|<1$，由此得 $4<x<6$. 当 $x=4$ 时，$\sum\limits_{n=0}^{\infty}(-1)^n\dfrac{(x-5)^n}{n}$ 成为 $\sum\limits_{n=0}^{\infty}\dfrac{(-1)^{2n}}{n}=\sum\limits_{n=0}^{\infty}\dfrac{1}{n}$，而 $\sum\limits_{n=0}^{\infty}\dfrac{1}{n}$ 发散，所以当 $x=4$ 时，级数 $\sum\limits_{n=0}^{\infty}(-1)^n\dfrac{(x-5)^n}{n}$ 不收敛；当 $x=6$ 时，原级数成为 $\sum\limits_{n=0}^{\infty}\dfrac{(-1)^n}{n}$，该级数收敛，即 $\sum\limits_{n=0}^{\infty}(-1)^n\dfrac{(x-5)^n}{n}$ 在 $x=6$ 处也收敛. 于是原级数的收敛域为 $(4,6]$.

(4) 因为 $\rho=\lim\limits_{n\to\infty}\left|\dfrac{a_{n+1}}{a_n}\right|=\lim\limits_{n\to\infty}\left|\dfrac{2^nn}{2^{n+1}(n+1)}\right|=\lim\limits_{n\to\infty}\dfrac{1}{2}\cdot\dfrac{n}{n+1}=\dfrac{1}{2}$，所以 $\sum\limits_{n=0}^{\infty}\dfrac{(x-1)^n}{2^nn}$ 的收敛半径 $R=2$，即 $|x-1|<2$，由此可得 $-1<x<3$. 当 $x=3$ 时，级数 $\sum\limits_{n=0}^{\infty}\dfrac{(x-1)^n}{2^nn}$ 便成为 $\sum\limits_{n=0}^{\infty}\dfrac{2^n}{2^nn}$，而此级数不收敛，所以当 $x=3$ 时，级数 $\sum\limits_{n=0}^{\infty}\dfrac{(x-1)^n}{2^nn}$ 发散；当 $x=-1$ 时，原级数成为 $\sum\limits_{n=0}^{\infty}\dfrac{(-1)^n}{n}$，因为 $\sum\limits_{n=0}^{\infty}\dfrac{(-1)^n}{n}$ 收敛，故级数 $\sum\limits_{n=0}^{\infty}\dfrac{(x-1)^n}{2^nn}$ 在 $x=-1$ 处收敛. 于是原级数的收敛域为 $[-1,3)$.

三、幂级数的运算

假设有两个幂级数

$$S_a(x)=a_0+a_1x+a_2x^2+\cdots+a_nx^n+\cdots$$

和

$$S_b(x)=b_0+b_1x+b_2x^2+\cdots+b_nx^n+\cdots,$$

其中 $S_a(x)$，$S_b(x)$ 为其和函数，收敛半径分别是 R_a，R_b. 记 $R=\min\{R_a, R_b\}$，显然 R 是它们的共同收敛半径，那么，它们在区间 $(-R, R)$ 内有下列运算.

(1) 加减法运算：

$$\sum_{n=0}^{\infty}a_nx^n\pm\sum_{n=0}^{\infty}b_nx^n=\sum_{n=0}^{\infty}(a_n\pm b_n)x^n=S_a(x)\pm S_b(x)(|x|<R).$$

(2) 乘法运算：

$$\left(\sum_{n=0}^{\infty}a_nx^n\right)\cdot\left(\sum_{n=0}^{\infty}b_nx^n\right)=\sum_{n=0}^{\infty}c_nx^n=S_a(x)\cdot S_b(x)(|x|<R),$$

其中系数 $c_n=\sum_{i=0}^{n}a_ib_{n-i}=a_0b_n+a_1b_{n-1}+\cdots+a_nb_0$.

(3) 除法运算：

$$\left(\sum_{n=0}^{\infty}a_nx^n\right)\Big/\left(\sum_{n=0}^{\infty}b_nx^n\right)=\sum_{n=0}^{\infty}c_nx^n=S_a(x)/S_b(x)\ (b_0\neq 0),$$

其中系数 c_0，c_1，c_2，… 可根据 $\left(\sum_{n=0}^{\infty}b_nx^n\right)\cdot\left(\sum_{n=0}^{\infty}c_nx^n\right)=\sum_{n=0}^{\infty}a_nx^n$ 确定，即 $a_0=b_0c_0$，$a_1=b_1c_0+b_0c_1$，$a_2=b_2c_0+b_1c_1+b_0c_2$，…，依次求得，而 $\sum_{n=0}^{\infty}c_nx^n$ 的收敛区间一般比原来两级数的收敛区间都要小.

(4) 分析运算：设幂级数 $\sum_{n=0}^{\infty}a_nx^n$ 的收敛区间为 $(-R, R)$，其和函数为 $S(x)$，则 $S(x)$ 在 $(-R, R)$ 内可任意次求导或积分，即有如下求导公式和积分公式：

$$S'(x)=\left(\sum_{n=0}^{\infty}a_nx^n\right)'=\sum_{n=0}^{\infty}(a_nx^n)'=\sum_{n=0}^{\infty}na_nx^{n-1},$$

$$\int_0^x S(x)\mathrm{d}x=\int_0^x\sum_{n=0}^{\infty}a_nx^n\mathrm{d}x=\sum_{n=0}^{\infty}\int_0^x a_nx^n\mathrm{d}x=\sum_{n=0}^{\infty}\frac{a_n}{n+1}x^{n+1}.$$

这就是说，逐项求导或逐项积分后所得到的幂级数与原幂级数有相同的收敛半径，但收敛区间并不一定相同，积分时可能扩大，求导时可能缩小. 在逐项求导时，幂级数逐项求导后的和函数就是原来幂级数和函数的导数，但要注意幂级数下标的变化. 在逐项积分时，幂级数逐项积分后的和函数就是原来幂级数和函数的积分.

利用幂级数的上述运算规则，我们可以求出一些幂级数的和函数，或由已知的幂级数展开式求出一些未知函数的幂级数展开式.

例 10 求下列幂级数的和函数：

(1) $1+2x+3x^2+\cdots+nx^{n-1}+\cdots$；　　(2) $\sum_{n=0}^{\infty}\frac{n(n+1)}{2}x^{n-1}\ (x\in(-1, 1))$.

解 (1) 显然，已知幂级数的收敛区间为 $(-1, 1)$，设其和函数为 $S(x)$，即

$$S(x)=1+2x+3x^2+\cdots+nx^{n-1}+\cdots(|x|<1),$$

根据幂级数的逐项积分法，得

$$\int_0^x S(x)\mathrm{d}x=\int_0^x 1\mathrm{d}x+\int_0^x 2x\mathrm{d}x+\int_0^x 3x^2\mathrm{d}x+\cdots+\int_0^x nx^{n-1}\mathrm{d}x+\cdots$$

$$=x+x^2+\cdots+x^n+\cdots=\frac{x}{1-x}.$$

上式两边求导，即得已知幂级数的和函数为

$$S(x)=\left(\int_0^x S(x)\mathrm{d}x\right)'=\left(\frac{x}{1-x}\right)'=\frac{1}{(1-x)^2}.$$

(2) 根据 (1)，有

$$\frac{1}{(1-x)^2}=1+2x+3x^2+\cdots+nx^{n-1}+(n+1)x^n+\cdots(|x|<1),$$

两边求导，然后除以 2，即可得到

$$\frac{1}{(1-x)^3}=1+\frac{2\cdot 3}{2}x+\frac{3\cdot 4}{2}x^2+\cdots+\frac{n(n+1)}{2}x^{n-1}+\cdots$$

$$=\sum_{n=1}^{\infty}\frac{n(n+1)}{2}x^{n-1}\quad(|x|<1).$$

7.4 函数展开成幂级数

前面讨论了幂级数的收敛域及其和函数. 下面考虑相反的问题：对于给定的函数 $f(x)$，在某区间内它能否展开成幂级数，即找到一个幂级数其和就是 $f(x)$? 答案是肯定的.

一、泰勒级数

泰勒定理 若函数 $f(x)$ 在 x_0 的某邻域内有 $n+1$ 阶导数，则在该邻域内 $f(x)$ 可表示成如下形式

$$f(x)=S_n(x)+R_n(x),$$

其中

$$S_n(x)=\sum_{i=0}^{n}\frac{f^{(i)}(x_0)}{i!}(x-x_0)^i,$$

$$R_n(x)=\frac{f^{(n+1)}(\xi)}{(n+1)!}(x-x_0)^{n+1},\ \xi\in(x_0,x).$$

它就是第三章中我们讨论过的泰勒公式，其中 $R_n(x)$ 称为展开式余项.

若 $f(x)$ 在 x_0 的某邻域内任意阶可导，且 $\lim\limits_{n\to\infty}R_n(x)=0$；又 $f(x)=S_n(x)+R_n(x)$，则 $\lim\limits_{n\to\infty}(f(x)-S_n(x))=\lim\limits_{n\to\infty}R_n(x)=0$，于是

$$f(x)=\sum_{n=0}^{\infty}\frac{f^{(n)}(x_0)}{n!}(x-x_0)^n.$$

上式称为函数 $f(x)$ 在 x_0 处的**泰勒级数.**

特别地，当 $x_0=0$ 时，上述泰勒级数变成了如下形式的麦克劳林级数：

$$f(x)=f(0)+f'(0)x+\frac{f'(0)}{2!}x^2+\cdots+\frac{f^{(n)}(0)}{n!}x^n+\cdots.$$

显然，函数 $f(x)$ 在 x_0 处能展开成泰勒级数的充要条件是 $\lim\limits_{n\to\infty}R_n(x)=0$.

二、函数展开成幂级数

我们以基本初等函数为例，建立其幂级数展开式，并且只讨论它们的麦克劳林展开式.

1. 直接展开法

把已知函数 $f(x)$ 展开成 x 的幂级数可如下进行：

首先，计算出函数 $f(x)$ 在 $x=0$ 处的各阶导数 $f^{(n)}(0)$ $(n=1, 2, \cdots)$，并确定幂级数的系数 $a_0=f(0)$，$\cdots$，$a_n=\dfrac{1}{n!}f^{(n)}(0)$.

然后，确定 $f(x)$ 的麦克劳林级数的收敛半径 R. 则

$$f(x)=f(0)+f'(0)x+\frac{f'(0)}{2!}x^2+\cdots+\frac{f^{(n)}(0)}{n!}x^n+\cdots,\ |x|<R.$$

若讨论 $f(x)$ 在 $x=x_0$ 处的泰勒级数展开式，则根据上述过程，有

$$f(x)=f(x_0)+f'(x_0)(x-x_0)+\frac{f'(x_0)}{2!}(x-x_0)^2+\cdots+\frac{f^{(n)}(x_0)}{n!}(x-x)^n+\cdots.$$

事实上，$f(x)$ 展开成泰勒公式 $f(x)=S_n(x)+R_n(x)$ 后，再讨论 $\lim\limits_{n\to\infty}R_n(x)$ 是否为零，如果为零，则有泰勒级数 $f(x)=\sum\limits_{n=0}^{\infty}\dfrac{f^{(n)}(x_0)}{n!}(x-x_0)^n$，否则 $f(x)$ 不能展开成幂级数.

例 11 求下列函数的幂级数展开式：

(1) $f(x)=e^x$； (2) $f(x)=\sin x$； (3) $f(x)=(1+x)^m$ $(m\in\mathbf{R})$.

解 (1) 因为 $f(x)=e^x$，所以 $f^{(n)}(x)=e^x$，从而 $f^{(n)}(0)=1$，$a_n=\dfrac{1}{n!}$；又

$$\lim_{n\to\infty}\left|\frac{a_{n+1}}{a_n}\right|=\lim_{n\to\infty}\left|\frac{1/(n+1)!}{1/n!}\right|=\lim_{n\to\infty}\left|\frac{1}{n+1}\right|=0,$$

因此，收敛半径 $R=+\infty$. 于是，e^x 的麦克劳林级数为

$$e^x = 1 + x + \frac{x^2}{2!} + \cdots + \frac{x^n}{n!} + \cdots = \sum_{n=0}^{\infty} \frac{x^n}{n!}, \quad -\infty < x < +\infty.$$

(2) 函数 $f(x)=\sin x$ 的各阶导数为

$$f'(x)=\cos x=\sin\left(x+\frac{\pi}{2}\right),$$

$$f''(x)=\sin\left(x+2\cdot\frac{\pi}{2}\right),$$

……

$$f^{(n)}(x)=\sin\left(x+n\cdot\frac{\pi}{2}\right),$$

……

当 $n=2k$ 时，$f^{(n)}(0)=0$，$a_n=0$；当 $n=4k+1$ 时，$f^{(n)}(0)=1$，$a_n=\frac{1}{n!}$；当 $n=4k+3$ 时，$f^{(n)}(0)=-1$，$a_n=\frac{-1}{n!}$. 于是，$\sin x$ 的麦克劳林级数为

$$\sin x = x - \frac{x^3}{3!} + \frac{x^5}{5!} - \frac{x^7}{7!} + \cdots + \frac{(-1)^n x^{2n+1}}{(2n+1)!} + \cdots = \sum_{n=0}^{\infty} (-1)^n \frac{x^{2n+1}}{(2n+1)!}.$$

(3) 因为

$f(x)=(1+x)^m$，$f(0)=1$，$a_0=1$；

$f'(x)=m(x+1)^{m-1}$，$f'(0)=m$，$a_1=m$；

$f''(x)=m(m-1)(x+1)^{m-2}$，$f''(0)=m(m-1)$，$a_2=\frac{m(m-1)}{2!}$；

……

$f^{(n)}(x)=m(m-1)\cdots(m-n+1)(x+1)^{m-n}$，$f^{(n)}(0)=m(m-1)\cdots(m-n+1)$，

$a_n=\frac{m(m-1)\cdots(m-n+1)}{n!}$，

……

又

$$\lim_{n\to\infty}\left|\frac{a_{n+1}}{a_n}\right|=\lim_{n\to\infty}\left|\frac{m-n}{n+1}\right|=1,$$

所以所求级数的收敛半径 $R=1$. 因此 $(1+x)^m$ 的麦克劳林级数为

$$(1+x)^m=1+mx+\frac{m(m-1)}{2!}x^2+\cdots+\frac{m(m-1)\cdots(m-n+1)}{n!}x^n+\cdots, \quad -1<x<1.$$

该级数称为二项式级数，m 是任意实数. 特别地，当 m 是正整数时，上述级数成为 x 的 m 次多项式，它就是初等数学中的二项式定理. 下面就 m 的其他情形展开讨论.

当 $m=-1$ 时，二项式级数变成 $\frac{1}{1+x}=1-x+x^2+\cdots+(-1)^n x^n+\cdots$. 收敛区间端点

的情形与 m 的取值有关：当 $m\leqslant-1$ 时，收敛域为 $(-1,1)$；当 $-1<m<0$ 时，收敛域为 $(-1,1]$；当 $m>0$ 时，收敛域为 $[-1,1)$.

2. 间接展开法

即从已知展开式出发，通过变量代换、四则运算或逐项求导、逐项积分等方法，间接地求出函数的幂级数展开式.

例 12 试求下列函数的幂级数：

(1) $f(x)=\cos x$；　(2) $f(x)=\ln(1+x)$；　(3) $f(x)=\dfrac{1}{1-x}$；

(4) $f(x)=\arctan x$；　(5) $f(x)=\ln\dfrac{1+x}{1-x}$.

解 (1) 对级数 $\sin x=x-\dfrac{x^3}{3!}+\dfrac{x^5}{5!}-\dfrac{x^7}{7!}+\cdots+\dfrac{(-1)^n x^{2n+1}}{(2n+1)!}+\cdots$ 两边求导，得

$$\cos x=1-\frac{x^2}{2!}+\frac{x^4}{4!}-\frac{x^6}{6!}+\cdots+\frac{(-1)^n x^{2n}}{(2n)!}+\cdots=\sum_{n=0}^{\infty}(-1)^n\frac{x^{2n}}{(2n)!},\ x\in\mathbf{R}.$$

(2) 对级数 $\dfrac{1}{1+x}=1-x+x^2+\cdots+(-1)^n x^n+\cdots\ (-1<x<1)$ 两边积分，得

$$\ln(1+x)=x-\frac{1}{2}x^2+\frac{1}{3}x^3+\cdots+(-1)^n\frac{1}{n+1}x^{n+1}+\cdots,\ -1<x<1.$$

(3) 因为 $\dfrac{1}{1+x}=1-x+x^2+\cdots+(-1)^n x^n+\cdots\ (-1<x<1)$，以 $-x$，x^2 分别代替 x，得

$$\frac{1}{1-x}=1+x+x^2+\cdots+x^n+\cdots,\ -1<x<1,$$

$$\frac{1}{1+x^2}=1-x^2+x^4+\cdots+(-1)^n x^{2n}+\cdots,\ -1<x<1.$$

(4) 对上式两边在 $[0,x]$ 上积分，有

$$\arctan x=x-\frac{x^3}{3}+\frac{x^5}{5}+\cdots+(-1)^n\frac{x^{2n+1}}{2n+1}+\cdots,\ -1<x<1.$$

(5) 对级数 $\dfrac{1}{1-x}=1+x+x^2+\cdots+x^n+\cdots\ (-1\leqslant x<1)$ 两边积分，得

$$\ln(1-x)=-\left(x+\frac{x^2}{2}+\frac{x^3}{3}+\cdots+\frac{x^{n+1}}{n+1}+\cdots\right),\ -1\leqslant x<1.$$

又因为 $\ln(1+x)=x-\dfrac{1}{2}x^2+\dfrac{1}{3}x^3+\cdots+(-1)^n\dfrac{1}{n+1}x^{n+1}+\cdots\ (-1<x<1)$，所以

$$\ln\frac{1+x}{1-x}=2\left(x+\frac{x^3}{3}+\frac{x^5}{5}+\frac{x^7}{7}+\cdots+\frac{x^{2n+1}}{2n+1}+\cdots\right)$$

$$=2\sum_{n=0}^{\infty}\frac{x^{2n+1}}{2n+1},\ -1<x<1.$$

例 13 证明欧拉（Euler）公式：$e^{ix}=\cos x+i\sin x$.

证明 因为

$$\sin x=x-\frac{x^3}{3!}+\frac{x^5}{5!}-\frac{x^7}{7!}+\cdots+\frac{(-1)^n x^{2n+1}}{(2n+1)!}+\cdots=\sum_{n=0}^{\infty}(-1)^n\frac{x^{2n+1}}{(2n+1)!}$$

和

$$\cos x=1-\frac{x^2}{2!}+\frac{x^4}{4!}-\frac{x^6}{6!}+\cdots+\frac{(-1)^n x^{2n}}{(2n)!}+\cdots=\sum_{n=0}^{\infty}(-1)^n\frac{x^{2n}}{(2n)!},$$

所以

$$\begin{aligned}\cos x+i\sin x&=1-\frac{x^2}{2!}+\frac{x^4}{4!}-\frac{x^6}{6!}+\cdots+i\left(x-\frac{x^3}{3!}+\frac{x^5}{5!}-\frac{x^7}{7!}+\cdots\right)\\&=1+ix-\frac{x^2}{2!}-i\frac{x^3}{3!}+\frac{x^4}{4!}+i\frac{x^5}{5!}+\cdots\\&=1+ix+\frac{(ix)^2}{2!}+\frac{(ix)^3}{3!}+\frac{(ix)^4}{4!}+\frac{(ix)^5}{5!}+\cdots=e^{ix},\end{aligned}$$

于是

$$e^{ix}=\cos x+i\sin x.$$

将 $e^{ix}=\cos x+i\sin x$ 中的 x 换成 $-x$，有 $e^{-ix}=\cos x-i\sin x$，由此可得

$$\cos x=\frac{1}{2}(e^{ix}+e^{-ix}),\ \sin x=\frac{1}{2i}(e^{ix}-e^{-ix}).$$

例 14 求下列各式的近似值（精确到 4 位小数）：

(1) e；　　(2) $\int_0^1\frac{\sin x}{x}dx$.

解 (1) 因为 $e^x=1+x+\frac{x^2}{2!}+\cdots+\frac{x^n}{n!}+\cdots$，令 $x=1$，得 $e=1+1+\frac{1}{2!}+\cdots+\frac{1}{n!}+\cdots$，取前 n 项的和作为 e 的近似值，则误差为

$$R_n(1)=\left|\frac{f^{(n+1)}(\xi)}{(n+1)!}\cdot 1^{n+1}\right|=\frac{e^{\xi}}{(n+1)!},\ 0<\xi<1,$$

取 $n=7$，有

$$R_7(1)=\frac{e^{\xi}}{8!}<\frac{3}{8!}=\frac{1}{13\ 440}<\frac{1}{10^4},$$

于是

$$e\approx 1+1+\frac{1}{2!}+\cdots+\frac{1}{7!}\approx 2.718\ 2.$$

(2) 因为 $\lim\limits_{x\to 0}\frac{\sin x}{x}=1$，如果补充被积函数在 $x=0$ 处的函数值为 1，则 $\frac{\sin x}{x}$ 在 $[0,1]$

上连续. 但其原函数无法用初等函数表示，所以必须用其幂级数展开式来求. 由于

$$\frac{\sin x}{x}=1-\frac{x^2}{3!}+\frac{x^4}{5!}-\frac{x^6}{7!}+\cdots+\frac{(-1)^n x^{2n}}{(2n+1)!}+\cdots,$$

故对上式逐项积分，得

$$\int_0^1 \frac{\sin x}{x}\mathrm{d}x=1-\frac{1}{3\cdot 3!}+\frac{1}{5\cdot 5!}-\frac{1}{7\cdot 7!}+\cdots.$$

根据交错级数的误差估计 $|R_3|<\frac{1}{7\cdot 7!}<10^{-4}$，只要取前 3 项的和即可，即

$$\int_0^1 \frac{\sin x}{x}\mathrm{d}x=1-\frac{1}{3\cdot 3!}+\frac{1}{5\cdot 5!}\approx 1-0.055\ 56+0.001\ 67=0.946\ 1.$$

习题七

1. 写出下列级数的通项：

(1) $1-\frac{1}{2}+\frac{1}{4}-\frac{1}{8}+\cdots$；　　(2) $\frac{1}{2}+\frac{3}{2^2}+\frac{5}{2^3}+\cdots$.

2. 讨论下列级数的敛散性：

(1) $1+\frac{2}{3}+\frac{3}{5}+\frac{4}{7}+\frac{5}{9}+\cdots$；　　(2) $\sum_{n=1}^{\infty}\frac{1}{(3n-2)(3n+1)}$；　　(3) $\sum_{n=1}^{\infty}\frac{1}{\sqrt{1+n^2}}$；

(4) $\sum_{n=1}^{\infty}\frac{1}{n\sqrt{n+1}}$；　　(5) $\sum_{n=1}^{\infty}\frac{n+2}{2^n}$；　　(6) $\sum_{n=1}^{\infty}\frac{5^n}{n!}$.

3. 证明下列级数收敛并求和：

(1) $\left(\frac{1}{2}+\frac{1}{3}\right)+\left(\frac{1}{2^2}+\frac{1}{3^2}\right)+\cdots+\left(\frac{1}{2^n}+\frac{1}{3^n}\right)+\cdots$；　　(2) $\sum_{n=1}^{\infty}\frac{1}{n(n+1)(n+2)}$.

4. 讨论下列级数的绝对收敛性和条件收敛性：

(1) $1-\frac{1}{\sqrt{2}}+\frac{1}{\sqrt{3}}-\frac{1}{\sqrt{4}}+\cdots$；　　(2) $\sum_{n=1}^{\infty}(-1)^{n-1}\frac{n}{3^{n-1}}$.

5. 试求下列幂级数的收敛区间：

(1) $\sum_{n=1}^{\infty}n^2x^n$；　　(2) $\sum_{n=1}^{\infty}\frac{n!}{3^n}x^n$.

6. 利用逐项求导或逐项积分方法求解下列幂级数在收敛区间内的和函数：

(1) $\sum_{n=1}^{\infty}\frac{1}{n}x^n$，$|x|<1$；　　(2) $\sum_{n=1}^{\infty}\frac{2n-1}{2^n}x^{2n-2}$，$|x|<\sqrt{2}$.

7. 试求下列函数的幂级数展开式：

(1) $x\mathrm{e}^x$；　　(2) $\sin\frac{x}{2}$.

8. 设 $f(x)=\sum_{n=0}^{\infty}a_nx^n$，试求函数 $F(x)=\frac{f(x)}{1-x}$ 的展开式.

9. 将函数 $f(x)=\dfrac{1}{x}$ 展开为（$x-1$）的幂级数.

10. 利用函数的幂级数展开式，求下列函数值的近似值：

(1) $\dfrac{1}{\sqrt{e}}$（精确到 0.000 1）；　　(2) $\int_2^4 e^{\frac{1}{x}}dx$.

11. 试求微分方程 $y''+xy'+y=0$ 满足初始条件 $y(0)=0$，$y'(0)=1$ 的幂级数解.

*第八章 多元微积分基础

8.1 多元函数的微分

一、多元函数的概念

我们知道，圆柱的体积公式为 $V=\pi r^2 h$，当半径 $r\in(0, +\infty)$、高 $h\in(0, +\infty)$ 变化时，体积 V 随 r，h 的变化而变化. 一个变量与两个变量之间的这种依存关系称为**二元函数**.

定义 8.1 在某变化过程中，若对区域 D 的每一对值 (x, y)，按照一定的对应法则 f，在数集 M 中都存在唯一确定的 z 值与 (x, y) 对应，则称 f 为 D 上的**二元函数**，记为

$$z=f(x, y),$$

这里 x，y 称为**自变量**，D 称为**定义域**，z 称为**因变量**，与 (x, y) 对应的值 $z=f(x, y)$ 称为**函数值**，所有函数值的集合 $D_f=\{z\,|\,z=f(x, y)\wedge(x, y)\in D\}$ 称为函数 f 的**值域**.

可类似定义三元函数 $u=f(x, y, z)$ 及 n 元函数 $u=f(x_1, x_2, \cdots, x_n)$. 二元及二元以上的函数统称为**多元函数**.

一元函数 $y=f(x)$ 的图像一般是平面直角坐标系中的一条曲线. 若过原点 O 作垂直于 xOy 平面的垂线，其方向选择为与 x，y 轴形成右手系，称为 z **轴**，这样就建立了一个空间直角坐标系. 在此坐标系中，可以作出二元函数 $z=f(x, y)$ 的图像.

对于定义域 D 内的任一点 (x, y)，按对应值 $z=f(x, y)$ 画出空间中的点 $M(x, y, z)$. 所有这些点的全体就是二元函数 $z=f(x, y)$ 的**图像**，它就是空间坐标系中的一个曲面，而定义域 D 就是这个曲面在坐标面 xOy 的投影，如图 8－1 所示.

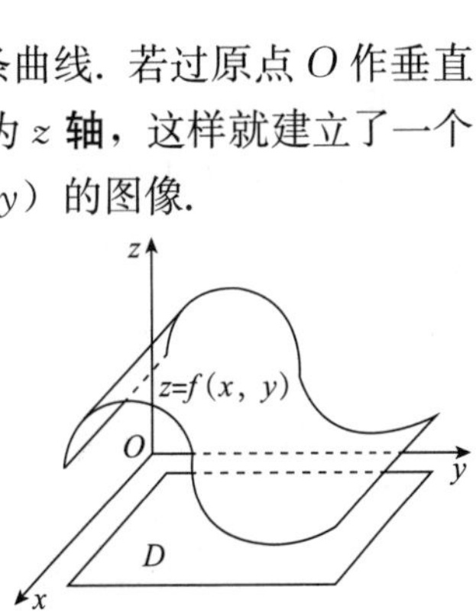

图 8－1

例如，二元函数 $z=\sqrt{R^2-x^2-y^2}$ 的图形是球心在原点、

半径为 R 的上半球面，如图 8－2 所示；而曲面 $z=x^2+y^2$ 的图形是开口向上的椭圆抛物面，如图 8－3 所示.

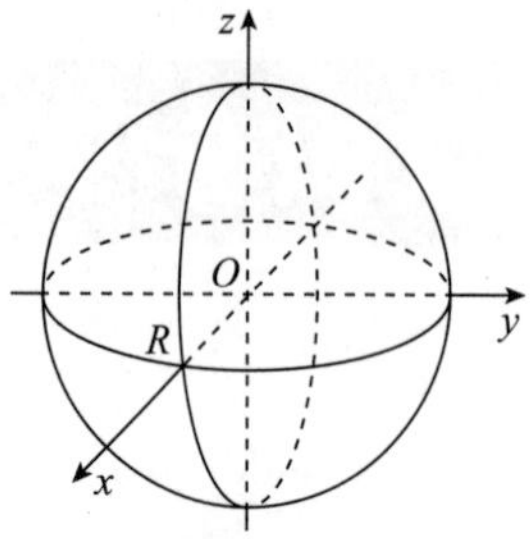

图 8－2

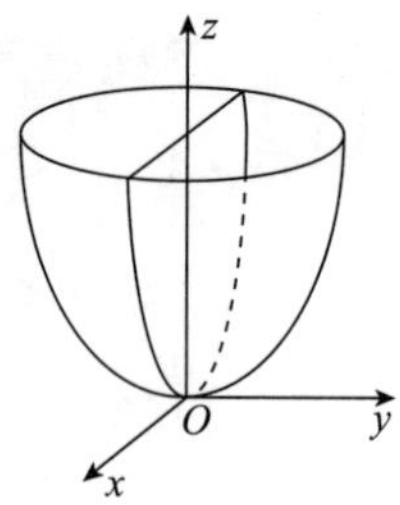

图 8－3

二、二元函数的极限

二元函数的极限要比一元函数的极限复杂得多. 因为在平面上，当动点 $P(x,y)$ 无限接近于定点 $P_0(x_0,y_0)$ 时，从四面八方可以沿任何不同的路径进行，如图 8－4 所示. 动点 $P(x,y)$ 无限接近于 $P_0(x_0,y_0)$ 可记为 $P\to P_0$，或者 $(x,y)\to(x_0,y_0)$，即 $x\to x_0$，$y\to y_0$，也可以用公式 $\rho=\sqrt{(x-x_0)^2+(y-y_0)^2}\to 0$ 来表示.

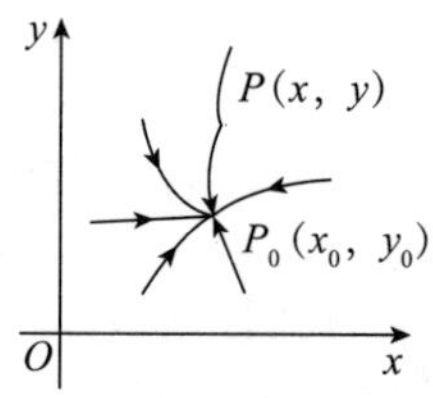

图 8－4

定义 8.2 当 $P(x,y)$ 趋于定点 $P_0(x_0,y_0)$ 时，若 $z=f(x,y)$ 充分接近某个确定的常数 A，则称 A 为 $z=f(x,y)$ 当 $P\to P_0$ 时的**极限**，记为 $\lim\limits_{P\to P_0}f(x,y)=\lim\limits_{\substack{x\to x_0\\ y\to y_0}}f(x,y)=A$，也称 $z=f(x,y)$ **收敛于 A**.

显然，若 P 沿两条不同的路径趋于 P_0 时，$z=f(x,y)$ 充分接近于两个不同的值，则函数 $z=f(x,y)$ 在 $P\to P_0$ 时极限不存在.

定义 8.3 设函数 $z=f(x,y)$ 在点 $P_0(x_0,y_0)$ 及其邻域有定义，若

$$\lim_{P\to P_0}f(x,y)=\lim_{\substack{x\to x_0\\ y\to y_0}}f(x,y)=f(x_0,y_0),$$

则称函数 $z=f(x,y)$ 在点 $P_0(x_0,y_0)$ 处**连续**，$P_0(x_0,y_0)$ 又称为 $z=f(x,y)$ 的**连续点**.

多元函数的不连续点称为**间断点**.

若函数 $z=f(x,y)$ 在区域 D 内的任一点处都连续，则称 $z=f(x,y)$ 在 D 内连续.

类似于一元函数的连续性，可推出多元连续函数的和、差、积、商仍为连续函数，多元初等函数在其定义域内都连续.

若 $z=f(x,y)$ 为二元初等函数，则 $z=f(x,y)$ 的图像是无孔、无洞、无缝的连续曲面. 当对多元连续函数求极限时，基于函数的连续性，只要求出相应点的函数值即可.

三、多元函数的偏导数

1. 偏导数的定义

研究多元函数有时只需突出一个变量，把其余变量暂时看作常数，这样考察多元函数就变成了考察一元函数. 比如，对于理想气体的状态方程 $P=RT/V$，R 为常量，压强 P 是温度 T 和体积 V 的函数. 实际问题中有时需要在温度不变的情况下求压强关于体积的变化率，有时还要在体积不变的情况下求压强关于温度的变化率.

定义 8.4 设函数 $z=f(x, y)$ 在点 $P_0(x_0, y_0)$ 及其某邻域内有定义，若固定 $y=y_0$，x 在 x_0 点有增量 Δx，则 $z=f(x, y)$ 的增量 Δz 称为函数 $z=f(x, y)$ 关于 x 的**偏增量**，即

$$\Delta_x z=f(x_0+\Delta x, y_0)-f(x_0, y_0).$$

若偏增量 $\Delta_x z$ 与自变量的增量 Δx 比值的极限存在，即

$$\lim_{\Delta x\to 0}\frac{\Delta_x z}{\Delta x}=\lim_{\Delta x\to 0}\frac{f(x_0+\Delta x, y_0)-f(x_0, y_0)}{\Delta x},$$

则称此极限值为 $z=f(x, y)$ 在点 $P_0(x_0, y_0)$ 处对 x 的**偏导数**，记为

$$\left.\frac{\partial z}{\partial x}\right|_{(x_0, y_0)}, \left.\frac{\partial f}{\partial x}\right|_{(x_0, y_0)}, z'_x(x_0, y_0), f'_x(x_0, y_0).$$

可类似定义 $z=f(x, y)$ 在点 $P_0(x_0, y_0)$ 处对 y 的偏导数，并记为

$$\left.\frac{\partial z}{\partial y}\right|_{(x_0, y_0)}, \left.\frac{\partial f}{\partial y}\right|_{(x_0, y_0)}, z'_y(x_0, y_0), f'_y(x_0, y_0).$$

若在区域 D 内的每一点 $P(x, y)$ 处，函数 $z=f(x, y)$ 对于 x，y 的两个偏导数都存在，则称 $z=f(x, y)$ 在区域 D 内**可偏导**，所形成的函数称为**偏导函数**，记为

$$\frac{\partial z}{\partial x}, \frac{\partial z}{\partial y} \quad 或 \quad f'_x, f'_y.$$

函数 $z=f(x, y)$ 在点 $P_0(x_0, y_0)$ 处对于 x，y 的偏导数 $f'_x(x_0, y_0)$，$f'_y(x_0, y_0)$ 就是偏导函数 f'_x，f'_y 在点 $P_0(x_0, y_0)$ 处的函数值. 在不引起混淆的情况下，偏导函数简称偏导数.

三元以至 n 元函数的偏导数可类似定义.

根据偏导数的定义，求多元函数对某一自变量的偏导数时，就是把其他自变量都视为常量，直接用一元函数的求导公式和法则进行计算.

若将多元函数的某两个自变量对换后，多元函数不变，则称多元函数关于这两个自变量对称，这样对其中某个自变量求偏导时，只要对换对称自变量，即得对称自变量的偏导数.

例 1 已知 $z=x^3+2x^2y^3+e^x y$，求 $z'_x(0, 0)$，$z'_y(1, 1)$.

解 把 y 视为常量，则

$$z'_x=3x^2+4xy^3+e^x y, \quad z'_x(0, 0)=0,$$

把 x 视为常量，则

$$z'_y=6x^2y^2+e^x,\ z'_y(1,1)=6+e.$$

例 2 已知 $r=\sqrt{x^2+y^2+z^2}$，求 r 的偏导数.

解 把 y，z 视为常量，则

$$r'_x=\frac{2x}{2\sqrt{x^2+y^2+z^2}}=\frac{x}{\sqrt{x^2+y^2+z^2}}=\frac{x}{r}.$$

因为已知函数的各自变量都对称，所以求 r'_y，r'_z 时只要把 x 分别替换为 y，z 即可，即

$$r'_y=\frac{y}{r},\ r'_z=\frac{z}{r}.$$

2. 偏导数的几何意义

在 $O-xyz$ 中，$z=f(x, y)$ 的图像是一个曲面 S，设点 $M_0(x_0, y_0, f(x_0, y_0))$ 是曲面上的某定点. $z=f(x, y)$ 在点 $P_0(x_0, y_0)$ 处对 x 的偏导数为 $f'_x(x_0, y_0)$，实质上它就是一元函数 $f(x, y_0)$ 在点 $x=x_0$ 处的导数，其几何意义是平面 $y=y_0$ 与曲面 S 的截痕曲线在点 M_0 处切线的斜率，如图 8－5 所示.

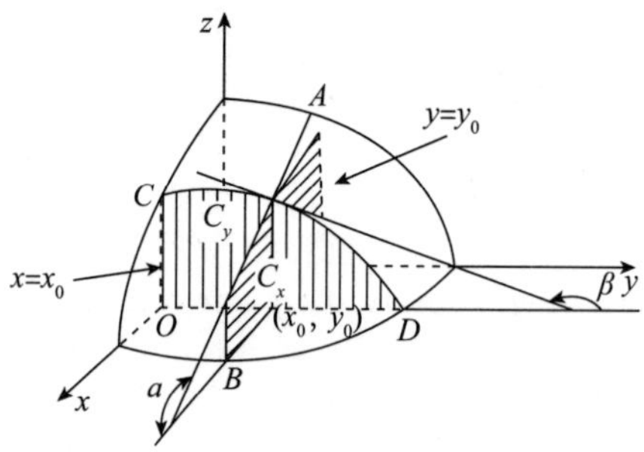

图 8－5

同理，$z=f(x, y)$ 在点 $P_0(x_0, y_0)$ 处对 y 的偏导数 $f'_y(x_0, y_0)$ 就是一元函数 $f(x_0, y)$ 在点 $y=y_0$ 处的导数，其几何意义是平面 $x=x_0$ 与曲面 S 的截痕曲线在点 M_0 处切线的斜率.

8.2 多元函数的积分

一、二重积分的定义

1. 曲顶柱体的体积

曲顶柱体是以 xOy 坐标面上的闭区域 D 为底，以 D 的边界曲线为准线，以母线平行于 z 轴的柱面为侧面，以二元连续函数 $z=f(x, y)(z\geqslant 0)$ 所表示的连续曲面为顶的立体，如图 8－6 所示. 试计算该曲顶柱体的体积.

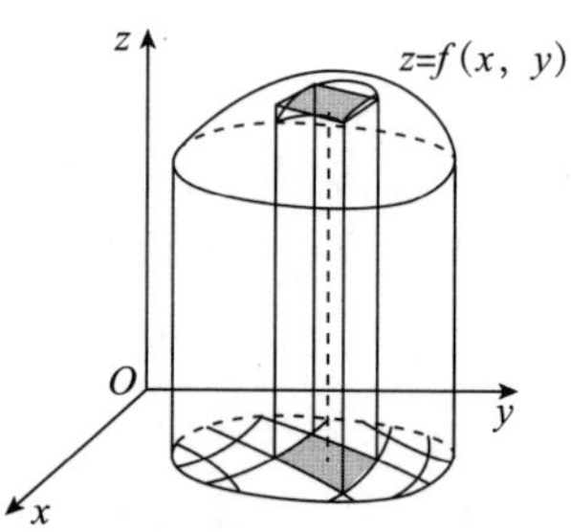

图 8－6

解 类似于定积分，用“分割、近似代替、求和、取极限”的方法求曲顶柱体的体积.

分割 把闭区域 D 任意分割成 n 个小区域 $\Delta\sigma_1$，$\Delta\sigma_2$，…，$\Delta\sigma_n$，然后以各小区域的边界为准线作 n 个小曲顶柱体，则把原曲顶柱体分为 n 个小曲顶柱体 ΔV_1，ΔV_2，…，ΔV_n.

近似代替 在第 i 个小区域 $\Delta\sigma_i$ 上任取一点 (x_i, y_i)，将小曲顶柱体体积的近似值视为以 $\Delta\sigma_i$ 为底、$f(x_i, y_i)$ 为高的小平顶柱体体积，并计算其体积，则

$$\Delta V_i \approx f(x_i, y_i)\Delta\sigma_i.$$

求和 把整个曲顶柱体的体积 V 用 n 个小平顶柱体体积之和近似代替，有

$$V \approx \sum_{i=1}^{n} f(x_i, y_i)\Delta\sigma_i.$$

取极限 把 $\Delta\sigma_i$ 上任意两点间距离的最大值称为 $\Delta\sigma_i$ 的直径 d_i，并记 $\lambda=\max\{d_i\}$，则当 $\lambda\to 0$ 时，上述和式 $\sum\limits_{i=1}^{n} f(x_i, y_i)\Delta\sigma_i$ 的极限就是曲顶柱体的体积，即

$$V=\lim_{\lambda\to 0}\sum_{i=1}^{n} f(x_i, y_i)\Delta\sigma_i.$$

容易看出，这个问题的分析思路与前面学过的定积分完全类似，只要把被积函数换作二元函数，相应的积分区间变成一个区域即可.

2. 二重积分的定义

定义 8.5 设 $z=f(x, y)$ 在闭区域 D 上连续，把 D 分为 n 个小区域 $\Delta\sigma_1$，$\Delta\sigma_2$，…，$\Delta\sigma_n$，在 $\Delta\sigma_i$ 上任取一点 (x_i, y_i)，当各小区域的最大直径 $\lambda\to 0$ 时，和式 $\sum\limits_{i=1}^{n} f(x_i, y_i)\Delta\sigma_i$ 的极限称为函数 $z=f(x, y)$ 在 D 上的**二重积分**，记为

$$\iint\limits_D f(x, y)\mathrm{d}\sigma=\lim_{\lambda\to 0}\sum_{i=1}^{n} f(x_i, y_i)\Delta\sigma_i,$$

其中 $f(x, y)$ 称为**被积函数**，x，y 称为**积分变量**，D 称为**积分区域**，$\mathrm{d}\sigma$ 称为**面积元素**.

可以证明：若 $f(x, y)$ 在闭区域 D 上连续，则 $f(x, y)$ 在 D 上二重积分必存在.

当 $f(x, y)$ 在区域 D 上可积时，其二重积分值与上述分法和取点无关. 因此，可以用平行于坐标轴的两组平行线分割区域 D，如图 8-7 所示. 这时，小矩形区域 $\Delta\sigma_i$ 的边长分别为 Δx_i，Δy_i，面积元素为 $\mathrm{d}\sigma=\mathrm{d}x\mathrm{d}y$，故二重积分又可表示为

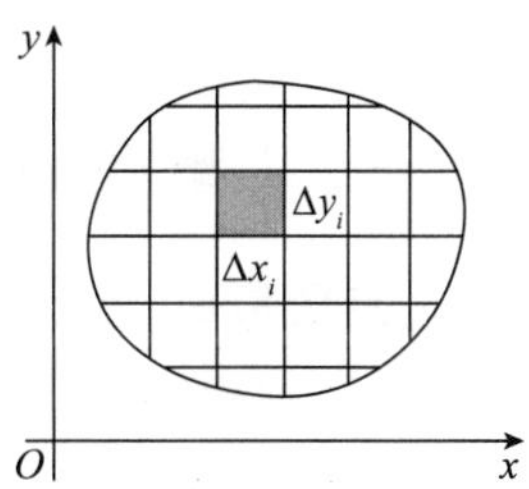

图 8-7

$$\iint\limits_D f(x, y)\mathrm{d}\sigma=\iint\limits_D f(x, y)\mathrm{d}x\mathrm{d}y.$$

3. 二重积分的几何解释

当 $z=f(x, y)>0$ 时，以 $z=f(x, y)$ 为曲顶、D 为底的曲顶柱体的体积就是 $f(x, y)$ 在区域 D 上的二重积分，即

$$V=\iint_D f(x, y)\mathrm{d}x\mathrm{d}y.$$

当 $z=f(x, y)<0$ 时，二重积分的值等于曲顶柱体体积的负值；若 z 在 D 上有正有负，则二重积分的值等于位于 xOy 坐标面上方曲顶柱体体积与位于 xOy 坐标面下方曲顶柱体体积之差.

二、二重积分的性质

利用二重积分的定义很容易证明下面二重积分的性质.

性质 1 常数因子 k 可以从积分号内提取出来，即

$$\iint_D kf(x, y)\mathrm{d}\sigma=k\iint_D f(x, y)\mathrm{d}\sigma.$$

性质 2 两个连续函数代数和的二重积分等于它们二重积分的代数和，即

$$\iint_D \{f(x, y)\pm g(x, y)\}\mathrm{d}\sigma=\iint_D f(x, y)\mathrm{d}\sigma\pm\iint_D g(x, y)\mathrm{d}\sigma.$$

性质 3 若区域 D 被一条连续曲线分为两个区域 D_1 和 D_2，则

$$\iint_D f(x, y)\mathrm{d}\sigma=\iint_{D_1} f(x, y)\mathrm{d}\sigma+\iint_{D_2} f(x, y)\mathrm{d}\sigma.$$

性质 4 若在区域 D 上 $f(x, y)\equiv 1$，则 $f(x, y)$ 在 D 上的二重积分等于 D 的面积，即

$$\sigma=\iint_D \mathrm{d}\sigma=S_D.$$

性质 5（积分中值定理） 若 $f(x, y)$ 在闭区域 D 上连续，则存在 $(\xi, \zeta)\in D$，使得

$$\iint_D f(x, y)\mathrm{d}\sigma=f(\xi, \zeta)\iint_D \mathrm{d}\sigma=f(\xi, \zeta)\sigma.$$

三、二重积分的计算

定义 8.6 若经过闭区域 D 内部且与坐标轴平行的任意直线和 D 的边界的交点不超过两个，则称区域 D 为**简单闭区域**.

定理 8.1 若函数 $f(x, y)$ 在简单闭区域 D 上连续，则 $f(x, y)$ 在 D 上的二重积分可以化为先对 y 后对 x（或先对 x 后对 y）的两次积分，即

$$\iint_D f(x, y)\mathrm{d}\sigma=\int_a^b\left[\int_{g(x)}^{h(x)} f(x, y)\mathrm{d}y\right]\mathrm{d}x\ \left(=\int_c^d\left[\int_{p(y)}^{q(y)} f(x, y)\mathrm{d}x\right]\mathrm{d}y\right).$$

证明 设曲顶柱体的顶为 $z=f(x, y)\geqslant 0$，底为区域 D：$a\leqslant x\leqslant b$，$g(x)\leqslant y\leqslant h(x)$.

取微元 $[x, x+\mathrm{d}x]\subseteq[a, b]$，过 x 轴上点 x 和 $x+\mathrm{d}x$ 作 yOz 坐标面的平行平面，则得曲顶柱体位于 x 和 $x+\mathrm{d}x$ 之间的薄片，如图 8-8 所示. 在 x 处的截面就是以区间 $[g(x), h(x)]$ 为底、$z=f(x, y)$ 为曲边的曲边梯形，其面积为定积分

$$A(x)=\int_{g(x)}^{h(x)}f(x, y)\mathrm{d}y.$$

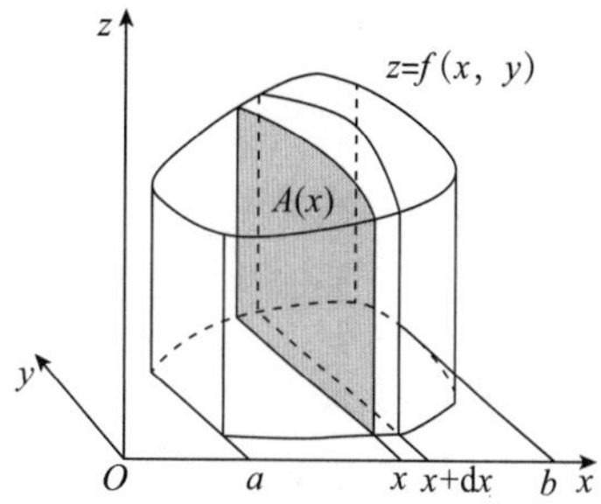

图 8-8

位于 x 与 $x+\mathrm{d}x$ 间的薄片可视为以 x 处截面为底、$\mathrm{d}x$ 为高的柱体，体积为 $\mathrm{d}V=A(x)\mathrm{d}x$，则曲顶柱体的体积为

$$V=\int_a^b A(x)\mathrm{d}x=\int_a^b\left[\int_{g(x)}^{h(x)}f(x, y)\mathrm{d}y\right]\mathrm{d}x.$$

由二重积分的几何意义，$z=f(x, y)$ 在区域 D 上的二重积分等于曲顶柱体的体积，故

$$\iint_D f(x, y)\mathrm{d}\sigma=\int_a^b\left[\int_{g(x)}^{h(x)}f(x, y)\mathrm{d}y\right]\mathrm{d}x.$$

定理 8.1 表明，$f(x, y)$ 在 D 上的二重积分是先把 $f(x, y)$ 中的变量 x 视为常数，在区间 $[g(x), h(x)]$ 上对 y 积分. 积分结果是 x 的函数，然后在 $[a, b]$ 上对 x 积分. 这样依次进行的两次定积分，称为**二次积分**或**累次积分**，并可省去部分括号，简写为

$$\iint_D f(x, y)\mathrm{d}\sigma=\int_a^b\mathrm{d}x\int_{g(x)}^{h(x)}f(x, y)\mathrm{d}y.$$

类似地，若 $f(x, y)$ 在区域 D：$c\leqslant y\leqslant d$，$p(y)\leqslant x\leqslant q(y)$ 上连续，则 $f(x, y)$ 在 D 上的二重积分可以化为先对 x 后对 y 的累次积分，即

$$\iint_D f(x, y)\mathrm{d}\sigma=\int_c^d\mathrm{d}y\int_{p(y)}^{q(y)}f(x, y)\mathrm{d}x.$$

有时需要把累次积分的一种顺序变换为另一种顺序，这时可以先画出整个 D 的图形，然后重新划分变换次序后的区域，利用积分区域的可加性写成各个部分二重积分之和.

例 3 计算 $\iint\limits_D(x+y)\mathrm{d}x\mathrm{d}y$，$D$ 是以 $A(1, 0)$，$B(0, 1)$，$C(0, -1)$ 为顶点的三角形区域.

解 区域 D 如图 8-9 所示，直线 AB，AC 对应的方程分别为 $x+y=1$，$x-y=1$，则

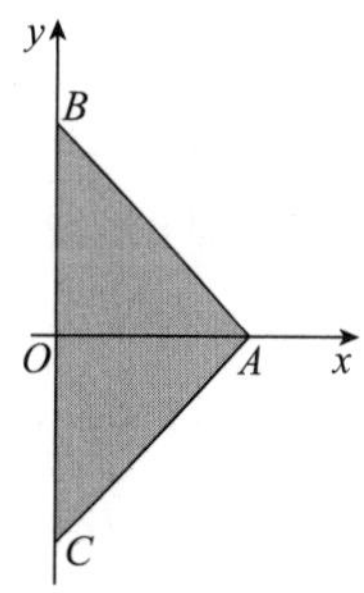

图 8-9

$$D=\{(x, y): 0\leqslant x\leqslant 1, x-1\leqslant y\leqslant 1-x\},$$

$$\begin{aligned}\iint_D(x+y)\mathrm{d}x\mathrm{d}y&=\int_0^1\mathrm{d}x\int_{x-1}^{1-x}(x+y)\mathrm{d}y\\&=\int_0^1\left(xy+\frac{1}{2}y^2\right)\Big|_{x-1}^{1-x}\mathrm{d}x\end{aligned}$$

$$=\int_0^1(2x-2x^2)\mathrm{d}x=\left(x^2-\frac{2}{3}x^3\right)\Big|_0^1=\frac{1}{3}.$$

例 4 计算 $\iint\limits_D\frac{\sin y}{y}\mathrm{d}x\mathrm{d}y$，$D$ 是 $y=x$，$x=y^2$ 所围成的区域.

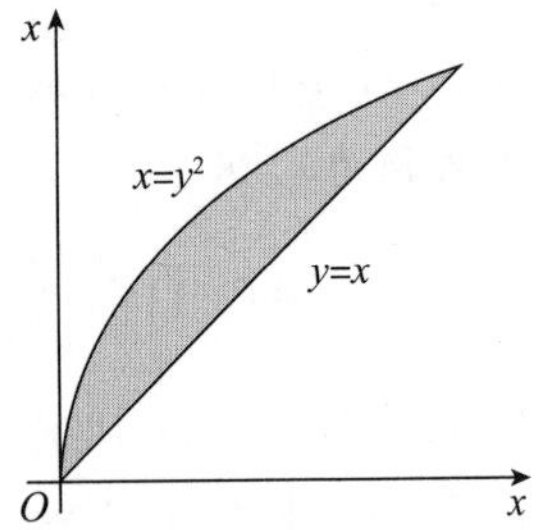

图 8－10

解 区域 $D=\{(x,y):0\leqslant x\leqslant 1,\ x\leqslant y\leqslant\sqrt{x}\}$，如图 8－10 所示．若化为下述二次积分

$$\iint\limits_D\frac{\sin y}{y}\mathrm{d}x\mathrm{d}y=\int_0^1\mathrm{d}x\int_x^{\sqrt{x}}\frac{\sin y}{y}\mathrm{d}y,$$

显然，在初等函数范围内该式不可积. 但是若化为先对 x 后对 y 的累次积分，则

$$\iint\limits_D\frac{\sin y}{y}\mathrm{d}x\mathrm{d}y=\int_0^1\mathrm{d}y\int_{y^2}^{y}\frac{\sin y}{y}\mathrm{d}x=\int_0^1\mathrm{d}y\left(\frac{\sin y}{y}x\right)\Big|_{y^2}^{y}=\int_0^1(\sin y-y\sin y)\mathrm{d}y$$

$$=-\cos x\Big|_0^1+\int_0^1 y\mathrm{d}\cos y=1-\cos 1+(y\cos y-\sin y)\Big|_0^1$$

$$=1-\sin 1.$$

例 5 改变下面累次积分的顺序.

$$\int_0^{\sqrt{3}}\mathrm{d}y\int_0^1 f(x,y)\mathrm{d}x+\int_{\sqrt{3}}^2\mathrm{d}y\int_0^{\sqrt{4-y^2}}f(x,y)\mathrm{d}x.$$

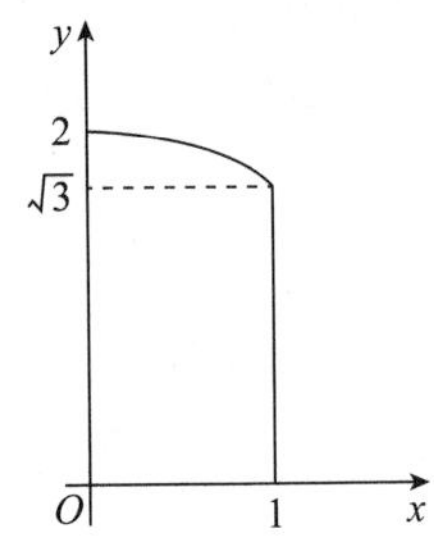

图 8－11

解 D 由两个区域构成，即

$$D_1:0\leqslant y\leqslant\sqrt{3},0\leqslant x\leqslant 1;\ D_2:\sqrt{3}\leqslant y\leqslant 2,\ 0\leqslant x\leqslant\sqrt{4-y^2}.$$

画出整个积分区域 D，如图 8－11 所示，变换积分次序后重新进行累次积分，得

$$\int_0^{\sqrt{3}}\mathrm{d}y\int_0^1 f(x,y)\mathrm{d}x+\int_{\sqrt{3}}^2\mathrm{d}y\int_0^{\sqrt{4-y^2}}f(x,y)\mathrm{d}x$$

$$=\int_0^1\mathrm{d}x\int_0^{\sqrt{4-x^2}}f(x,y)\mathrm{d}y.$$

利用二重积分计算空间体的体积时，可以根据空间体的性质，进行相应的化简.

例 6 试求椭圆抛物面 $z=1-4x^2-y^2$ 与 xOy 坐标面所围立体的体积.

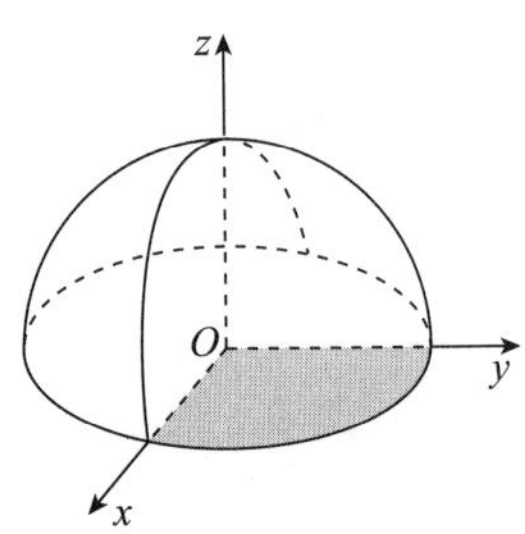

图 8－12

解 $z=1-4x^2-y^2$ 与 xOy 所围立体的图像如图 8－12 所示. 椭圆抛物面在 xOy 面的截痕为

$$\begin{cases}4x^2+y^2=1\\z=0\end{cases}.$$

根据对称性，只需计算第一象限区域 D 上的二重积分即可.

为此先找出区域 D：

$$D=\left\{(x, y): 0\leqslant x\leqslant\frac{1}{2}, 0\leqslant y\leqslant\sqrt{1-4x^2}\right\}.$$

因此，椭圆抛物面 $z=1-4x^2-y^2$ 与 xOy 坐标面所围立体的体积为

$$\begin{aligned}V&=4\iint_D(1-4x^2-y^2)\mathrm{d}x\mathrm{d}y=4\int_0^{\frac{1}{2}}\mathrm{d}x\int_0^{\sqrt{1-4x^2}}(1-4x^2-y^2)\mathrm{d}y\\&=4\int_0^{\frac{1}{2}}\left(y-4x^2y-\frac{1}{3}y^3\right)\Bigg|_0^{\sqrt{1-4x^2}}\mathrm{d}x=\frac{8}{3}\int_0^{\frac{1}{2}}(1-4x^2)^{\frac{3}{2}}\mathrm{d}x\\&\xlongequal{x=\frac{1}{2}\sin t}\frac{4}{3}\int_0^{\frac{\pi}{2}}\cos^4t\,\mathrm{d}t=\frac{4}{3}\int_0^{\frac{\pi}{2}}\left(\frac{3}{8}+\frac{\cos2t}{2}+\frac{\cos4t}{8}\right)\mathrm{d}t\\&=\frac{4}{3}\left(\frac{3}{8}t+\frac{\sin2t}{4}+\frac{\sin4t}{32}\right)\Bigg|_0^{\frac{\pi}{2}}=\frac{\pi}{4}.\end{aligned}$$

习题八

1. 试求下列函数的偏导数：

(1) $z=x^3y-xy^3$；　(2) $z=y^{\ln x}$；

(3) $z=\tan\dfrac{x}{y}$；　(4) $z=\sin(xy)+\cos^2(xy)$.

2. 计算下列二重积分：

(1) $\iint\limits_D(x^2+y^2)\mathrm{d}x\mathrm{d}y$，$D$ 由 $y=x$，$y=x+a$，$y=a$，$y=3a$ $(a>0)$ 围成；

(2) $\iint\limits_D(x^2-y^2)\mathrm{d}x\mathrm{d}y$，$D$ 由 $x=0$，$y=0$，$x=\pi$，$y=\sin x$ 围成.

3. 改变下列累次积分的次序：

(1) $\int_0^1\mathrm{d}x\int_{x^2}^{\sqrt{x}}f(x, y)\mathrm{d}y$；　(2) $\int_0^1\mathrm{d}x\int_0^x f(x, y)\mathrm{d}y+\int_1^2\mathrm{d}x\int_0^{2-x}f(x, y)\mathrm{d}y$.

4. 利用二重积分求下列曲面所围立体的体积：

(1) 平面 $z=5$ 与抛物面 $z=1+x^2+y^2$；

(2) 锥面 $z=\sqrt{x^2+y^2}$ 与上半球面 $z=\sqrt{2a^2-x^2-y^2}$.

附录 习题答案

习题一

1.（1）不表示同一个函数，定义域不同，只在 $x\neq0$ 时相同.

（2）不表示同一个函数，定义域不同，但定义域在 $x>0$ 时相同.

（3）不表示同一个函数，对应关系不同，在 $x\geqslant0$ 时相同.

（4）表示同一个函数.

2. $f\left(\frac{1}{2}\right)=\frac{1}{3}$；$f\left(\frac{3}{2}\right)=\frac{3}{5}$；$f[f(x)]=\frac{x}{1+2x}$；$[f(x)]^2=\left(\frac{x}{1+x}\right)^2=\frac{x^2}{(1+x)^2}$.

3. $f(-2)=5$；$f(0)=1$；$f(3)=8$.

4.（1）$y=\sqrt{1-x^2}$（$0\leqslant x\leqslant1$）；（2）$y=\frac{1}{3}\arcsin\frac{x}{2}$（$-2\leqslant x\leqslant2$）；

（3）$y=\log_2\frac{x}{1-x}$（$0<x<1$）；（4）$y=\frac{1}{b}(c+e^{\frac{x}{a}})$（$-\infty<x<+\infty$）.

5.（1）$y=e^{\sin x}$；（2）$y=\sqrt[3]{\lg x}$.

6.（1）$y=\ln u$，$u=\sin v$，$v=\sqrt{w}$，$w=3x^2+\frac{\pi}{4}$；（2）$y=u^3$，$u=\cos v$，$v=\frac{x^2}{2}$；

（3）$y=\arcsin u$，$u=5+2x^3$；（4）$y=\ln u$，$u=\sqrt{v}$，$v=\frac{x-1}{x+1}$.

7. $\lim\limits_{x\to0^-}\text{sgn}(x)=-1$，$\lim\limits_{x\to0^+}\text{sgn}(x)=1$，$x\to0$ 时极限不存在.

8.（1）无穷大；（2）无穷小；（3）无穷大；（4）无穷大；（5）无穷大；（6）无穷小.

9.（1）高阶；（2）同阶；（3）等价.

10. $x\to\infty$时，$x^2\to\infty$，$\frac{x^2-1}{x^3}\to0$；$x\to+\infty$时，$e^{-x}\to0$；$x\to-\infty$时，$e^{-x}\to\infty$；$x\to0$ 时，$x^2\to0$，$\frac{x^2-1}{x^3}\to\infty$；$x\to\pm1$ 时，$\frac{x^2-1}{x^3}\to0$.

11.（1）$\frac{1}{5}$；（2）4；（3）$\frac{1}{2\sqrt{3}}$；（4）0；（5）0；（6）-1；（7）$\frac{1}{3}$；（8）$\frac{1}{2}$；（9）-1；

(10) $\frac{3}{4}$；(11) $\frac{3}{5}$；(12) e^k；(13) e^{-k}；(14) e^3；(15) $e^{-\frac{1}{2}}$；(16) a；(17) 1；(18) 2；(19) −1；(20) 1.

12. −0.008 6.

13. −0.051.

14. (1) $x=\frac{k\pi}{2}+\frac{\pi}{8}(k\in\mathbf{N})$；(2) $x=0$；(3) $x=1$，$x=2$；(4) 没有.

15. (1) 2；(2) 0.

16. $a=1$，$b=-1$.

17. $2A$.

18. $\lim\limits_{n\to\infty}a_n=2$.

19. $\frac{1}{2}\ln a$.

20. 略.

习题二

1. 在 $2\leqslant t\leqslant 2+\Delta t$ 内，$\bar{v}=12+3\Delta t$；$\Delta t=0.1$ 时，$\bar{v}=12.3$；$\Delta t=0.01$ 时，$\bar{v}=12.03$；$t=2$ 时，$\bar{v}=12$.

2. (1) $-\frac{2}{x^3}$；(2) $-\frac{1}{2\sqrt{1-x}}$.

3. (1) $12x^2+2$；(2) $\frac{-1+x^3}{x^2}$；(3) $2x\tan x+\frac{x^2+3}{\cos^2 x}$；

(4) $-\frac{2}{x^2}-\frac{8}{x^3}$；(5) $\frac{1}{2\sqrt{x}}+\frac{1}{2x\sqrt{x}}$；(6) $\arcsin x+\frac{x}{\sqrt{1-x^2}}$；

(7) $\frac{1}{1+x^2}-\frac{1}{\sqrt{1-x^2}}$；(8) $\frac{\sin x+x}{1+\cos x}$；(9) $\sin 2x+2x\cos 2x$.

4. (1) $f'(0)=2$，$f'(1)=-4$；(2) $f'(0)=1$，$f'(2)=\frac{5}{9}$.

5. (1) $\frac{1}{\sqrt{x}}+\frac{1}{4x^{3/2}}$；(2) $-\frac{a(a+b)}{(ax+b)^2}$；(3) $x^2(2x-1)(10x-3)$；

(4) $\frac{x}{\sqrt{1+x^2}}$；(5) $\frac{2}{3}x(1+x^2)^{-\frac{2}{3}}$；(6) $-\frac{\sin x}{2}$；(7) $x\sin x^2$；

(8) $-a\sin ax\sin bx+b\cos ax\cos bx$；(9) $\frac{2a}{a^2-x^2}$；

(10) $\cot x-\frac{\sin\ln x}{x}$；(11) $\frac{2x}{1+x^4}$；(12) $\frac{1}{x^2}e^{-\frac{1}{x}}$；

(13) $-\frac{2x}{\sqrt{1-x^4}(\arcsin x^2)^2}$；(14) $\frac{-2}{e^x+e^{-x}}$；(15) $nx^{n-1}+n^x\ln n$.

6. $\dfrac{1}{1+e^x}$.

7. (1) $y''=(4x^2-2)e^{-x^2}$；(2) $y''=-4\sin 2x$；

(3) $y''=e^{-x}(x^2-4x+2)$；(4) $s''=g$.

8. (1) $y'=\dfrac{ap}{2y}$；(2) $y'=\dfrac{y-2x}{2y-x}$；(3) $y'=\dfrac{ay-x^2}{y^2-ax}$；(4) $y'=\dfrac{-e^y}{1+xe^y}$.

9. (1) $\left(\dfrac{x}{1+x}\right)^x\left[\ln\left(\dfrac{x}{1+x}\right)+\dfrac{1}{1+x}\right]$；(2) $\dfrac{1}{4}\sqrt{x\sin x\sqrt{1-e^x}}\left(\dfrac{2}{x}+2\cot x-\dfrac{e^x}{1-e^x}\right)$；

(3) $\dfrac{1}{3}\sqrt[3]{\dfrac{(x-1)^2(x+2)}{(x+3)(x+4)^5}}\left(\dfrac{2}{x-1}+\dfrac{1}{x+2}-\dfrac{1}{x+3}-\dfrac{5}{x+4}\right)$.

10. $4x+y+7=0$，$x-4y-11=0$.

11. $s'=1-\cos t$，$s''=\sin t$.

12. $\dfrac{du}{dt}=q+2rt$.

13. $\dfrac{3\sqrt{3}}{160}$ m/s.

14. 略.

15. 略.

16. (1) $dy=\left(-\dfrac{2}{x^2}+\dfrac{1}{\sqrt{x}}\right)dx$；(2) $ds=(\omega A\cos(\omega t+\varphi))dt$；

(3) $dy=\dfrac{4x^3}{1+x^4}dx$；(4) $dy=\left(\dfrac{2}{3}x^{-\frac{1}{3}}-\dfrac{13}{6}x^{\frac{7}{6}}\right)dx$；

(5) $dy=\left(-\dfrac{1}{x^2}+\dfrac{1}{x^2\sqrt{1-x^2}}\right)dx$；(6) $dy=(-e^{-x}-\sin(3-x))dx$.

17. (1) 0.484 9；(2) 1.006 62；(3) −0.874 8；(4) 1.001.

18. 略.

习题三

1. $\xi=0$.

2. $\xi_1\in(-1, 0)$；$\xi_2\in(0, 1)$.

3. 提示：令 $f(x)=\ln x$.

4. (1) $\dfrac{m}{n}a^{m-n}$；(2) −2；(3) $\ln\dfrac{a}{b}$；(4) 2；(5) 0；(6) $e^{\frac{-2}{\pi}}$.

5. (1) 在 $(-\infty, -1)$，$(1, +\infty)$ 内单调增加，在 $(-1, 1)$ 内单调减少；

(2) 在$\left(-\infty, \dfrac{1}{2}\right)$内单调减少，在$\left(\dfrac{1}{2}, +\infty\right)$内单调增加；

(3) 在 $(-1, 1)$ 内单调减少，在 $(1, +\infty)$ 内单调增加;.

6. (1) 极大值：$y(0)=0$；极小值：$y(1)=-1$.

(2) 极大值：$y(-a)=-2a$；极小值：$y(a)=2a$.

(3) 极大值：$y\left(-\frac{3}{2}\right)=0$；极小值：$y\left(-\frac{1}{2}\right)=-\frac{27}{2}$.

(4) 无极值.

(5) 极小值点：$x=\pm 2$，$y(\pm 2)=14$；极大值点：$x=0$，$y(0)=2$.

(6) 极大值：$y(1)=2$.

7. (1) 最大值：$y=13$；最小值：$y=4$.

(2) 最大值：$y=2$；最小值：$y=-10$.

(3) 最大值：$y=10$；最小值：$y=6$.

(4) 最大值：$y=81$；最小值：$y=\frac{1}{3}$.

8. (1) 拐点：$\left(\frac{5}{3}, -\frac{250}{27}\right)$，在$\left(-\infty, \frac{5}{3}\right)$内凸，在$\left(\frac{5}{3}, +\infty\right)$内凹；

(2) 拐点：$\left(2, \frac{2}{e^2}\right)$，在$(-\infty, 2)$内凸，在$(2, +\infty)$内凹.

9. $x=1$，$y=3x+1$.

10. 略.

11. $t=\frac{\ln a_1-\ln a_2}{a_1-a_2}$.

12. 1.681 8，$y(1.798\ 7)=1.118\ 0$.

13. $\sqrt{2}\pi$.

14. 略.

*15. $f(x)=\ln 2+\frac{1}{2}(x-2)-\frac{1}{2!\,2^2}(x-2)^2+\cdots+\frac{(-1)^{n-1}}{n!\,2^n}(x-2)^n$
$+\frac{(-1)^n}{(n+1)!\,\xi^{n+1}}(x-2)^{n+1}$.

习题四

1. 略.

2. (1) $\frac{n}{m+n}x^{\frac{m+n}{n}}+C$；(2) $5\arcsin x+C$；(3) $x^4-\frac{4}{3}x^3-\frac{1}{2}x^2+C$；

(4) $\frac{1}{3}x^3-x+\arctan x+C$；(5) $\frac{1}{2}x^2-3x+2\ln|x|-\frac{4}{x}+C$；

(6) $-\frac{2}{3}x^{-\frac{3}{2}}-e^x+5\ln|x|+C$；(7) $\frac{1}{2}x^2-2x+\ln|x|+C$；

(8) $\frac{2}{3}x^{\frac{3}{2}}+10x^{\frac{1}{2}}+C$；(9) $\sin x-\frac{a^x}{\ln a}-\cot x+C$；

(10) $\tan x+2\arctan x-\cos x+C$；(11) $\frac{1}{3}x^3-\frac{1}{2}x^2+x+C$；

(12) $\arctan x+\ln|x|+C$；(13) $\arctan x-\frac{1}{x}+C$；

(14) $\frac{1}{3}x^3+\frac{2}{5}x^{\frac{5}{2}}-\frac{2}{3}x^{\frac{3}{2}}-x+C$；(15) $\arcsin x+C$；(16) $\sin x-\cos x+C$；

(17) $-\cot x-2x+C$；(18) $-\cot x-x+C$；(19) $\frac{t+\sin t}{2}+C$；

(20) $t+\cos t+C$；(21) $\frac{3^x e^x}{\ln 3+1}+C$.

3. 略.

4. (1) $\frac{1}{2}\sin 2x+C$；(2) $\frac{1}{7}(1+x)^7+C$；(3) $\sqrt{2x+1}+C$；

(4) $-\ln|1-x|+C$；(5) $\frac{1}{3}(1+x^2)^{\frac{3}{2}}+C$；(6) $-\frac{1}{36(2x^2-3)^9}+C$；

(7) $\frac{1}{2}e^{x^2}+C$；(8) $\frac{1}{4}\ln^4 x+C$；(9) $\ln|\ln x|+C$；(10) $\sin e^{\theta}+C$；

(11) $e^{\sin x}+C$；(12) $-e^{-x}+C$；(13) $\arctan e^x+C$；(14) $2\sqrt{1+\ln x}+C$；

(15) $\frac{1}{2}\sec^2 x+C$；(16) $e^{\arctan x}+\frac{1}{4}\ln^2(1+x^2)+C$；

(17) $-\frac{1}{2}\cos^2 x+\frac{1}{2}\ln(1+\cos^2 x)+C$；(18) $\frac{1}{6}\ln\left|\frac{x+3}{x-3}\right|+C$；

(19) $\frac{1}{4}\ln\left|\frac{x-5}{x-1}\right|+C$；(20) $\frac{3}{2}\ln(x^2+9)-\frac{1}{3}\arctan\frac{x}{3}+C$；

(21) $\frac{3}{2}x^2+\ln|x^2-2|+\frac{1}{2\sqrt{2}}\ln\left|\frac{x-\sqrt{2}}{x+\sqrt{2}}\right|+C$；(22) $\arcsin\frac{t}{\sqrt{2}}+C$；

(23) $\frac{1}{3}\arcsin(3x-1)+C$；(24) $\frac{1}{2}\ln[(x+2)^2+1]-2\arctan(x+2)+C$.

5. (1) $2\arctan\sqrt{x}+C$；(2) $-2\cos\sqrt{x}+C$；(3) $-\frac{6x+9}{10}\sqrt[3]{(1-x)^2}+C$；

(4) $\frac{x}{\sqrt{1-x^2}}+C$；(5) $\frac{a^2}{2}\arcsin\frac{x}{a}-\frac{x}{2}\sqrt{a^2-x^2}+C$；

(6) $\frac{x}{a^2\sqrt{a^2+x^2}}+C$；(7) $\sqrt{x^2-9}-3\arccos\frac{3}{x}+C$；

(8) $\frac{x}{\sqrt{1-x^2}}+\frac{x}{2}\sqrt{1-x^2}-\frac{3}{2}\arcsin x+C$；

(9) $\sqrt{1+x^2}+\frac{1}{\sqrt{1+x^2}}+C$；(10) $\left(\frac{1}{5}x^4+\frac{1}{15}x^2-\frac{2}{15}\right)\sqrt{1+x^2}+C$；

(11) $8\sqrt{\frac{1-x}{1+x}}+\frac{4}{3}\left(\frac{1-x}{1+x}\right)^{\frac{3}{2}}-4\ln\left|\frac{1+\sqrt{1-x^2}}{x}\right|+C$；

(12) $x-4\sqrt{x+1}+4\ln(\sqrt{x+1}+1)+C$.

6. (1) $x\arccos x-\sqrt{1-x^2}+C$；(2) $x\tan x+\ln|\cos x|+C$；

(3) $-\frac{x}{2}\cos 2x+\frac{1}{4}\sin 2x+C$；(4) $-\mathrm{e}^{-x}(x+1)+C$；

(5) $\frac{1}{6}x^6\ln x-\frac{1}{36}x^6+C$；(6) $x\ln^2 x-2x\ln x+2x+C$；

(7) $-x^2\cos x+2x\sin x+2\cos x+C$；(8) $\frac{x}{2}(\sin\ln x-\cos\ln x)+C$；

(9) $x(\arcsin x)^2+2\sqrt{1-x^2}\arcsin x-2x+C$.

7. (1) $-\frac{2}{\sqrt{\sin\theta}}+C$；(2) $2\sqrt{\tan x}+C$；(3) $\frac{1}{3}(\arctan x)^3+C$；

(4) $-\frac{1}{\arcsin x}+C$；(5) $\frac{3}{8}x-\frac{1}{4}\sin 2x+\frac{1}{32}\sin 4x+C$；(6) $\frac{1}{4}\sin 2x-\frac{1}{16}\sin 8x+C$；

(7) $\sin x-\frac{1}{3}\sin^3 x+C$；(8) $\ln(\mathrm{e}^x+\mathrm{e}^{-x})+C$；

(9) $\frac{1}{2}u-\frac{1}{2}\sqrt{u}\sin 2\sqrt{u}-\frac{1}{4}\cos 2\sqrt{u}+C$；(10) $-\frac{1}{24}\ln(4+x^6)+\frac{1}{4}\ln|x|+C$；

(11) $\frac{1}{5}\mathrm{e}^x(\sin^2 x-\sin 2x+2)+C$；(12) $\frac{x}{2}(\cos\ln x+\sin\ln x)+C$.

*8. (1) $x+\frac{1}{6}\ln|x|+\frac{9}{2}\ln|x-2|+\frac{28}{3}\ln|x-3|+C$；

(2) $\frac{1}{4}\ln\frac{(x-1)^4}{(x+1)^2(x^2+1)}-\frac{3x+1}{2(x^2+1)}-3\arctan x+C$；

(3) $\frac{1}{2}\ln(x^2+1)-2\arctan x-\frac{1}{2}\ln(1-x+x^2)+\frac{5}{\sqrt{3}}\arctan\frac{2x-1}{\sqrt{3}}+C$；

(4) $\ln|x^7|-\frac{2}{7}\ln|x^7+1|+C$；(5) $\ln\left|\frac{\tan\frac{x}{2}-5}{\tan\frac{x}{2}-3}\right|+C$；

(6) $\frac{1}{3}\ln\left[\left|\tan\frac{x}{2}\right|\left(\tan^2\frac{x}{2}+3\right)\right]+C$.

习题五

1. 不可以.

2. $m=\int_{T_0}^{T_1}V(t)\mathrm{d}t$.

3. $\frac{9}{2}$.

4. (1) $\int_0^{\frac{\pi}{2}}\sin x\,\mathrm{d}x>0$；(2) $\int_{-2}^0 2x\,\mathrm{d}x<0$；(3) $\int_0^{\pi}\cos x\,\mathrm{d}x=0$；(4) $\int_1^{\mathrm{e}}\ln x\,\mathrm{d}x>0$.

5. 100(cm).

6. (1) $1+\ln\frac{2}{1+\mathrm{e}}$；(2) $\frac{1}{6}$；(3) $\frac{\pi}{2}-\frac{4}{3}$；

(4) $2\arctan\sqrt{2}-\frac{\pi}{2}$；(5) 2；(6) $1-\frac{\pi}{4}$；

(7) $\frac{\pi}{4}$；(8) $-\frac{\pi}{12}$；(9) $\frac{7}{3}$；

(10) $\frac{1}{2}\arctan e$；(11) 1；(12) $\frac{\pi}{4}-\frac{1}{2}$；

(13) $\pi^3-6\pi$；(14) $-\frac{\sqrt{3}}{2}+\ln(2+\sqrt{3})$；

(15) $\frac{e}{2}(\sin 1-\cos 1)+\frac{1}{e}$；(16) $\frac{e^{\frac{\pi}{2}}-1}{2}$；(17) $2-\frac{2}{e}$.

7. 略.

8. $\frac{3}{2}$.

9. $10\frac{2}{3}$.

10. $b-a$.

11. 25.6.

12. 2.

13. $S_1=2\pi+\frac{4}{3}$，$S_2=6\pi-\frac{4}{3}$.

14. $e+\frac{1}{e}-2$.

15. $\frac{7}{6}$.

16. $\frac{2}{3}\sqrt{3}\pi$.

17. $\frac{3}{2}\pi a^2$.

18. $\frac{\pi}{4}a^2$.

19. $\frac{3}{10}$.

20. $\frac{\pi}{2}a$.

21. $2\pi a^2$.

22. $160\pi^2$.

23. 9π.

24. $\pi h^2\left(R-\frac{1}{3}h\right)$.

*25. $\frac{8}{27}(10^{\frac{3}{2}}-1)$.

*26. $8a$.

*27. $\frac{a}{2}[\pi\sqrt{1+\pi^2}+\ln(\pi+\sqrt{1+\pi^2})]$.

28. $\frac{49}{2}$.

29. $\frac{6}{7}$.

30. $\frac{a}{t}(1-e^{-kt})$.

31. $w=akl^2$.

32. 3.92×10^5 焦耳.

33. $6.53\times10^3a^3$ 牛顿.

34. $P=\frac{km}{a(a+l)}$.

35. $\frac{kMn}{l}\ln\frac{4}{3}$.

36. (1) e；(2) $+\infty$发散；(3) 1；(4) $\frac{1}{2}$；(5) π；(6) $\frac{\pi}{2}$；(7) 发散；(8) 0.544 8.

习题六

1. (1) $e^y=\frac{1}{2}e^{2x}+C$；(2) $y=Ce^{-\cos x}$；(3) $y=e^{\frac{c}{\ln x}}$；

(4) $y=C(\cos x)^{\frac{1}{2}}$；(5) $\cos 2y=-2e^x+2x+C$；

(6) $\cos y=\pm C\cos x$；(7) $e^{-y^2}=\frac{2}{3}e^{3x}+C$；

(8) $\arcsin y=\arcsin x+C$；(9) $y=e^{-x}(x+C)$；

(10) $y=e^{-\sin x}(x+C)$；(11) $y=x^2-1+Cx$；

(12) $y=\frac{1}{1+x^2}\left(\frac{1}{5}x^5-x+C\right)$；(13) $y=\frac{1}{3}x^2+\frac{3}{2}x+2+\frac{C}{x}$；

(14) $y=\sin x+\frac{C}{\sin x}$；(15) $y=e^{-x}(x+C)$；(16) $y=e^{-x^2}\left(\frac{x^2}{2}+C\right)$；

(17) $y=C_1e^x+C_2e^{-2x}$；(18) $y=C_1e^x+C_2e^{-x}$；

(19) $y=C_1e^{(1+\sqrt{2})x}+C_2e^{(1-\sqrt{2})x}$；(20) $y=C_1e^{-x}+C_2$；

(21) $y=e^{2x}(C_1+C_2x)$；(22) $x=e^{\frac{5}{2}t}(C_1+C_2t)$；

(23) $y=e^{-3x}(C_1\cos 2x+C_2\sin 2x)$；(24) $y=(C_1\cos x+C_2\sin x)$；

(25) $y=C_1e^{3x}+C_2e^{-x}-\frac{1}{3}e^{2x}$；(26) $x=C_1e^{2t}+C_2e^{-t}+\frac{1}{3}te^{2t}$；

(27) $y=C_1\cos 2x+C_2\sin 2x-\frac{1}{4}x\cos 2x$;

(28) $S=e^t(C_1\cos 2t+C_2\sin 2t)+2\sin t+\cos t$.

2. (1) $y^2=2\ln(1+e^x)+1-\ln 4$; (2) $y=\frac{6}{1+x^2}$;

(3) $y=-\cos x+\frac{1}{2}\sin^2 x-\frac{5}{4}+\frac{\sqrt{2}}{2}$;

(4) $e^y=\frac{6}{x}+4$; (5) $y=-\frac{\cos x}{x}+\frac{\pi}{x}$; (6) $y=\sin x$;

(7) $y=\frac{e^x}{x}+\frac{2e}{x}$; (8) $y=-\frac{5}{6}e^{-\frac{3}{2}x^2}+\frac{1}{3}$; (9) $y=4e^x+2e^{3x}$;

(10) $y=3e^{-2x}\sin 5x$; (11) $y=e^{-\frac{x}{2}}(2+x)$; (12) $s=5e^{-t}\cos 2t$;

(13) $x=e^{3t}\cos 2t+3$; (14) $x=2\cos t+t\sin t$.

3. (1) $F(s)=\frac{5}{s-3}$; (2) $F(s)=\frac{10}{s^3}+\frac{3}{s^2}+\frac{2}{s}$;

(3) $F(s)=\frac{1}{s-6}-\frac{4}{s}+\frac{4}{s+6}$; (4) $F(s)=\frac{1}{s^2+4}$;

(5) $F(s)=\frac{s^2-k^2}{(s^2+k^2)^2}$; (6) $F(s)=\frac{10-3s}{s^2+4}$.

4. (1) $f(t)=\frac{1}{2}e^{-2t}+\frac{1}{2}$; (2) $f(t)=\frac{1}{15}e^{2t}-\frac{1}{6}e^{-t}+\frac{1}{10}e^{-3t}$;

(3) $f(t)=t^4e^t$; (4) $f(t)=\frac{3}{5}e^{2t}+\frac{2}{5}e^{-3t}$.

5. (1) $y=\frac{4}{5}e^{-2x}+\frac{1}{5}e^{3x}$; (2) $y=5t^3e^t$;

(3) $y=\frac{5}{2}t\sin t-2t\cos t-\cos t$; (4) $x_1=\frac{t}{2}+1$, $x_2=-\frac{t}{2}$.

6. $R=R_0e^{k(t-t_0)}$.

7. $T=80e^{-0.0409t}+20$, $T=82.6$ ℃.

8. $x=54e^{-\frac{3}{100}t}$, $x=8.926$.

9. $k\approx 0.2819$.

10. $C(t)=\frac{300}{0.604}(1-e^{-0.604t})$.

11. $V^{-2}=-2(kt+C)$.

12. $y=\frac{1}{6}x^3+\frac{1}{2}x+1$.

13. $S(t)=\frac{\sqrt{mg}}{c}t+\frac{m}{c}\ln(e^{-2t\sqrt{\frac{g}{m}}}+1)-\frac{m\ln 2}{c}$.

习题七

1. (1) $\frac{(-1)^{n-1}}{2^{n-1}}(n=1,2,\cdots)$; (2) $\frac{2n-1}{2^n}(n=1,2,\cdots)$.

2. (1) 发散; (2) 收敛; (3) 发散; (4) 收敛; (5) 收敛; (6) 收敛.

3. (1) 收敛; $\frac{3}{2}$; (2) 收敛; $\frac{1}{4}$.

4. (1) 条件收敛; (2) 绝对收敛.

5. (1) 收敛区间为 $(-1, 1)$; (2) 仅在 $x=0$ 处收敛.

6. (1) $\ln\frac{1}{1-x}$, $|x|<1$; (2) $\frac{2+x^2}{(2-x^2)^2}$, $|x|<\sqrt{2}$.

7. (1) $xe^x=\sum_{n=0}^{\infty}\frac{x^{n+1}}{n!}(-\infty<x<+\infty)$;

(2) $\sin x=\sum_{n=0}^{\infty}\frac{(-1)^{n-1}x^{2n-1}}{2^{2n-1}(2n-1)!}(-\infty<x<+\infty)$.

8. $F(x)=\sum_{n=0}^{\infty}(\sum_{k=0}^{n}a_k)x^n(|x|<1)$.

9. $\frac{1}{x}=\sum_{n=0}^{\infty}(-1)^n(x-1)^n(|x-1|<1)$.

10. (1) $\frac{1}{\sqrt{e}}\approx 0.606\,5$; (2) $\int_2^4 e^{\frac{1}{x}}dx=2.835$.

11. $y=x-\frac{1}{1\cdot 3}x^3+\frac{1}{1\cdot 3\cdot 5}x^5-\cdots+\frac{(-1)^{n+1}x^{2n-1}}{1\cdot 3\cdot 5\cdots(2n-1)}(-\infty<x<+\infty)$.

习题八

1. (1) $z'_x=3x^2y-y^3$, $z'_y=x^3-3xy^2$; (2) $z'_x=\frac{1}{x}y^{\ln x}\ln y$, $z'_y=(\ln x)y^{\ln x-1}$;

(3) $z'_x=\frac{y}{x^2+y^2}$, $z'_y=\frac{-x}{x^2+y^2}$;

(4) $z'_x=y(\cos xy-\sin 2xy)$, $z'_y=x(\cos xy-\sin 2xy)$.

2. (1) $\frac{184}{9}$; (2) π^2-4.

3. (1) $\int_0^1 dy\int_{y^2}^{\sqrt{y}}f(x,y)dx$; (2) $\int_0^1 dy\int_y^{2-y}f(x,y)dx$.

4. (1) 12π; (2) $\frac{4}{3}(\sqrt{2}-1)\pi a^3$.

图书在版编目（CIP）数据

高等数学/武京君，傅爽主编．--3版．--北京：中国人民大学出版社，2023.8

普通高等学校应用型教材．数学

ISBN 978-7-300-31975-9

Ⅰ.①高… Ⅱ.①武… ②傅… Ⅲ.①高等数学-高等学校-教材 Ⅳ.①O13

中国国家版本馆CIP数据核字（2023）第137743号

普通高等学校应用型教材·数学

高等数学（第三版）

主　编　武京君　傅　爽

副主编　陈素玲　高　云　孟丽萍　张魁星

Gaodeng Shuxue

出版发行	中国人民大学出版社		
社　　址	北京中关村大街31号	**邮政编码**	100080
电　　话	010－62511242（总编室）		010－62511770（质管部）
	010－82501766（邮购部）		010－62514148（门市部）
	010－62515195（发行公司）		010－62515275（盗版举报）
网　　址	http://www.crup.com.cn		
经　　销	新华书店		
印　　刷	北京溢漾印刷有限公司	**版　　次**	2011年3月第1版
开　　本	787 mm×1092 mm　1/16		2023年8月第3版
印　　张	12.25	**印　　次**	2023年8月第1次印刷
字　　数	286 000	**定　　价**	36.00元